TRAITÉ
DE LA FORCE
DES BOIS.

Ouvrage essentiel, qui donne les moyens de procurer plus de solidité aux Edifices, de connoître la bonne & la mauvaise qualité des Bois, de calculer leur Force, & de ménager près de moitié sur ceux qu'on emploie ordinairement. Il enseigne aussi la maniere la plus avantageuse d'exploiter les forêts, d'en faire l'estimation sur pied, &c.

Par M. Le Camus de Mézieres, Architecte.

Est modus in rebus, sunt certi denique fines.
Horat. Sat. 1. lib. I.

A PARIS,

Chez
{
L'Auteur, rue du Foin Saint-Jacques, au College de Maître Gervais.

Benoît Morin, Imprimeur-Libraire, rue Saint-Jacques, à la Vérité.

M. DCC. LXXXII.
Avec Approbation, & Privilege du Roi.

A
SON ALTESSE
SÉRÉNISSIME ET ÉMINENTISSIME
MONSEIGNEUR
LE PRINCE DE ROHAN,

Cardinal de la Sainte Église Romaine, Évêque & Prince de Strasbourg, Landgrave d'Alsace, Prince - État d'Empire, Grand - Aumônier de France, &c. &c. &c.

MONSEIGNEUR,

Si je voulois sacrifier aux grands noms, aux titres les plus précieux, pourrois-je mieux faire que de Vous adresser mon hommage ? Votre illustre naissance, les Places éminentes auxquelles Vous êtes élevé ; la Pourpre dont vous êtes décoré, seroient assurément des motifs pour décider mon choix ; mais, MONSEIGNEUR, Vous en offrez encore de bien plus puissans : les dons que la nature Vous a prodigués, votre mérite personnel, les belles qualités de votre ame, celles de votre esprit, la supériorité de votre génie, votre affabilité, la noblesse & la dignité qui les accompagnent, attirent les regards, inspirent le respect. La sagacité avec laquelle SON ÉMINENCE analyse les Ouvrages qu'elle a parcourus, semble les lui approprier. J'ose *le dire, MONSEIGNEUR, on diroit que VOTRE ALTESSE SÉRÉNISSIME imagine les productions dont elle s'entretient; elle les discute, les raisonne, & enchérit même sur l'Auteur. J'ai eu le bonheur d'en être témoin, & mon admiration est sans égale.*

Je suis avec un profond respect,

DE VOTRE ALTESSE SÉRÉNISSIME
ET ÉMINENTISSIME,

Le très-humble & très-
obéissant serviteur
LE CAMUS DE MÉZIERES.

A 3

PRÉFACE.

Pourquoi n'instruirois-je pas le Public de l'origine de cet Ouvrage ? Tout Auteur doit compte de sa conduite ; & moi, en mon particulier, j'y suis engagé pour la mémoire d'un ami (1) que je ne puis trop regretter. Qu'il me soit permis, en passant, de répandre sur sa tombe, & des larmes & des fleurs : le tribut lui en est dû.

Depuis long-temps nous contemplions l'un & l'autre, avec le zèle patriotique qui appartient à tout bon citoyen, le peu de durée & la grande dépense qu'occasionnent dans nos édifices les bois de Charpente. Les poutres de l'Ecole-Royale-Militaire qu'on se trouvoit obligé de changer, en 1762, six ou sept ans après qu'elles avoient été posées, exciterent nos réflexions, & nous engagerent à des recherches. Nous lûmes les différents Auteurs qui avoient traité des Bois ; les Mémoires de

____

(1) M. Baburi Desgodets, mon confrere, mort en 1766.

A 7

l'Académie nous servirent de boussole ; & nous en fîmes, mon ami & moi, l'objet de différentes conférences. Nous cherchâmes le moyen de connoître le vice du bois, de le rendre sensible & d'y remédier. Dans le cours de nos observations, nous examinâmes l'avantage de la refente des bois ; nous la calculâmes, à l'aide des expériences des Duhamel, des Parent, des Buffon, &c. Nous ne pûmes nous empêcher d'en admirer les avantages, & de former des vœux pour que le Public eût assez de force pour vaincre les préjugés, & sçût mettre à profit une pareille découverte. M. *Coupart de la Touche*, alors Contrôleur de l'Ecole-Royale-Militaire, & d'ailleurs notre Confrere, comme Expert, eut connoissance de nos observations. Plein d'ardeur pour les intérêts de l'Ecole, il vint nous trouver. Il entra dans les détails ; &, sur nos réponses, nous engagea à les donner par écrit. Nous sentîmes toute l'étendue, & de sa politesse, & de l'importance de l'objet. Nous lui proposâmes d'en référer à notre Bureau, & de profiter des lumieres de nos sages Confreres. De son côté, il en parla à M. *Paris*

Duverney, Intendant de l'Ecole, & fit un Mémoire (1) fur les différents objets de demandes qu'il crut néceffaires. Il l'adreffa à M. *Chauveau*, notre Doyen, qui convoqua une Affemblée. M. *Babuti Defgodetz* & moi, nous eûmes l'honneur d'être choifis pour en rédiger la Réponfe (2) ; le Bureau jugea à propos de la faire imprimer à fes dépens, en nous chargeant, ainfi que M. *Poirin*, alors Syndic, de la préfenter à M. *Duverney*, au nom de la Compagnie. Les principes en furent reçus & mis en pratique ; & jufqu'à préfent on s'en eft applaudi.

Les recherches que nous fûmes obligés de faire alors, m'enhardirent dans une autre opération à peu-près du même genre. On me chargea, en 1765, de bâtir une Caferne,

---

(1) Ce Mémoire, en date du 14 Août 1762, eft configné dans l'Effai fur les Bois de charpente imprimé en 1763.

(2) Sous le titre d'*Effai fur les Bois de Charpente*, ou Differtation de la Compagnie des Architectes-Experts des Bâtimens à Paris, en réponfe au Mémoire de M. Paris Duverney, Confeiller d'Etat, Intendant de l'Ecole-Royale Militaire, fur la théorie & la pratique des gros Bois de charpente, dans leur exploitation & dans leur emploi, rédigée par les Sieurs Babuti Defgodetz & le Camus de Mézieres, en 1763.

Fauxbourg Saint-Marceau, rue Mouffetard,
la premiere qui fut faite à Paris, pour le fervice des Gardes-Françoises. On ne vouloit
pas y faire beaucoup de dépense. Il falloit cependant du lieu pour loger une Compagnie
entiere, en y obfervant tous les détails &
ménageant toutes les commodités relatives.
Je propofai au Propriétaire de faire refendre
les bois des planchers qu'on pourroit y conftruire. Je ne donnois que deux pouces d'épaiffeur à chaque folive, fix pouces de hauteur,
neuf pieds de longueur ; & je les pofois de
champ, de forte que je ménageois près des
deux tiers des bois, en obfervant même que
j'évitois les fauffes mefures pour les ufages.
Les poutres avoient vingt & un pieds de
portée dans œuvre ; & je me fervois de bois
de douze à treize pouces de gros, refendu
en deux. Conféquemment, mes poutres en
avoient fix à treize, pofées de champ ; & je
les avois armées de lambourdes de chaque
côté, fuivant l'ufage. Je gagnois alors moitié.
Tous les autres bois du Bâtiment étoient en
conféquence. L'économie fur la totalité de-
venoit confidérable & méritoit attention.

On exécutoit le projet. Mon ami & moi, nous étions contens de notre heureuse découverte : elle alloit se réaliser. Nos principes devenoient sûrs, la méthode certaine : le Public alloit cesser d'être la victime de la cupidité. Mais les bonnes choses ne font pas toujours aussi accueillies qu'elles font avantageuses. Celles-ci éprouverent le fort de la contradiction. Le vil intérêt vint à la traverse : il forma cabale. On chercha à détruire un projet qui portoit avec lui l'empreinte de l'économie. Les mauvaises causes réussissent souvent, parce qu'elles font sollicitées sous des apparences trompeuses. Quel homme n'y seroit pas surpris! La calomnie a toujours des couleurs séduisantes. Le Magistrat le plus éclairé a beau se mettre en garde, c'est presque toujours celui qui crie le plus fort qui l'emporte. Il fait impression ; il intéresse ; il a gain de cause. En effet, les Maîtres Charpentiers, instruits de ce qui se passoit, s'imaginent qu'ils vont perdre leur état, parce que l'on produisoit aux Bâtisseurs des moyens d'épargner cent pour cent. Ils ne font pas attention, que c'étoit au contraire pour eux un véritable avantage ; puisque, de

cette maniere ils évitoient nombre de banqueroutes qu'occasionne leur avidité en
fournissant des bois qui doublent & triplent
la dépense. L'esprit échauffé de leur système,
& sans autre réflexion, ils poursuivent en
Justice le Propriétaire, sous le spécieux pré-
texte de la sûreté publique. Ils annoncent
qu'une pareille charpente n'est pas suffisante
pour pouvoir soutenir le fardeau qu'un plancher est souvent obligé d'essuyer. Ils s'ameutent, déliberent, forment demande en dé-
molition, opposition, &c. Le Magistrat invoque le secours des Académies : celle des
Sciences fournit MM. de *Parcieux* & *Perronet ;* celle d'Architecture, MM. *Camus* &
Desmaisons, tous quatre du premier mérite,
& qu'il suffit de nommer pour en faire l'éloge.
Aussi, est-ce d'après leur avis que j'établis en
partie mes principes pour l'économie des bois.
Il est bon de faire parler de pareils oracles.
Leur Procès-verbal me servira de guide. En
peut-on choisir de meilleur, de mieux auto-
risé, de plus certain ? Qu'il me soit donc permis de rapporter le Procès - verbal de ces
sçavans Académiciens, quoique, dans quel-

ques points, ils ne me donnent pas gain de cauſe, par rapport à ma trop grande économie. Ils auroient voulu les bois un peu plus forts à cauſe de la main d'œuvre : je ne peux que les applaudir ; mais, je le répete, mon objet étoit la plus grande épargne. Je voulois d'ailleurs me pratiquer des moyens de recherches, d'obſervations, d'expériences, flambeaux utiles & même eſſentiels pour le progrès des Arts. C'eſt donc à ces Maîtres que je dois en partie le Traité que je préſente au Public. Je m'eſtimerai heureux s'il répond à mes vues, & ſi l'on en retire les avantages que mon zèle patriotique me fait deſirer.

Le reſte du Procès-verbal roule ſur quelques vices d'exécution : à cela j'ai à répondre, & on le ſçait, que l'Artiſte n'eſt pas toujours le maître juſqu'à un certain point. Dès le commencement de l'Ouvrage, j'eus le malheur d'être détenu au lit par une fievre maligne, & conſéquemment hors d'état de veiller comme j'aurois pu le deſirer. Ce n'eſt pas que j'aie à me plaindre du Maître Charpentier (1). Je lui dois cette juſtice, & je

____

(1) M. Claude de Pelagot.

connois ſes intentions dignes d'un bon citoyen. Il poſſede ſupérieurement ſon état, &
il y fait honneur. Il eſt honnête-homme, actif,
vigilant, plein de zèle ; mais peut-être alors
trop occupé, il s'en eſt rapporté, un peu
indiſcrettement, à des Compagnons négli-
gens. Quoi qu'il en ſoit, il ſuffit de connoître
le mal pour chercher à l'éviter. C'eſt la choſe
en elle-même qu'on doit conſidérer ; ce ſont
les principes qu'il faut peſer, & l'intention
qu'il convient d'analyſer. Eloignez donc tous
préjugés, voyez, examinez ; ne craignez pas
de parcourir la route nouvelle qui ſe préſente.
Elle eſt certaine ; elle eſt belle, favorable, &
elle produit tous les avantages qu'on peut dé-
ſirer. Elle offre une économie de plus de
moitié ſur les bois de charpente qu'on emploie dans les Bâtimens ; & conſéquemment,
le fardeau que les murs ont à ſupporter, diminue d'autant. S'il ſe rencontre de petits
écueils, ils ne ſont ni fréquens, ni de conſéquence. C'eſt, à la vérité, un nouvel uſage
à contracter : avec de l'attention & de l'habitude, on en triomphera aiſément. Pourquoi
ne le pratiqueroit-on pas ? Il diminue la dé-

penſe du Bâtiment. Ceux qui veulent conſtruire ne courront plus les riſques d'être rui-
nés. L'Ouvrier même , comme nous l'avons
dit , y trouvera ſon compte , puiſqu'il ſera
payé , & que ſouvent il ne l'étoit pas. La
dépenſe ſurpaſſe-t-elle les forces de celui qui
bâtit ? le feu ſe met dans ſes affaires ; les frais
de Juſtice emportent tout. C'eſt une vérité
à laquelle on ne fait pas aſſez d'attention. Au
ſurplus , ſe trouve-t-il quelque léger inconvénient dans la méthode propoſée ? je fournis
toutes les armes néceſſaires pour s'en défendre.
J'ai puiſé dans tous les tréſors que j'ai ren-
contrés : j'en répands les richeſſes. Que puis-
je faire de mieux ?

Qu'il me ſoit permis , pour le moment ,
d'analyſer les Procès-verbaux des deux Académies Royales des Sciences & d'Architecture. J'en ai trop profité dans ce Traité pour
ne pas les faire connoître ; je ſerois un ingrat.

EXTRAIT

DE L'ACADÉMIE DES SCIENCES.

M. DE SARTINE , Maître des Requêtes & Lieutenant-
Général de Police , ayant , par Lettre du 5 Mars 1766,
prié l'Académie de vouloir bien lui donner ſon avis ſur la

conſtruction des planchers d'une nouvelle Cazerne, Fauxbourg Saint-Marceau, l'Académie a nommé MM. de
Parcieux & *Camus* pour examiner leſdits planchers, force
des bois, aſſemblages & charges à porter. En conſéquence
ces deux Académiciens s'y ſont tranſportés le 14 dudit
mois, & ont reconnu que le bâtiment entre les deux cours,
& dont il s'agit, a dans œuvre 48 pieds de long ſur 21 de
largeur, & qu'il eſt élevé de quatre étages.

Chaque plancher eſt diviſé en cinq travées, dont quatre
de neuf pieds de portée, & la cinquiéme qui eſt biaiſe,
contient onze pieds d'un côté ſur huit de l'autre.

Ces planchers ſont ſoutenus par des poutres de douze à
treize pouces de haut ſur ſix pouces d'épaiſſeur, accompagnées de côté & d'autre de lambourdes de ſix pouces de
hauteur ſur quatre pouces d'épaiſſeur, retenues par trois
étriers de fer. La travée contient trente-trois ſolives mé-
plattes en bois de ſciage de ſix pouces de hauteur ſur deux
pouces d'épaiſſeur réduite, neuf pieds de longueur, & eſpa-
cées les unes des autres à huit pouces de milieu en milieu.
Les épaiſſeurs cependant varient: quelques-unes ont deux
pouces, d'autres deux pouces un quart, deux pouces &
demi, un pouce trois quarts, quelques-unes trois pouces,
& quelques autres dix-huit lignes, mais fort peu.

Ces ſolives ont été débitées dans des piéces de douze à
treize pouces, & enſuite refendues ſur la hauteur; &, dans
la poſe, le trait de ſcie eſt placé par-deſſus, pour avoir par-
deſſous les bois moins tranchés.

On a remarqué que les poutres ont fléchi, les unes de
quatorze lignes, d'autres de quinze, dix-huit & vingt-quatre
lignes, & une entre autres de trois pouces deux lignes me-
ſurée au milieu.

Cette opération faite, Meſſieurs ont conſidéré ce qui
peut intéreſſer l'art de charpenterie & le bien public par

rapport

rapport au genre de construction dont les planchers en question paroissent être un essai , afin d'éviter les surcharges inutiles sur les murs & prévenir une dépense qui augmente tous
les jours par la rareté des bois de charpente.

Pour être en état de se décider , il faut considérer , disent-
ils , la force dont les bois sont susceptibles.

On sçait par les expériences que la résistance des piéces
de bois posées horisontalement , & chargées dans leur milieu , se fait dans la raison composée de la directe du quarré
de leur hauteur par leur largeur , & de l'inverse de leur longueur. Mais quelques causes physiques peuvent occasionner
des variétés à cette regle , suivant la qualité des bois & la
disposition de leurs fibres.

Il suit de ce principe qu'il est avantageux de placer , comme
on l'a pratiqué , les plus grandes dimensions de la grosseur
des piéces dans le sens vertical. Ainsi une piéce qui auroit
pour hauteur le double de sa largeur , seroit plus forte du
double étant posée de champ , que si la plus grande face se
trouvoit placée horisontalement , ce qui , pour une force
égale , donneroit dans la premiere situation de la solive , une
diminution de la moitié sur la quantité du bois. Cette diminution seroit du triple , du quadruple &c. pour des piéces
dont les hauteurs seroient aussi triples ou quadruples de leur
largeur. On conçoit dès-lors combien il est avantageux de
donner pareilles proportions aux solives , en les plaçant de
champ , comme on l'a pratiqué. Mais cet avantage a ses
bornes & ses inconvéniens , ainsi que l'on va le faire connoître.

Les différentes piéces de bois de brin , de droit fil & saines , provenantes d'une seule piéce , qui auroit été refendue
dans le sens de ses fibres par tranches paralleles soit d'égale
ou d'inégale épaisseur , n'auront pas toutes ensemble plus

de force que n'en auroit eue la premiere piéce, en les fuppofant toutes placées horifontalement & du même fens. Par
exemple, trois folives, chacune de fix pouces de hauteur &
deux pouces d'épaiffeur, mifes de champ, n'auroient pas
enfemble, pour porter, plus de force que la feule folive de
fix pouces en quarré dont elles auront pû provenir. La force
de chacune de ces petites folives fera en proportion de fon
épaiffeur, le tiers de la force totale.

Les bois font rarement de droit fil : le fciage en tranche
ordinairement les fibres plus ou moins ; les affoiblit néceffairement ; & cet inconvénient aura d'autant plus lieu, que les
piéces feront fciées de deux fens. Des folives trop minces
& d'une trop grande longueur pourroient auffi fe voiler en
s'écartant vers le milieu de la fituation verticale.

On allegue en faveur des piéces ainfi refendues qu'elles
font plus aifées à fe fécher, & que l'on en connoît mieux
les vices intérieurs du bois ; mais auffi les vices qu'on laiffe-
roit fubfifter font plus dangereux pour la folidité.

En comparant les folives de même hauteur, mais d'épaiffeur différente, & en les efpaçant en raifon de leur épaiffeur, on n'emploie pas plus de bois dans les planchers ; la
force même de ceux qui feront compofés des folives les plus
larges fera plus grande, par fuite du même principe.

Ainfi des folives de quatre pouces de largeur, qui feroient
efpacées à feize pouces, étant comparées à celles de deux
pouces qui feroient efpacées à huit pouces, le tout de milieu
en milieu, feroient des planchers plus forts avec même
quantité de bois ; enforte qu'en éloignant plus ou moins les
folives, on pourroit donner aux planchers le degré de force
& d'économie convenable, fuivant les circonftances.

Mais cet écartement a fes limites : c'eft la longueur des
lattes, auxquelles on donne ordinairement quatre pieds, qui

doit le déterminer ; & on ne sçauroit guères espacer les solives à plus de seize pouces de milieu en milieu , pour soutenir l'aire de plâtre & le careau , ainsi que les plafonds en
plâtre.

L'usage est de donner cinq à sept pouces de grosseur aux
solives de dix à douze pieds au plus de longueur , & de les
espacer d'un pied de milieu à milieu , ce qui doit rendre les
planchers & trop lourds & trop forts. Les solives de quatre
à six pouces , & espacées à un pied de distance en leur
milieu , seroient plus que suffisantes ; les expériences de
M. *de Buffon* , rapportées dans les Mémoires de l'Académie
de 1741 , ayant fait connoître qu'une piéce de bois de cinq
pouces en quarré & de quatorze pieds de longueur , laquelle
devoit être moins forte que celle dont il s'agit , n'avoit pas
ployé sensiblement sous une premiere charge d'*un millier*
placé au milieu de sa longueur : & l'on sçait que deux milliers distribués dans sa longueur n'auroient pas fait plus
d'effet. Mais si l'on considere les changemens qu'on est dans
l'usage de faire dans la distribution des maisons lorsqu'elles
changent de Propriétaires ou de Locataires , on connoîtra la
nécessité de rendre les planchers plus forts qu'il ne paroît
d'abord nécessaire , soit pour recevoir de nouvelles cloisons ,
ainsi que d'autres objets extraordinaires , soit pour suppléer à
l'altération inévitable que le bois éprouve avec le temps , ce
qui influe sur leur qualité & par conséquent sur leur force.

Une solive de dix pouces de haut sur deux pouces & demi
de large auroit la même force à peu près qu'une de cinq à
sept pouces , abstraction faite de l'affoiblissement que doit
donner le sciage & autres considérations énoncées ci-dessus.
Cependant la quantité des bois seroit moins grande dans le
rapport de cinq à sept , ce qui fait connoître qu'il y a de
l'avantage à disposer les solives de la sorte , pourvu qu'on
les choisisse bien. B 2

D'après ces sages réflexions , on passe au calcul de la force des bois employés dans les planchers dont il est question. On suppose que la charge de chaque plancher , relativement à son plafond , aire de plâtre & carreau , porte six pouces de haut , quoiqu'il y en ait moins en beaucoup d'endroits.

On calcule ensuite quelle est la charge de chaque poutre. Elles portent chacune la valeur d'une travée. La travée contient vingt-un pieds de long sur neuf de largeur , qui , à six pouces d'épaisseur de charge , produit quatre-vingt-quatorze pieds & demi cubes, lesquels pesent pour la plupart 90 livres le pied cube , ce qui fait pour la travée entiere , 8505 livres.

Les trente-trois solives de neuf pieds de longueur , six pouces de hauteur & de deux pouces d'épaisseur , l'une dans l'autre , valent vingt-cinq pieds cubes de bois ou environ , qui , à soixante livres le pied , font quinze cents livres.

Le plancher le plus chargé sera celui où les Soldats font l'exercice (1). Il faut qu'ils manœuvrent , & pour cela , il faut deux pieds d'un sens sur trois de l'autre , ou six pieds quarrés pour chacun. Ainsi la poutre pourra être chargée de trente-deux hommes pesant ensemble environ quatre mille huit cents livres ; & ce n'est que momentanément. Mais supposant le poids constamment en place , ces trois charges font ensemble quatorze mille huit cents cinq livres distribuées également dans toute la longueur de la poutre. On sçait que c'est la même chose que si on en mettoit la moitié sept mille quatre cents deux livres & demi au seul point du milieu. Ce principe établi , on compare l'effet de cette charge aux expériences de M. *de Buffon.*

---

(1) C'est une supposition : car si on fait l'Exercice , on passe dans la cour. On ne peut même faire autrement à cause de l'étendue.

Selon la Table des résultats moyens de ses expériences en 1741, pag. 333, il faut, pour faire rompre une piéce de bois de cinq pouces en quarré & de vingt pieds de long, une charge de trois mille deux cents vingt-cinq livres & de deux mille neuf cents soixante-quinze livres, si elle a vingt-deux pieds de long, ce qui fait aux environs de trois mille cents livres, pour faire rompre une piéce de vingt-un pieds de long.

Si, au lieu de cinq pouces de largeur, on en donnoit six, laissant les cinq pouces de hauteur, la piéce porteroit un cinquiéme de plus, c'est-à-dire trois mille sept cent vingt livres. Et si, au lieu de n'avoir que cinq pouces de hauteur, on lui en donnoit treize pouces, comme ont les poutres du bâtiment dont il s'agit, avec la même largeur de six pouces, les forces seroient comme les quarrés de six & de treize; & l'on trouve qu'il faudroit une charge de vingt-cinq mille cent quarante-sept livres placées à son milieu pour la faire rompre, si aucune fibre n'étoit tranchée. M. *de Buffon* dit qu'on ne doit, dans l'emploi, les charger tout au plus que de la moitié du poids qui les fait rompre. Cette moitié seroit de douze mille cinq cents livres au plus. On a vu que la charge que pouvoit supporter la poutre dont il est question, étoit de sept mille quatre cents deux livres & demi, qui est bien moins que la moitié douze mille cinq cents livres. Mais les poutres du bâtiment dont il s'agit ne sont pas de bois de brin : elles ont été refendues; beaucoup de fibres sont tranchées; quelques-unes des poutres ont fléchi. Les expériences de M. *de Buffon* ont été faites avec du bois verd, qui est toujours plus nerveux que du bois sec; & cet Académicien dit, pag. 465 des Mémoires de 1740, » que » des piéces, chargées de deux tiers du poids qui les fait » rompre dans le temps de la charge, se sont rompues au

» bout de six mois. » En conféquence on penfe qu'on ne doit pas charger les bois au-delà du quart du poids qui les fait rompre étant encore verts. D'après ces principes, les poutres du bâtiment en queſtion n'ont pas été trouvées aſſez fortes pour leur portée, fans mettre fous chacune un poteau en forme de colonne. *C'eſt ce qu'on a pratiqué ; auſſi le bâtiment dont il s'agit ſubſiſte ſans aucun effet, & ſubſiſtera autant & même plus que ceux qui ſont chargés de gros bois.*

On a paſſé enſuite à l'examen de la force des ſolives. Le poids de la charge d'une travée eſt de huit mille ſix cents livres, laquelle, diviſée par les trente-trois ſolives, fait deux cents cinquante-huit pour chacune. Suppoſons que cette ſolive ſoit chargée de quatre hommes, comme cela pourroit être, mais rarement & momentanément : les quatre hommes peſeroient environ ſix cents livres, ce qui fait huit cents cinquante-huit livres de charge diſtribuée dans toute la longueur des ſolives.

Suivant M. de Buffon, même Table que ci-deſſus, une piéce de bois de neuf pieds de long & de ſix pouces de gros, n'a caſſé que fous une charge de treize mille cent-cinquante livres, qu'on doit réduire à trois mille deux cents quatre-vingt-ſept livres & demi, faiſant le quart pour les raiſons données. Cette ſolive refendue en quatre, fait quatre ſolives de ſix pouces ſur dix.huit lignes, qui ne doivent être chargées dans leur milieu que du quart du poids précédent, qui donne à peu près huit cents vingt-deux livres, ou du double ſeize cents quarante-quatre livres étant diſtribuées dans toute la longueur de la ſolive : enſorte qu'une pareille ſolive paroîtroit avoir près du double de la force néceſſaire pour ſa deſtination. Mais c'eſt du bois de brin dont on entend parler, & non du bois refendu à la ſcie où il y a néceſſairement beaucoup de fibres tranchées. On ne peut

partir d'un calcul certain. C'est pourquoi, & eu égard aux
vices qui se rencontrent dans les bois, on ne peut s'empêcher d'observer que, malgré l'avantage qu'il y auroit de
réformer l'abus des trop gros bois, on doit être assez cir-
conspect pour ne pas tomber dans un extrême, en employant des bois de sciage réduits à une trop foible épaisseur.
Les grandes Villes où les maisons sont sujettes à changer
de destination, exigent ce soin, en observant, dans l'espece actuelle, que les calculs de comparaison ont été faits
sur la moindre épaisseur des solives prises seules & isolées,
& que, dans le fait, elles sont accompagnées de droite &
de gauche de plusieurs autres solives plus fortes, auxquelles
elles sont liées par un double lattis, ce qui fait que les unes
participent de la force des autres & s'entr'aident mutuel-
lement.

Signé, DE PARCIEUX ET PERONNET.

EXTRAIT

DE L'ACADÉMIE D'ARCHITECTURE.

L'ACADÉMIE d'Architecture, en conséquence d'une
Lettre de M. de Sartine, Lieutenant-Général de Police,
par laquelle elle étoit invitée de donner son avis sur les planchers d'une nouvelle Caserne, &c. ayant choisi MM. *Ca-*
mus & *Desmaisons* pour en faire le rapport, ces Messieurs
ont été de même avis que MM. de *Parcieux* & *Peronnet*,
de l'Académie Royale des Sciences, avec lesquels ils se sont
transportés sur le lieu, & ont ajouté que, suivant l'examen
par eux fait de cette nouvelle façon de construire, ils pen-
soient que l'idée d'alléger la charpente & l'esprit d'économie

B 4

ne devoient pas être rejettés ; que si on a poussé l'excès de
la diminution des bois dans les nouveaux planchers, on ne
devoit pas pour cela blâmer l'intention de l'Architecte qui
en a donné les deſſins. Car ſi, par de nouvelles tentatives
faites avec plus de ſoin, on pouvoit empêcher l'abus fré-
quent d'employer de trop gros bois, il en réſulteroit un très-
grand bien. On ſçait combien les bois deviennent rares en
France, & ſur-tout ceux de bonne qualité. On ſçait que
leur trop de groſſeur occaſionne non-ſeulement une dépenſe
inutile, mais encore qu'il en réſulte un fardeau ſur les murs
qui ſouvent contribue à leur ruine. Mais s'il y a abus de la
part des Charpentiers, il y en auroit un autre non moins
dangereux de ſe ſervir de bois d'auſſi foible épaiſſeur que
ceux dont on s'eſt ſervi.

Signé, CAMUS ET DESMAISONS.

Depuis cette époque, on a fait refendre en
deux, dans nombres d'Édifices, les ſolives ordinaires & de rempliſſage. On a conſervé la plus grande hauteur, en la poſant de champ. Les planchers
ſe ſont bien conſervés, & n'ont fait aucuns mauvais effets. On en pourroit citer nombre d'exemples :
c'eſt même aujourd'hui la maniere d'opérer.

Le progrès des Arts ne ſe fait que par une multitude d'obſervations qui ne peuvent être l'ouvrage
ni d'un homme ſeul ni d'un temps borné : auſſi les
obſervations ne paſſent-elles guères pour certaines
que lorſqu'elles ont été combinées, pratiquées & répétées par différents Artiſtes. On ne doit point rou-
gir, ſi on ne réuſſit pas dès la premiere fois. Com-

bien d'écoles n'a-t-on pas faites pour parvenir à des connoissances qui nous semblent aujourd'hui n'avoir jamais pu former de doutes ? ce n'est qu'en étudiant, ce n'est qu'en consultant & la nature & les sçavans qui en ont écrit qu'on peut parvenir au but d'être utile. Dans ce cas, mon zele est infatigable ; rien ne m'arrête : ma récompense sera sans égale si je puis y atteindre.

DISCOURS PRÉLIMINAIRE.

On se plaint journellement de la grande dépense que l'on fait en bâtissant. On y ajoute encore que nos Édifices ne sont pas d'une aussi longue durée que ceux des siecles précédents. D'où vient ce reproche ? doit-il s'appliquer au défaut d'attention ou de sçavoir de la part de ceux qui président aux travaux ? tire-t-il son origine du vice des matériaux ? ne seroit-ce pas l'un & l'autre ? examinons ce problème : une fois résolu, cherchons le remede. Apportons à l'art de bâtir le degré de solidité qu'on a le droit d'attendre. Tâchons de découvrir en même temps les moyens de diminuer la dépense : c'est le devoir d'un bon citoyen ; c'est à nous à ne pas nous en écarter.

L'Architecture en France est un des Arts qui approchent le plus de la perfection. La beauté de ses proportions, la pureté de ses profils, le bel ensemble des masses excitent nos sensations. L'œil est content ; notre ame est émuë. Tel est le ressort de ce que nous appellons décoration. Jette-t'on les yeux sur la partie de distribution ? on verra l'homme le plus sensuel goûter une douce satisfaction. Son air annonce que ses vues sont remplies ; il jouit ; il trouve tout ce qui peut contribuer à ſes aiſes ; il rencontre dans le moindre Appartement ce qui répond à ſes caprices, à ſes fantaiſies. Le luxe le plus ſomptueux, le goût le plus rafiné font leur ſéjour de ſa demeure délicieuſe. L'art, imitateur de la belle nature, les y fixe, les y enchaîne. La théorie & la pratique de l'Architecture ſont complettes dans ces deux genres, il eſt difficile d'y ajouter. Il n'en eſt pas de même de la conſtruction. Soyons de bonne foi : les Artiſtes ont négligé cette branche ; ils l'ont dédaignée, comme une partie méchanique qui ne demandoit que des ſoins groſſiers. La regardant au-deſſous d'eux, ils l'ont délaiſſée à des perſonnes ſouvent peu intelligentes & preſque toujours avides & mercénaires, ſuite malheureuſe du peu d'éducation . . . il eſt inutile d'aller au-delà. Ne cherchons pas d'autres cauſes des erreurs de la bâtiſſe : tel eſt l'abus & telle eſt la ſource du reproche qu'on eſt en droit de faire.

La Charpente en eſt le principal objet, auſſi fera-t'elle celui de nos obſervations. C'eſt elle ſeule qui occaſionne la deſtruction de la plûpart de nos Edifices. En effet le bois fait une partie majeure de nos bâtimens : on l'emploie pour les planchers, pour les combles, pour les cloiſons ; on le ſubſtitue même quelque fois aux murs de face. Rien ne travaille cependant d'avantage que le bois. On peut dire qu'il eſt toujours en mouvement. Il ſuit les intempéries de l'air ; il joue, se voile, diminue, s'enfle : tels sont ses effets ; comment une bâtisse n'en seroit-elle pas affectée ? Joignez-y les efforts occasionnés par la longueur des bras de leviers toujours agissans ; ajoutez-y les grosseurs trop considérables & inutiles des bois qu'on emploie ; calculez leur pesanteur en raison de leur trop gros équarissage. Bien-tôt vous serez convaincu de la verité ; vous avoüerez notre proposition.

Les bois sans doute n'ont pas changé de nature: Ils sont ce qu'ils étoient lors de la création. La Charpente est l'art qui date de plus loin. Mais considérez que la plupart des arbres dont vous vous servez ont souvent été coupés dans une saison peu convenable ; qu'alors ils sont encore remplis d'une seve qui fermente, qui les échauffe & les détruit ; que souvent aussi ces bois abbatus trop jeunes ne sont point parvenus au degré de maturité convenable : faites aussi attention qu'on n'apporte pas assez de soin pour les mettre bas, pour les équarir, & pour les attaquer au vif, en les dépouillant de leur aubier. Au surplus leur assemblage est-il toujours bien combiné ? celui qui les emploie connoît-il, ou plutôt sçait-il mettre à profit la constitution propre de l'arbre & la résistance de ses fibres longitudinales ? Nous n'avons que trop d'exemples du contraire. C'est d'après ces réflexions que nous avons pris la plume.

D'autres observations non moins intéressantes sont venues à l'appui, & nous ont décidés à croire que, s'il étoit nécessaire de connoître la bonne & la mauvaise qualité des bois & de ne pas ignorer leurs vices, leurs défauts, il n'étoit pas moins essentiel de calculer la force de ces mêmes bois, soit pour en tirer les plus grands avantages, soit pour n'en employer que ce qui est nécessaire. C'est le seul moyen d'éviter des fardeaux inutiles pour la solidité, dangereux pour la surcharge, & dispendieux par la quantité superflue de leur composé.

Cherchons donc à connoître cette force effective des bois. C'est le sublime de la théorie. Gouvernons-nous par les expériences des *Parent*, des *Buffon*, des *le Bossu*, &c., qu'ils soient le flambeau de nos opérations : bien - tôt nous délivrerons nos Édifices de près de moitié du fardeau sous lequel ils succombent. Quels avantages n'en tirerons - nous pas, si nous considérons les foibles épaisseurs qu'on est quelquefois nécessité de donner aux murs mitoyens ?

Nous avons dans Paris des Maisons élevées de six à sept étages ; & nos murs, toujours relatifs à nos constructions anciennes, formées d'un rez - de - chaussée & d'un premier, n'ont que dix à douze pouces d'épaisseur. Il est vrai que, dans le cas de réconstruction, & lorsque ce sont des Architectes qui donnent les allignements, ils augmentent ces épaisseurs jusqu'à quinze ou seize pouces. Souvent c'est avec beaucoup de peine qu'on peut l'obtenir. L'ignorance & la cupidité en sont les causes. Chaque propriétaire abandonne à regret deux ou trois pouces de son terrein. Mais en supposant qu'on porte les murs à seize pouces, cette épaisseur est-elle suffisante pour résister au poids énorme de huit à neuf planchers, à celui de cheminées adossées & élevées beaucoup plus que le comble, dont le fardeau augmente la charge d'un mur souvent construit fort légerement en moilons, quelque fois en platras, & criblé de différents trous nécessaires pour les cellements? heureux encore si ces mêmes percemens sont pratiqués & rebouchés suivant les regles de l'art!

D'après ce tableau effrayant mais fidele, que d'évenemens à craindre! comment ne pas trembler sur l'état de bâtisse de la plupart des murs, eu égard au fardeau qu'ils ont à supporter? Cessons donc d'être étonnés si tous les jours ces murs se tourmentent en différens sens, s'ils sortent de leur aplomb, s'ils se déversent & entraînent dans leur ruine inattendue la fortune d'un pere de famille dont la seule ressource étoit dans la maison qu'il se trouve obligé de reconstruire.

On objectera peut-être que les bâtimens de cette capitale s'appuient réciproquement, & que cela suffit pour prévenir le deversement. Admettons un instant cette fuppofition : nous n'y trouverons aucun avantage. Ce foutien réciproque n'empêchera point les murs de s'écrafer ; n'obviera pas à la force des bras de levier que produit la longueur des folives ; ne remédiera pas enfin à la maffe des planchers qui devient énorme , par les groffeurs démefurées des bois qu'on y emploie. Les furcharges de gravois dont on fait ufage pour regagner des niveaux néceffités par la marche des paliers ; les différentes groffeurs de folives & les taffements des murs furchargés en font les caufes décidées. N'entrons pas dans de plus grands détails. Ce que nous venons de dire doit être fuffifant pour faire appercevoir combien nous avons befoin des reffources de l'art. La pratique eft bonne pour la main-d'œuvre : elle eft même néceffaire ; mais elle eft infuffifante pour la marche raifonnée de l'exécution. Ses tâtonnemens ne vont pas toujours au but. Si quelquefois ils y parviennent , ce n'eft que par fuite du hazard. La fcience des méchaniques feule peut guider , elle a fes loix, fes principes ; elle feule affure qu'on eft dans le vrai chemin : elle y remet , fi l'on vient à s'égarer. Elle frappe au vrai but ; elle indique la folidité , l'économie ; elle emploie victorieufement les forces convenables. Celui qui n'a que la pratique en partage n'a pas les mêmes reffources : toutes fes opérations font incertaines ; il n'agit que par conjecture , par

tâtonnemens : ſes inductions , ſes raiſonnemens de
comparaiſon ſont pris d'après les ouvrages qu'il a
vu conſtruire , qu'il a pu étudier ſans en ſentir toutes
les conſéquences. Mais en eſt-il plus avancé , ſi l'on
conſidere que chacune des opérations qu'il peut prendre
pour modele ſont autant de cas particuliers ? Les circonſtances viennent elles à changer , à varier ? on ne
ſçait plus que faire ; on ſe trouve dans un carefour
où aboutiſſent pluſieurs chemins. Lequel prendre ?
comment ne ſe pas égarer ? Nous en avons un
exemple bien frappant que nous cite M. Frézier dans
le troiſieme Volume de ſa Stéréotomie ; ſans être dans
l'eſpece de la Charpente , il n'en fera pas moins connoître qu'envain on aura pratiqué pendant nombre
d'années , ſi l'on n'a pas , pour ſe conduire , des regles
certaines , des principes avoués.

On propoſa , en 1732 , d'exécuter dans une ville
frontiere un Magaſin à Poudre d'une dimenſion au-
deſſus de l'ordinaire. Il devoit avoir trente pieds dans
œuvre. Le quarré des murs , cette partie qui s'éleve à
plomb juſqu'à l'endroit où commence la courbure de
la voûte , devoit avoir treize pieds & demi de hauteur.

Quarante ſix ans de routine donnerent de la har-
dieſſe à l'ingénieur , mais non des principes. Il ſe
contenta de donner neuf pieds d'épaiſſeur à ſes murs.
Il les appuia d'ailleurs par des contreforts ou éperons
de quatre pieds de longueur & eſpacés de dix-huit

pieds

pieds en dix-huit pieds. Ces buttées lui parurent beaucoup au-deſſus de celles qu'il croyoit néceſſaires pour
ſoutenir la pouſſée de ſa voûte. Mais malheureuſement,
dès qu'elle fut décintrée, malgré les ſoins & les atten-
tions qu'on avoit apportés à ſa conſtruction, le bâtiment s'écroula. Cela ne pouvoit pas être autrement.
Les murs n'étoient pas aſſés épais pour ſoutenir la
pouſſée. Si cet Ingénieur eût ſuivi les principes de
M. *de la Hire*, il auroit donné onze pieds & demi
au lieu de neuf, & ſon édifice auroit été ſtable &
ſolide.

Nous aurions encore des exemples de voûtes &
de murs recommencés à pluſieurs repriſes, & tombés autant de fois ; mais ils ſont trop récens pour
être cités.

Il y a des loix : la méchanique nous les donne.
Pourquoi ne pas nous y ſoumettre ? la pratique,
ou plutôt la main d'œuvre non éclairée de la théorie,
eſt remplie d'erreurs, & ſujette aux plus grands écarts.
N'allons donc rien entreprendre ſans calculer. Ap-
puyons-nous des loix de la phyſique & des vérités
mathématiques. Mettons en uſage les heureuſes découvertes de ces génies bienfaiſans, qui ſouvent y
ont ſacrifié & leurs veilles, & une partie de leur
fortune. Profitons des lumieres dont ils nous ont fait
part. Liſons les ouvrages de M. *du Hamel*, ce ſça-
vant Académicien. Suivons-le dans ſes eſſais, dans

ses expériences. Jettons les yeux sur *Buffon* occupé à connoître la résistance des bois de Charpente. Quels soins ! quelle attention ! quel appareil ! c'est lui-même qui parle.

Il abbat dans ses bois cent chênes sains & vigoureux : les plus petits de deux pieds & demi, & les plus gros de cinq pieds de circonférence. Il les fait conduire à l'endroit destiné pour les expériences. On les débite en pieces de longueur ; on les équarit, on les dresse à la varlope ; on leur donne les dimensions qu'exigent des expériences aussi intéressantes.

Pour y parvenir, il fait préparer deux forts tréteaux de six pouces d'équarissage, de trois pieds de hauteur & autant de largeur. Il fait soutenir la traverse du milieu par un montant de bois de chêne pour lui donner plus de force, & lui faire soutenir les pieces qu'il veut éprouver & rompre sous le fardeau.

Il fait provision de frettes quarrées de différentes ouvertures, suivant la grosseur des pieces : le fer de quelques-unes de ces frettes porte jusqu'à trois pouce de calibre.

Sous la partie supérieure de chacune de ces frette est un relief de deux à trois lignes de largeur & exactement dressé à la lime, tant pour empêcher la frette de s'incliner que pour connoître la largeur du fer qui porte sur le bois à rompre.

A la partie inférieure de la frette font adaptés deux crochets de fer de même groffeur que celui de la frette. Ces deux crochets fe féparent à leur extrémité ; fe referment l'un fur l'autre, & font percés d'une ouverture ronde d'environ neuf pouces de diametre fervant à recevoir une clef de bois de même groffeur & de quatre pieds de longueur.

Cette clef fert à porter une table de quatorze pieds de longueur, fur fix de largeur formée par des folives de cinq pouces d'équariffage placées les unes à coté des autres, & retenues par de fortes barres.

Il fufpend cette table aux crochets de la frette, par le moyen de la clef de bois ; & fur cette table il place les poids fervant à fes expériences. Pour former ces poids, il a fait tailler & préparer trois cents quartiers de pierres tous numérotés, & pefant les uns vingt-cinq, cinquante, cent, & les autres cent cinquante & deux cents livres.

Il fait mettre de niveau les trétaux & la piece de bois fervant à l'expérience. Le tout eft cramponé en fer avec foin, pour prévenir accident.

Huit hommes chargent continuellement la table. Ils placent d'abord les poids de deux cents; enfuite ceux de cent-cinquante : le troifieme rang eft pour ceux de cent, &c.

Deux autres placés fur un échafaud volant, & foutenus en l'air par des cordes, placent les poids de cinquante & de vingt-cinq, sans courir par ce moyen aucun risque d'être écrasés.

Pendant le temps de la charge, quatre autres maintiennent la table par les quatre angles, pour l'empêcher de vaciller & lui conserver son repos.

Un autre homme, avec une longue regle de bois, observe combien la piece ploie à mesure qu'on la charge.

Enfin un dernier marque le temps de la durée de la charge, & écrit la quantité des poids.

Nous avons pris cet exemple entre tous ceux des autres Observateurs, comme étant d'autant plus frappant qu'il nous est rapporté par l'auteur avec toutes ses circonstances.

Qui peut douter de la vérité d'un système établi sur de pareilles expériences ? quel est l'insensé qui pourroit mettre en parallele les moyens que peuvent dicter les tâtonnemens d'une pratique, ou plutôt d'une main-d'œuvre grossiere & sans principe. Les partisans de telles opérations s'imaginent qu'il suffit, pour la Charpente, de tailler proprement le bois, de le placer & de le soutenir en l'air, suivant la routine qu'ils ont prise dans leur enfance, qu'un jugement borné, qu'ils prennent pour le bon sens, peut leur dicter, & que trop souvent leur inspire le vil intérêt. Dans ce cas les plus gros bois sont les meilleurs. Plus d'égard pour les suites funestes qui en peuvent réfulter ; plus de calcul que celui du bénéfice ; point d'autre combinaifon que celle du gain. Gémiffons fur un pareil procédé : penfons plus noblement ; occupons - nous à faire le bien ; mettons à profit les lumieres des fçavants qui nous ont précédés ; raffemblons les richeffes qu'ils nous préfentent ; participons à l'avantage qu'ils ont eu d'avoir travaillé généreufement pour le Public.

En connoiffant la force que les fibres longitudinales des bois peuvent oppofer à la fracture des pieces de Charpente, qui font le compofé & l'affemblage général de ces fibres , nous éviterons les dépenfes fuperflues de la Charpente ; nos Édifices en feront plus folides ; & nous ménagerons la confommation des bois fur laquelle M. de Réaumur avoit femblé jetter l'allarme par un Mémoire qu'il fir imprimer en 1721. Cet Académicien y annonçoit que les bois de Charpente étoient rares ; que ceux pour le chauffage diminuoient , & qu'il étoit à craindre que les établiffements des Forges , des Fourneaux à feu & les Verreries ne tombaffent , faute de bois. Mais M. *Tellez d'Acofta ,* Grand - Maître des Eaux & Forêts de Champagne , vient de nous raffurer à cet égard de la façon la plus fatisfaifante , dans fon excellente Inftruction fur les bois de marine , qu'il vient de donner. Cependant ce bon Citoyen fe croit obligé d'avouer qu'on ne peut ufer de trop de précaution pour

ne pas prodiguer les bois. L'objet eft important. Il
mérite la plus férieufe attention. Profitons donc d'un
avis aufli prudent. Pour y parvenir, commençons
par la voie des expériences ; ayons recours aux Mathématiques : nous leur devons la perfection des
arts. De combien de merveilles ne fommes - nous
pas redevables à la Géométrie, aux Méchaniques,
aux Calculs ? tel eft le fort de l'humanité : ce font
nos fens qui nous affectent d'abord ; & tant que
nous nous y abandonnons aveuglément, l'intelligence
refte dans l'inaction, dans l'affoupiffement.

Combien avons - nous été de temps à n'avoir que
des idées confufes fur ce qui fe préfentoit ? Avouons-le,
de bonne - foi : à peine y a-t-il un fiecle que nombre d'objets intéreffans étoient dans la plus grande
imperfection. Les défauts fe tranfmettoient. C'eft ainfi
que penfoient nos peres, difoit - on pieufement. Quelqu'un de ces génies fupérieurs & privilégiés s'apper-
cevoit-il de l'erreur, s'avifoit - il de la faire remarquer ?
auffi-tôt on fe récrioit ; on prononçoit anathême. Le
fameux *Galilée* fe déroba à peine des prifons de l'In-
quifition, où il étoit renfermé depuis plufieurs années,
parce qu'il avoit eu la témérité d'avancer qu'il y avoit
des *Antipodes*, & que le globe de la terre tour-
noit autour de celui du foleil. Que ne dit - on pas
de *Torricelli*, lorfqu'il eut la hardieffe d'abjurer l'horreur du vuide, en préfence des Fontainiers du Grand-

Duc de Toscane, & d'y substituer la pesanteur de l'air?

Si l'on peut comparer les petites choses aux grandes, quel bruit ne fit pas en 1762 la refente des bois? je voulois la mettre en pratique. Aussi-tôt procès, condamnations aux dépens, &c. Aujourd'hui l'on commence à l'admettre dans l'usage, mais on agit par conjecture & par une combinaison grossiere. Etablissons donc des principes. Ne nous laissons pas entraîner par la prévention ; secouons le joug des préjugés ; voyons sans partialité ; étudions la nature; tâchons, s'il est possible , de la surprendre sur le fait : suivons sa m arche.

Considérons le bois dans son origine; dans sa formation , dans ses progrès. Développons sa contexture ; combinons-en la trame; tirons-en les conséquences , & éprouvons , par des expériences répétées , si nous avons vraiment atteint le but.

OBSERVATION.

Si l'on vouloit regarder comme surabondants & la Préface & le Discours Préliminaire ; qu'on fasse attention que dans la première, j'ai établi le Plan de mon Ouvrage, & que le Discours Préliminaire en fait voir la nécessité & les avantages. Comme Citoyen, j'ai cherché à les indiquer au Public. Je m'estime heureux si le succès répond à mes vues.

TRAITÉ
SUR LA FORCE
DES BOIS
DE CHARPENTE.

Quoique nous ne puissions entrer dans de trop grands détails pour connoître la force des bois de charpente, & pénétrer à cet égard le secret de la nature, nous laisserons de côté cette agréable fraîcheur qu'on éprouve en entrant dans une forêt; cette tendre émotion qu'on y ressent & qui plaît; cet air de grandeur & de majesté qui frappe d'abord, qui porte au recueillement & nous invite à penser, à réfléchir. Ces différentes sensations sont causées sans doute par la lumiere du jour affoiblie, & occasionnées par le sombre des feuillages, la teinte de leur verdure, la multiplicité, la hauteur des arbres, & le silence profond qui regne de toute part. Sommes-nous dans le fond d'un bois ? le vent agite-t-il quelques feuilles ? notre ame aussi-tôt est émue, inquiete ; nous ressentons une sorte de frissonnement, nous éprouvons l'horreur sacrée des bois. Pourquoi ces effets ? quels en sont les causes ? quel en est le principe ? On les trouvera aisément dans le contraste de la grande tranquillité & de la paix majestueuse qui faisoient nos délices, avec le bruit confus des feuilles & le froissement plaintif des arbres en mouvement.

Quel agrément, quel charme ne goûte-t-on pas, si l'on pénetre de grand matin en ces lieux ! quelle odeur plus suave, plus délicieuse ! On seroit incliné à croire que nous faisons la découverte d'un sixieme sens, & que nous en ressentons les premieres faveurs. Toutes les merveilles de la nature contribuent à cet enchantement. La rosée pénetre les pores des feuilles, en ranime les parfums : la fraîcheur de la terre les condense & les rend plus sensibles ; l'Aurore les met en mouvement, & les répand dans les airs. Un poëte diroit que c'est l'ambroisie des Dieux qui se prépare. Entre-t-on dans un endroit renfermant des arbres abattus, épars ou rangés en piles, tel que dans un chantier ? on est frappé d'une fraîcheur particuliere : il semble que l'air de ce lieu soit différent de celui du voisinage où il n'y a pas de bois. La raison de cette espece de phénomene s'explique naturellement, lorsque l'on confidere l'humide dont le bois eft pénétré. Il faut fept ans au moins , dit M. de Buffon, pour deffécher des folives de huit à neuf pouces de groffeur ; & il faudroit beaucoup plus du double de temps , c'eft-à-dire plus de quinze ans pour deffécher une poutre de feize à dix-huit pouces d'équarriffage.

Abandonnons ces fortes de phénomenes , ils ne peuvent qu'exciter la curiofité. Occupons-nous de la partie qui conftitue la nature des bois propres à la charpente. Connoiffons-en l'organifation, l'efpece, les qualités ; analyfons celles des terreins, combinons-en la propriété , les vertus , les expofitions.

Le fol contribue plus qu'on ne penfe à la qualité premiere de la charpente. Tous les terreins ne font pas indifférens pour le chêne. C'eft l'arbre dont on fe fert le plus communément pour la conftruction de nos édifices, notamment celle des planchers : c'eft le feul même qu'on y emploie , & c'eft le feul qui nous occupera. Il y en a de deux efpeces : ceux qui portent des glands à longs pédicules , & ceux dont les glands font prefques collés à la branche. Chacune de ces efpeces en donne deux autres : les chênes qui portent de très gros glands, & ceux dont les glands font très petits. Les Botaniftes ne fe contenteroient pas d'une femblable divifion. (1) mais elle fuffit aux Foreftiers.

____

(1) Sébaftien Vaillant, *Botanicon Parifienfé* , ne compte que fept efpeces de chênes, Pitton de Tournefort, *Inftitutiones* , en

DU BOIS DE CHÊNE.

Nous nous contenterons donc de distinguer deux especes de chêne, ou plutôt deux variétés remarquables & différentes l'une de l'autre à plusieurs égards. La premiere est le chêne à gros glands qui ne sont qu'un à un ou tout au plus deux à deux sur la branche : il porte une écorce blanche & lisse, sa feuille est grande & large, le bois en est blanc, liant, très-ferme, & néanmoins très-aisé à fendre. Telle est la définition de M. de Buffon ; & voici celle qu'il donne de la seconde espece portant ses bouquets ou *Trochets* comme le noisetier, de trois, quatre ou cinq ensemble. L'écorce en est plus brune & toujours gercée, le bois aussi plus coloré, la feuille plus petite & l'accroissement plus lent. Dans les terreins peu profonds & dans les terres maigres, on ne trouve que des chênes à petits glands : ceux à gros glands n'occupent au contraire que de bons terreins.

Le bois de ces derniers ressemble si fort à celui du chataignier par la texture & par la couleur, qu'on les a pris long-temps & jusqu'à ce moment l'un pour

---

a rapporté vingt ; & l'on assure que dans le jardin de Boerhave, il y en avoit soixante & dix. Il peut même s'en trouver davantage ; car il est difficile de rencontrer dans un bois deux chênes qui se ressemblent exactement par leurs feuilles, leur fruit & leur port.

l'autre. C'eſt ſur cette reſſemblance, qui n'avoit pas été indiquée avant M. de Buffon, qu'eſt fondée l'opinion que la charpente de nos anciennes Egliſes eſt de bois de chataignier. Mais qu'on ne s'y trompe point : ces bois ſont du chêne blanc à gros glands. Il étoit autrefois plus commun qu'il ne l'eſt aujourd'hui. La raiſon en eſt ſimple. Avant que la France fût auſſi peuplée qu'elle l'eſt à-préſent, il exiſtoit une bien plus grande quantité de bons terreins en bois, & conſéquemment une bien plus grande quantité de ces chênes, qui ſont préférables en tous points aux autres, ayant conſtamment plus de cœur & moins d'aubier : d'ailleurs le bois eſt non-ſeulement plus plein, plus fort, mais encore plus élaſtique. Le trou fait par une balle de mouſquet dans une planche de ce chêne ſe rétrecit par le reſſort du bois d'un tiers de plus que dans le chêne commun. Ce n'eſt pas un petit avantage pour la conſtruction, ſur-tout celle des vaiſſeaux : le boulet de canon ne le fait pas éclater, & le trou eſt plus aiſé à boucher.

Toutes les autres eſpeces de bois de chêne, qui ſont en très-grand nombre, rentrent pour la qualité dans ces claſſes : elles ſont abſolument ſemblables. Un plus grand nombre de diviſions ſeroit donc entiérement ſuperflu, & jetteroit dans la confuſion, il faut éviter ce défaut. Les principes ſimples, clairs & nets ſont les ſeuls moyens de s'expliquer pour les Arts.

Suivons la marche qu'ils nous enseignent ; confidérons la progreffion de la nature.

Si les obfervations de Grew, Malpighi, Réaumur, Duhamel, & fur-tout de Hales, nous ont donné de grandes lumieres fur l'économie végétale, les expériences du Comte de Buffon ne nous ont pas moins enrichis. Nous devons à ces Savans prefque toutes les connoiffances que nous avons à ce fujet. Il faut cependant l'avouer, & notre Pline moderne ne rougit point de le dire, dans ce genre, comme dans bien d'autres, on ignore beaucoup plus de chofes qu'on n'en fait.

DE L'ARBRE ET DE SON BOIS.

L'Arbre eft un corps organifé, dont la ftructure n'eft pas encore complettement connue. Tout ce que nous favons, c'eft que ce que l'on appelle *bois*, eft compofé de fibres longitudinales & tranfverfales, de trachées, de tiffu cellulaire, de moëlle. Il eft extérieurement recouvert d'une enveloppe que l'on appelle écorce, & lorfqu'il eft encore fur pied, la feve alimente intérieurement toutes les parties, & forme les couches ligneufes du tronc & des branches. De-là fa croiffance, par l'irruption des bourgeons dont la nature eft de s'élever, en obfervant qu'un arbre de cinq ans près de fes racines n'a qu'un an à fon fommet, & eût-il cent ans & plus, fon extrémité n'en a qu'un.

De-là cette végétation qui forme ces cernes & cercles concentriques de deux ou trois lignes d'épaisseur d'un bois dur & solide, dont la progression annuelle forme sa grosseur. De-là cette cohérence de fibres longitudinales; de-là cette disposition qu'on appelle le **fil du bois** provenant de la situation des longs tuyaux **qui** étant couchés dans toute la longueur de l'arbre les uns contre les autres, & liés par les fibres transversales, donnent la facilité de fendre sur la longueur les plus gros chênes, & d'en faire des bois de débit très-minces, tels que des lattes, de la boissellerie, des échalats &c. De-là aussi les fibres longitudinales étant pour l'ordinaire assez droites, lorsqu'elles sont bien nourries, épaissies, fortifiées les unes contre les autres, & qu'elles sont enfin parvenues à leur degré de force, forment-elles, par le concours d'une même direction, une masse si solide & si ferme dans la longueur, qu'un bâton de chêne d'un pouce en quarré, posé à plomb, peut porter huit milliers pesant, & que deux ou trois morceaux de bois de six à sept pouces de gros, vont soutenir pendant quelque-temps le poids énorme de tout un édifice. De-là encore ces mêmes canaux longitudinaux qui se ramifient, qui poussent de petits filamens produisant d'un côté l'écorce, & de l'autre s'attachant au bois de l'année précédente, forment entre les deux couches de bois un tissu cellulaire qui est spongieux & d'environ une demi-ligne d'épaisseur. Cette dimension est à-peu-près la même dans tous les chênes ; mais il n'en est pas ainsi des couches ligneuses : elles sont plus ou moins épaisses. Il y en a quelquefois de trois lignes & demie, & d'autres d'une demi-ligne.

Le corps ligneux n'est pas seulement formé de l'entrelacement des vaisseaux lymphatiques avec le tissu cellulaire ou les productions médullaires, dont l'ensemble compose les fibres ligneuses qui sont longitudinales ; on apperçoit encore dans cette substance une autre espèce de vaisseaux, que l'on nomme *vaisseaux propres du bois*.

VAISSEAUX PROPRES DU BOIS.

On ne peut douter de l'existence de ces vaisseaux : ils se font connoître dans le bois comme dans l'écorce par l'effusion des sucs qu'ils contiennent. Ils sont situés à-peu-près comme les vaisseaux lymphatiques, & sont beaucoup plus fins que ceux de l'écorce, sans doute parce qu'ils sont comprimés, ainsi que les productions médullaires, par les vaisseaux lymphatiques. Quand les pores d'une piece de bois sont fort serrés, il est toujours avantageux que les couches ligneuses, qui indiquent l'accroissement d'une année, se trouvent épaisses. L'épaisseur de ces couches, quand elle ne provient pas de l'humidité du terrein, est un signe infaillible que l'arbre, lorsqu'il étoit sur pied, étoit

vigoureux,

vigoureux, & qu'il végétoit avec grande force, sur-
tout si ces couches sont bien serrées les unes contre
les autres. Il en est de même pour la pesanteur. Dans
une même espece, les bois les plus lourds, sur-tout
quand ils sont secs, sont les meilleurs. Plusieurs causes y influent : le terrein & l'exposition où ils ont pris
naissance, l'âge, ainsi que le degré de sécheresse. En
général le chêne doit peser depuis 65 jusqu'à 75
livres le pied cube.

Les bois de bonne qualité doivent avoir leurs fibres
fortes & souples, rapprochées les unes des autres,
lors même qu'ils sont devenus secs. Les copeaux qu'on
coupe à la coignée ne doivent pas se rompre quand
on les plie ; ou, si on les plie au point de les rompre,
ils doivent se séparer par de grandes filandres. Le bon
chêne a les pores petits : il se polit sous la varlope,
& il devient brillant. Lorsqu'on le travaille avant
qu'il soit sec, il est d'un rouge-pâle ; mais cette couleur se passe quand il devient sec, & il devient
alors couleur de paille. Si on l'examine avec une loupe
& au grand jour, on apperçoit dans les pores une
espece de vernis qui, joint à ce que les fibres sont
fort serrées, lui donne du brillant. Si au contraire
on apperçoit une espece d'aridité, qui n'offre rien
de satisfaisant, c'est un bois gras ; il n'est pas propre
à la charpente : évitez-le. On en fait cependant de
belle menuiserie ; & celui qu'on nomme impropre-

D

ment *bois de Hollande* est fort gras. Nous obſerverons en paſſant que tout arbre qui aura cru dans un terrein ſabloneux & humide eſt auſſi gras que celui des plus vieux arbres.

Telle eſt en général la formation du bois, c'eſt de ſes textures & de ſes combinaiſons que nous devons prendre des leçons pour tirer tous les avantages poſſibles de celui dont nous avons à nous ſervir. C'eſt par la connoiſſance de ſon méchaniſme que nous pouvons trouver les ſeuls moyens de pratiquer le bois ſans l'énerver, ſans interrompre les principes de ſon organiſation. Auſſi n'eſt-ce que d'après les développemens faits en conſéquence, que nous procurerons la vraie économie, & que nous trouverons les tréſors des forces relatives aux charpentes que nous deſirons employer. Nous n'écraſerons plus nos édifices par un fardeau inutile & ſuperflu ; nous éviterons les dépenſes ruineuſes qui ſont les ſuites ordinaires de l'ignorance & d'une prodigalité mal entendue. Mais laiſſons ce dernier article : nous en avons déjà parlé. Nous nous contenterons donc d'obſerver, avec M. de Buffon, que, de la maniere dont les arbres croiſſent & dont le bois ſe forme, la cohérence longitudinale eſt plus conſidérable, plus réſiſtante que l'union tranſverſale ; que, dans le mêmeterrein, le chêne qui croît le plus vîte eſt le plus fort, & que le plus denſe l'emporte ſur le plus poreux. Nous remarquerons auſſi

qu'il y a un quinzieme de différence entre la pesanteur spécifique du cœur de chêne & celle de son aubier, de sorte qu'elle décroît, à très-peu près, en
raison arithmétique depuis le centre jusqu'à la circonférence de l'arbre.

Il est encore bon de savoir que le bois du pied d'un
arbre pese plus que celui du milieu, & celui du milieu plus que celui du sommet. C'est une conséquence
de ce que nous avons déjà observé. Les arbres vien-
nent-ils à cesser de croître ? cette proportion commence
à varier. Le cœur des chênes au-dessus de l'âge de cent
ou cent dix ans ne prend plus de nouvelle pesanteur,
& la nature de l'aubier croît en rapport ; de sorte que
l'aubier des vieux arbres est plus solide que celui des
jeunes. On peut donc avancer avec juste raison que
l'âge de la perfection du bois est l'âge moyen, où les
différentes parties de l'arbre sont à-peu-près d'égal
poids. Et si nous voyons souvent les poutres s'é-
chauffer & tomber en poudre dans leur épaisseur
intérieure, c'est que le bois en est d'une extrême
vieillesse, & que le cœur, bien loin d'être le plus pesant, est par-fois plus léger que l'aubier même. C'est
une des raisons pour laquelle, dans un même terrein,
il se trouve des arbres dont le bois est très différent en
pesanteur & en résistance. Souvent aussi c'est l'humidité
plus ou moins grande du terrein qui se trouve au pied
de l'arbre, qui peut causer cette différence. Ce sont des

D 2

caufes particulieres qu'il eft toujours intéreffant de favoir.

FIBRES longitudinales & tranfverfales.

Nous avons fait connoître l'organifation des fibres longitudinales & tranfverfales en parlant des fibres ligneufes.

MOELLE ET TISSU CELLULAIRE.

Nous n'avons pas parlé de la moëlle, qui forme l'axe de l'arbre. Elle femble conftituer effentiellement le corps végétal, & fe deffeche à mefure que l'arbre vieillit. En effet dans les jeunes pouffes, c'eft l'origine du tiffu cellulaire. Elle eft tendre, fucculente & de couleur verte; mais bientôt les couches ligneufes l'endurciffent, & forment une enveloppe dans laquelle la moëlle eft renfermée. Elle garde encore quelque temps fa couleur, enfuite elle change & devient blanchâtre, fe deffeche, & même le canal médullaire diminue peu-à peu; de forte que, dans les grands arbres, ceux même qui dans leur jeuneffe ont le plus de moëlle, on ne voit plus ni canal ni fubftance médullaire. Fend-on un morceau de bois de chêne fec fuivant la direction des fibres? on apperçoit dans les pores une fubftance grenue qui font les fragmens de la moëlle devenus tiffu cellulaire. Si l'on examine à la loupe la coupe tranfverfale de certains bois, on apperçoit entre les fibres longitudinales l'épaiſſeur des lames du tiſſu cellulaire , qui s'étendent en ligne droite du centre à la circonférence ; & ſi l'on fend ce morceau de bois ſuivant le plan de ces lames, le tiſſu cellulaire ſe montre ſous la forme d'un feuillet , qui ſemble compoſé de fibres dont la direction eſt auſſi du centre à la circonférence.

CŒUR DU BOIS.

Nous dirons encore que ce qu'on appelle le cœur du bois n'eſt pas la partie de la moëlle qui ſe trouve au centre de l'arbre , mais c'eſt tout le bois parfait qui le conſtitue , & qui eſt au-deſſous de la couche d'aubier recouverte de l'écorce , & eſt formé par les fibres longitudinales & tranſverſales.

AUBIER.

A l'égard de l'aubier , c'eſt , après l'écorce , la couronne de bois tendre qui n'a point acquis toute ſa ſolidité , mais qui en eſt ſuſceptible ; ce qui le fait nommer bois imparfait. Il a les mêmes organes que le cœur : il n'en diffère pas eſſentiellement, puiſqu'avec le temps il le devient. Il ſe rencontre , comme nous l'avons remarqué , immédiatement après l'écorce. Il eſt adhérent au cœur, auquel il s'incorpore & s'identifie inſenſiblement , en devenant parfait. Ce ſont les dernieres productions de la ſeve qui forment annuellement de jeunes couches molles & ligneufes, dont on compte, fuivant la différence des terreins, depuis cinq jufqu'à vingt. L'épaiffeur eft prefque toujours plus forte d'un côté que de l'autre. La difpofition des racines & la diftribution des fucs nourriciers en font les feules caufes. L'expofition n'y entre pour rien, fuivant les expériences de M. de Buffon. Quelquefois dans différentes parties du corps d'un arbre, on voit des cernes d'aubier qui n'ont pas pris de confiftance, quoiqu'ils foient récouverts d'une couronne de bois parfait. C'eft une fuite des accidens qui ont interrompu la circulation de la feve lors de l'accroiffement. C'eft un défaut contre lequel on doit être en garde : nous donnerons les moyens de s'en appercevoir.

Lorfqu'on équarrit le bois, on doit en ôter tout l'aubier, autrement il ne feroit pas de vente. On en apperçoit d'autant plus la néceffité non-feulement parce qu'il eft tendre, qu'il s'échauffe & fe décompofe en peu de temps, mais parce que les vers & les infectes fe nourriffent de ce bois imparfait, & que par fuite ils détruifent & percent le cœur. L'aubier les a attirés : il les fixe, ainfi que les fucs de la feve.

SEVE.

On ne peut contefter que la feve ne foit un des principaux agens de l'organifation & de la formation du bois. Quelle en eft donc la nature, & quelles font fes fonctions ? D'après nos Obfervateurs Phyficiens, nous dirons que c'eft une liqueur aqueufe qui nourrit les plantes, & qui fait dans le regne végétal les mêmes fonctions que le chile dans l'animal. Ce font les particules de fel, d'huile, d'eau, de feu, de terre, & tous autres principes, foit fimples foit compofés, que l'air met en mouvement, fait fermenter, & que les racines, ou plutôt les pores placés à l'extrémité de chaque chevelu, faififfent, abforbent relativement à la nature & au genre de la plante dont ils dépendent, pour les refouler & les tranfmettre enfuite dans le corps de l'arbre, qui, à fon tour, comme une efpece d'eftomac, les triture, les digere, les prépare & les diftribue de nouveau aux corps des racines, de l'arbre, des branches &c. La germination du gland juftifie cet ordre. La jeune racine ne profite pas, du premier inftant, des fucs qu'elle tire de la terre : elle les fait paffer dans les lobes pour les préparer, & les lobes les rendent aux racines.

Ces opérations faites, la feve eft-elle fubtilifée par l'air & par la chaleur ? elle change de couleur, de nature même, elle devient fuc propre, elle s'affimile aux anciennes parties de l'arbre, elle s'y incorpore, elle en augmente le volume. Sa confiftance gélatineufe paffe à l'état d'écorce, à celui d'aubier, qui remplace celui de l'année antérieure, d'autant qu'infenfiblement il s'eft conformé en nature & cœur de bois ; c'eft une cerne de plus à l'arbre. Aussi est-ce par ses couches concentriques qu'on peut savoir l'âge d'un arbre & de chaque branche même. En comptant les cercles, on a le nombre des années. Mais dans ce cas, après ce que nous avons observé sur l'accroissement de l'arbre, on ne doit partir que des cernes qui sont au pied de l'arbre ou à la naissance de sa branche, autrement on n'auroit que le nombre des années depuis la naissance de la partie dont on compteroit les cernes.

Revenons à la nature de la seve. Elle peut être regardée comme une substance composée de parties résineuses, muqueuses & gommeuses, étendues dans beaucoup de flegmes. Si le flegme est abondant, la seve tend à la fermentation, & ensuite à la putréfaction. Mais si l'humidité a été en grande partie dissipée, les substances moins volatiles s'épaississent & se métamorphosent alors en baume conservateur : elles empêchent les fibres ligneuses de se corrompre, & deviennent une espece de mastic qui les fortifie & les unit les unes aux autres. Cependant comme la seve est plus disposée à se corrompre qu'autrement, on ne doit pas employer le bois lorsqu'il est encore rempli de seve, ou qu'il est encore pénétré de l'eau du flottage qu'il aura éprouvé ; il faut attendre qu'il soit sec, mais quel est ce degré de desséchement ? Il peut varier dans le même espace de temps suivant la nature du bois, suivant le lieu, suivant aussi les endroits où le soleil a plus d'action que dans d'autres. Ce qu'on peut dire en général, c'est que, pour les charpentes ordinaires, il faut éviter d'employer les bois avant qu'ils aient essuyé deux ou trois printems depuis leur abattage, & près d'un mois après qu'il aura été flotté. Il n'en est pas de même pour la menuiserie : ces bois ne seroient pas à beaucoup près assez secs, ils ne peuvent être d'une trop ancienne coupe ni trop secs : autrement le bois se tourmente & se fend en se desséchant.

A l'égard des bois de charpente, s'ils sont trop verts, c'est-à-dire, trop fraîchement abattus ; si on les recouvre en plâtre, ils s'échauffent, se décomposent & tombent en poussiere. Il est donc d'expérience que l'évaporation de la seve dans un arbre abattu est avantageuse à la conservation du bois.

La trop grande abondance de seve est dangereuse. Si l'on coupe un arbre dans le temps où toutes les liqueurs sont exaltées vers les parties supérieures, tel qu'au mois de Mai ou en Août, elles y sont dans une trop grande quantité, & les sucs grossiers & aqueux, qui ne sont pas encore descendus, demeurent dans le tronc, & n'y peuvent qu'occasionner une fermentation préjudiciable. Alors la seve devient nécessairement, comme nous l'avons déjà observé, un germe de corruption dans les arbres abbatus. Il ne faut pas s'imaginer que la plénitude excessive des sucs dans les fibres de l'arbre en augmente la force. Les fibres du foin ne

font jamais plus remplies de leurs liqueurs que lorfqu'il vient d'être coupé ; & l'on voit tous les jours
une meule de foin empilé trop verd, s'échauffer &
même prendre feu.

Il y a un remede contre cette trop grande abondance de feve qui peut refter dans le bois, c'eft de le
faire flotter avant l'emploi ; par ce moyen il dégor-
gera les fucs trop groffiers qui, n'ayant plus après la
coupe la circulation néceffaire, donneroient lieu à la
corruption, fuite d'une trop grande fermentation ex-
citée par ces fucs.

FLOTTAGE.

Le flottage du bois doit effectivement laver, diffou-
dre & emporter une partie des liqueurs trop fermen-
tatives, ainfi que les fels & les foufres les plus dangereux. On éprouve tous les jours que le bois neuf
rend plus de chaleur au feu que le bois flotté, & le
bois verd plus que le bois fec ; c'eft qu'ils font fournis les uns plus que les autres des liqueurs expanfives
qui forment la chaleur,

Nous obferverons cependant qu'il ne faut pas laiffer
le bois trop long-remps à flot. L'efpace de fix femaines
doit être le plus long terme : plus de temps feroit dom-
mageable ; les canaux exportatifs des fucs feroient dé-
pouillés de leurs fels & de leur huile & ne feroient
plus gonflés que de parties aqueufes ; les fibres de
l'arbre n'auroient plus la même roideur.

Il n'eſt pas à craindre que le flottage préjudicie à la qualité du bois : il lui devient au contraire une préparation utile & même néceſſaire. Auſſi, lorſqu'on n'a pas l'avantage d'en avoir de flotté, devroit-on y suppléer en le mettant dans une eau vive & pure pendant un mois environ ; & on l'en retireroit ſix ſemaines au moins avant de l'employer. Mais autant cette opération eſt favorable pour donner au bois la qualité requiſe, autant elle lui ſeroit préjudiciable ſi l'eau dans laquelle on le placeroit étoit croupiſſante & bourbeuſe. Le bois s'imprégnant alors de ſels hétérogenes, il en réſulteroit une fermentation forcée qui dégénéreroit infailliblement en corruption.

Une autre raiſon qui doit encore favoriſer la méthode de mettre quelque temps le bois dans l'eau, au défaut du flottage, c'eſt l'obſervation qu'on a faite que les bois, qui avoient été quelque temps dans l'eau, étoient moins ſujets à être piqués des vers que ceux qu'on avoit toujours conſervés à l'air. On ne peut alléguer contre cette obſervation les vers qui détruiſent les digues de la Hollande : 1°. parce que ces vers redoutables n'exiſtent pas dans l'eau douce ; 2°. parce qu'ils n'attaquent les bois que dans les mois de Juin, Juillet & Août, & conſéquemment qu'on a neuf mois pour les laiſſer, ou plutôt les faire paſſer à l'eau ſans rien craindre.

PHLEGME ou LYMPHE.

Les bois ont la seve pour agent d'organifation ; ainfi que nous l'avons obfervé ; mais ils contiennent auffi beaucoup de flegme. Cette lymphe, mêlée en abondance avec toutes les autres fubftances, tient les gommes & les réfines dans un état de liquidité convenable ; & à mefure qu'elle s'évapore, ces fubftances deviennent folides ; la partie ligneufe prend confiftance, & les racines remplies de fucs prennent la même marche.

Le phlegme fe deſſéche plus aifément que la feve, étant chargé de beaucoup moins de fels & de parties graffes & réfineufes ; auffi fon action eft-elle moins dangereufe. Elle occafionne plus rarement la corruption du bois, étant de fa nature peu fujette à la fermentation. Elle n'eft, à proprement parler, qu'une eau fimple & fans faveur, & qui s'évapore ainfi que toute autre eau qui peut pénétrer le bois. Cette évaporation cependant ne fe fait qu'à un degré ; car, malgré tout deſſéchement, on tire encore du bois beaucoup de phlegme, fi on vient à le diftiller ; en le brûlant, on en apperçoit encore plus : la fumée l'indique.

VAISSEAUX LYMPHÂTIQUES.

Les vaiffeaux lymphatiques fervent à charier la lymphe & la porter dans les endroits qu'exige la végération, à raison de la liquidité nécessaire pour les sucs de la seve. Ces vaisseaux existent dans le bois comme dans l'écorce : ils partent du centre à la circonférence en se ramifiant.

T R A C H É E S.

Il existe aussi dans le bois des vaisseaux, tels que des filamens très-déliés & roulés en spirale, en forme de tire-bourre, aboutissant à l'épiderme, & transmettant l'air nécessaire à la préparation & au mouvement des humeurs : on les nomme *Trachées*. *Hales* prétend que l'air renfermé dans le bois de chêne en contient 216 fois le volume ; & que son poids est environ le quart de celui de la substance. C'est un apperçu, qui cependant peut faire question : je la laisse à résoudre à plus habile que moi. J'observerai seulement que l'air est un fluide aussi nécessaire à l'existence des végétaux qu'à celle des animaux. Les feuilles, les branches, le tronc, l'écorce ont une force de succion qui détermine l'air à monter dans l'arbre précisément comme la seve ; & c'est l'office des vaisseaux dont il s'agit.

É C O R C E.

L'écorce est l'enveloppe qui couvre le bois. Toute grossiere qu'elle peut paroître aux yeux du vulgaire, elle n'est pas indifférente aux Physiciens : elle mérite leur attention. Son rapport est intime avec les différentes parties de l'organisation du bois. *Parent* dit que les couches ligneuses sont formées par l'écorce, *Histoire de l'Académie*, 1711. Malpighi lui reconnoît deux fonctions essentielles : la préparation & coction de la seve, & l'addition des couches ligneuses, qui produisent l'accroissement des arbres qui se fait chaque année ; d'où l'on peut conclure que la principale partie des arbres est cette portion de l'écorce qui touche immédiatement le bois, puisque c'est par son moyen que les arbres conservent leur vie, & qu'ils augmentent de grosseur. Voyons sa contexture : elle est composée de différentes couches, qu'on nomme *corticales*. On y distingue les vaisseaux ou fibres longitudinales de l'écorce, les vaisseaux propres, le tissu cellulaire, le liber & l'épiderme.

Vaisseaux, ou *Fibres longitudinales de l'écorce.*

C'est dans les vaisseaux ou fibres longitudinales de l'écorce que coule la seve. Ils sont unis les uns aux autres, de maniere qu'ils forment un tissu cellulaire de petits faisceaux ou roseaux, dont les mailles sont plus longues que larges.

VAISSEAUX PROPRES.

Ce sont des tubes longitudinaux droits, collés con-

tre les fibres où coule la feve, & remplis d'un suc
propre, qui est une espece de lait.

TISSU CELLULAIRE.

Le tissu cellulaire est placé sous l'épiderme. C'est
une substance d'un verd très-foncé, qui est presque
toujours succulente & herbacée. Elle est formée d'un
très-grand nombre de filamens très-fins, entrelacés
les uns avec les autres, & de petits fragmens de
moëlle. Cette substance peut servir à garantir du desséchement les parties qu'elle recouvre, & à la répara-
tion de l'épiderme.

DU LIBER.

Le liber est la partie intérieure de l'écorce qui touche à l'aubier, & ressemble aux feuillets d'un livre.
C'est une membrane fine, qui, suivant Malpighi, se
détache tous les ans de l'écorce, pour s'unir à l'aubier
& s'identifier avec lui. Alors le liber est remplacé &
formé de nouveau par la feve du Printemps.

DE L'ÉPIDERME.

L'épiderme est l'enveloppe générale dont tous les
arbres sont recouverts extérieurement. C'est une membrane mince, feche & aride, qui se détache aisément
des parties qu'elle recouvre dans les tems de la pleine

feve. Elle eft plus adhérente fur les branches que fur
le tronc. Elle fe rompt, lorfque l'arbre augmente en
groffeur, quoiqu'elle foit capable d'extenfion dans toutes fes dimenfions : alors elle tombe par lambeaux
defféchés.

Telles font les différentes parties qui compofent
l'écorce. En peut-on faire quelque ufage, quand
l'arbre eft abattu ? Eft-il plus utile, pour la perfection
du bois, d'en enlever l'écorce que de la laiffer ? Ne
feroit-il pas même avantageux d'écorcer l'arbre fur
pied, quelque temps avant que de l'abattre ? Tâchons
de fatisfaire à ces différentes queftions.

*Quel eft l'ufage qu'on fait de l'écorce, furtout de celle
de chêne ? En quel temps & comment fe fait l'écorcement ?*

L'écorce des arbres eft la partie qui contient, de
l'aveu des Phyficiens, le plus de fel & d'huile, fans
doute à caufe de la feve qui monte par les fibres du
bois, & qui retombe par cette derniere enveloppe.
L'abondance de ces principes végétaux fe fait affez
connoître par la bonté des cendres qui proviennent des
écorces brûlées. Elles font préférables de beaucoup à
celles des bois pelards, qui font les bois écorcés.

L'écorce de chêne poffede un avantage fur toutes
celles des autres arbres : étant pulvérifée, elle fe nomme
Tan, d'où les Tanneurs ont pris leur nom, parce qu'ils

s'en

s'en servent pour façonner les peaux. Elle est astrin-
gente & dessicative, surtout celle des jeunes chênes;
car quand ils ont plus de vingt années, l'écorce devient seche, & perd insensiblement sa qualité; les sels
se dissolvent, & les parties balsamiques s'enlevent,
s'évaporent (1): c'est à leur seule abondance que nous
devons la préparation des cuirs dont l'usage nous est si
intéressant. En effet a-t-on poudré de tan (2) chaque

---

(1) Voyez l'Art du Tanneur par M. de la Lande, de l'Académie Royale des Sciences de Paris, de celles de Londres, de
Berlin, de Pétersbourg, &c.

(2) On fait l'écorcement pour le Tan au mois de Mai ou
d'Août, lorsque la seve est dans sa force : ce sont les Bucherons qui s'en occupent. Ils prennent l'écorce des taillis dont
l'essence est en chênes, & qui sont à abattre : ils la fendent
sur la longueur, après l'avoir cernée à trois pieds environ; ils
l'enlevent par le moyen d'un morceau de bois taillé en forme
de Spatule, qu'ils insinuent entre l'arbre & l'écorce. Ils commencent l'opération par les parties des branches, & finissent
par attaquer le tronc. On met ces écorces en bottes; & pour en
faire un cent, il faut, suivant l'âge des arbres, six à huit
cordes de bois : plus ils sont jeunes, moins il en faut. On paie
pour la façon de chaque cent de bottes une vingtaine de francs.
Si la corde de bois se vend douze liv., le cent de bottes produira soixante liv.; & ainsi à proportion, selon les différens
endroits & le cours des marchandises. Les uns font broyer les
écorces avec de grosses meules verticales; les autres la pulvé-
risent avec des pilons, suivant que les moulins sont composés.
De la poudre qui en provient, & qui est appellée *Tan*, on en

lit des peaux dont on a ôté le poil , & qui font dans les foffes. Le fel qui les pénétre de toutes parts , en fortifie le cuir , & l'empêche de fe corrompre. L'huile qui s'y infinue partout , l'affouplit , & le difpofe à fe prêter à tous les mouvemens. Elle fait plus : elle le rend impénétrable à l'eau. Mais en voilà affez fur cet article : qu'on me pardonne la digreffion , & paffons aux branches.

DES BRANCHES.

Les branches partent du tronc de l'arbre & prennent une direction latérale : delà même le nom de *branche*. Elles font en continuation des fibres longitudinales : elles ont la même organifation & la même

---

couvre les peaux dont on a ôté le poil , & qui font dans les foffes , &c.

Le Tan fert auffi pour les ferres chaudes ; on en fait des couches chaudes , dans lefquelles on enfonce les pots de fleurs ou d'autres plantes qu'on veut avancer ou tenir chaudement.

Quand le cuir eft façonné , le Tan n'eft pas encore une matiere de rebut : on en fait des mottes en forme de petites meules ; & lorfqu'elles font bien féchées , elles fervent à chauffer les pauvres gens.

Pour produire cinquante milliers de ces mottes , qui fe vendent une cinquantaine d'écus , il faut deux mille pefant d'écorce ; & par cette opération , on retire à peu près un treizieme du prix de l'achat de l'écorce.

croiſſance. A l'égard de leur vigueur plus ou moins grande, elle ſemble dépendre des racines; en effet ſont chacune en raiſon de la force des racines qui ſont du même côté, & qui y correſpondent. Elles abandonnent, ainſi que les racines, la direction de la tige pour s'écarter; & elles s'étendent parallélement au terrein, lors même qu'il eſt en pente. C'eſt ſans doute un effet de l'air, ainſi que la pondération égale du pourtour naturel des branches dans un arbre de belle venue : l'arbuſte qui ſort des mains de la nature, & qui n'eſt pas encore vicié, nous le fait connoître.

Nous obſerverons auſſi que les branches ne ſont ni une portion, ni une diviſion du tronc. Sort-il une jeune branche d'un aſſez gros tronc ? on voit que les fibres ſont forcées de s'écarter pour laiſſer ſortir cette branche, & qu'enſuite elles ſe rejoignent au-deſſus de la jeune branche pour ſuivre leur direction. Delà les nœuds qui ſe trouvent dans le corps du bois, ainſi que d'autres vices provenant de branches rompues & briſées.

On apperçoit dès le mois de Juillet ſur les nouvelles branches, quelquefois ſur les groſſes, & rarement ſur le tronc, des excreſcences en forme de petits cônes. Ce ſont de jeunes boutons à la fin de l'automne : ils ont pris alors toute leur croiſſance; mais ils paſſent l'hyver ſans s'ouvrir : ce n'eſt qu'au printemps qu'ils commencent à éclorre. En ce temps les écailles

dont ils font couverts, & qui font enduites d'une liqueur vifqueufe qui les unit les unes aux autres, s'en-
trouvent. Bientôt on voit la naiſſance des branches, les
fleurs & les feuilles paroiſſent.

DES FEUILLES.

Nous ne dirons rien de la fleur des arbres ; elle eſt
étrangere à la matiere que nous traitons : nous ne parlerons que des feuilles. Elles font liées intimément à
l'organiſation ; elles ne font pas un fimple ornement,
elles font partie de la végétation. Combien a-t-il péri
d'arbres pour avoir été effeuillés ? Les chenilles ſe
mettent-elles fur les feuilles ? l'arbre ſoufre, & quelquefois périt. Aufſi peut-on avancer avec certitude
que les feuilles font, à proprement parler, les pou-
mons des plantes. Elles reçoivent l'air ainfi que les
fels vivifians qu'il charrie. Introduits, ils produifent fur
la feve un effet pareil à celui que l'air refpiré par les
animaux produit fur la maffe du fang.

Si la chaleur du jour fatigue les arbres, en faifant
exhaler en trop grande abondance les liqueurs qui lui
font propres, elles font réparées promptement par la
rofée & par les fucs répandus dans l'atmofphere, que
les feuilles pompent la nuit. Quel plaifir de voir la
verdure du matin ! Les teintes en font plus claires,
plus nettes, moins foncées ; les feuilles reprennent
leur vigueur.

Il regne entre les feuilles & les branches un commerce continuel de végétation. Si on renverse une branche en sens contraire de sa situation, bientôt les feuilles se reploient, & reprennent leur aspect, de façon que la surface supérieure de la feuille se trouve toujours regarder le ciel, & l'inférieure la terre. Le premier côté est ordinairement lisse & d'un verd foncé ; l'autre est en relief : son verd est plus blanchâtre & moins vif.

La feuille décide en partie de la qualité du bois. C'est par sa couleur qu'on reconnoît si un arbre est malade ou non : c'est par sa vigueur qu'on juge de ses besoins. En général une feuille nette & soutenue annonce un arbre bien conformé, vigoureux, & sur la force duquel on peut compter.

Mais en voilà assez sur cet article : considérons les racines.

DES RACINES.

Nous avons parlé du bois, de sa texture, de son organisation ; nous avons vu les fonctions de la tige ou tronc de l'arbre, celles des branches, ainsi que les opérations & les propriétés des feuilles. Voyons actuellement ce que sont les racines : développons leurs fonctions & leurs rapports.

Les racines sont les premiers agens de la nutrition. Ce sont les orifices des vaisseaux de l'arbre qui rempliſſent les fonctions de bouche & d'æsophage. Elles tranſmettent dans les vaiſſeaux les ſucs nourriciers qu'elles pompent & tirent de la terre. La premiere racine, qui eſt à plomb de la tige, ſe nomme *pivot*, & s'enfonce profondément ſi la terre eſt bonne & abondante en ſucs qui puiſſent lui convenir. Il y a tel chêne qui dans ſon origine n'avoit qu'une tige de ſix pouces de haut, dont le pivot étoit de plus de quarre pieds ; une fois coupé, le pivot ne s'allonge plus. Les racines d'ailleurs près du tronc ſe partagent & ſe ſubdiviſent à l'infini, & forment des chevelus qui s'immiſcent dans les molécules terreſtres, & y ramaſſent les ſucs différens, qui ſont propres à la nutrition de l'arbre. Elles ſervent auſſi à maintenir la tige dans une poſition perpendiculaire, & à l'empêcher d'être renverſée.

Les racines & les branches ont des rapports intimes : elles ſe ramifient & ſe ſubdiviſent à peu près uniformément. Un arbre qui n'a que de petites branches mal nourries, a ſes racines grêles, foibles & peu abondantes.

Au ſurplus, l'organiſation des racines eſt la même que celle de la tige & des branches. Elles ſont formées de moëlle, de corps ligneux, de couches corticales, avec cette différence cependant, que ces dernieres ſont toujours ſucculentes.

Nous venons de développer l'organiſation, la tex-

ture & la formation du bois. Nous favons qu'un arbre
eſt compoſé de racines, d'une tige & de branches.
Nous avons conſidéré que chacune de ces parties étoit
formée particulierement de fibres longitudinales &
tranſverſales, qui en faiſoient la contexture, à laquelle
on ne peut faire trop attention dans l'emploi des bois,
pour en tirer avantage, & profiter de toute leur force.
Rien de mieux ; & nous en aurions dit aſſez, ſi la
nature, qui a toujours la même marche, au moins
pour les mêmes objets, ne rencontroit pas d'obſtacles
qui l'obligent à varier. Telle que Prothée, elle s'aſſu-
jettit aux accidens ; & delà ces compoſés bizarres :
delà auſſi les bonnes & les mauvaiſes qualités. Tâchons d'en découvrir les cauſes : examinons le bois
dans ſon origine. Prenons le gland : ſemons-le ; paſ-
ſons en revue les différens terreins ; choiſiſſons celui
qui peut lui être le plus favorable : plantons-le ; fai-
ſons toutes les opérations convenables ; peſons les différentes expoſitions ; conſidérons-en les réſultats ainſi
que ceux de la végétation & ceux de la ſeve : parcourons les taillis, les futaies : voyons s'il eſt des moyens
de remédier à certains vices de bois dont nous aurons
découvert les cauſes, l'écorcement par exemple, &c.
Telle eſt la marche que nous allons tenir. Nous rap-
porterons enſuite les expériences des plus habiles Phyſiciens ſur *la force des Bois de Charpente* ; nous en
peſerons les réſultats. Nous établirons des principes

sur la refente des bois, sur la maniere de les employer, & sur la main-d'œuvre la plus favorable. Nous mettrons à contribution tous les Physiciens, & nous ne rougirons pas d'annoncer que nous avons trouvé les plus grandes lumieres dans la pratique de quelques-uns de nos Charpentiers. Le bon sens, l'usage & une grande routine leur inspirent par fois d'excellens moyens.

DU GLAND.

Le gland est le fruit du chêne & sa semence. Il est ovale, porte un pouce environ de long sur sept à huit lignes d'épaisseur. Nos premiers Peres s'en sont servis pour nourriture : il faut avouer cependant que son goût est bien âcre & peu suave. Le meilleur pour semer est celui du chêne blanc. Nous l'avons déja observé ; c'est l'espece qui vient la plus forte, la plus belle, & la plus propre pour nos Charpentes. Les glands qui tombent dans les premiers instans, & d'eux-mêmes, ne valent rien : ils sont pour l'ordinaire piqués des vers ; & quand on veut avoir de bonnes semences, il convient prendre des précautions pour les recueillir : il s'agit d'un peu de soin & de propreté. Lorsque la saison avance, que l'on voit le gland jaunir, & qu'il tient peu dans sa coupe, c'est un signe de maturité ; il en faut saisir le moment, & le récolter. On doit alors choisir les chênes les plus beaux & d'environ une centaine d'années. On préparera la place

au-deſſous, en la faiſant balayer pour recevoir & ra-
maſſer plus proprement le gland que l'on abattra avec
des gaules ; & l'on ſecouera doucement les branches,
afin de ne pas meurtrir le fruit.

Pour enſemencer un arpent compoſé de cent perches, à vingt-deux pieds par perche, qui eſt la meſure
des bois du Roi, il faut dix-huit boiſſeaux de glands,
meſure de Paris. Chaque boiſſeau revient en général
depuis quinze ſols juſqu'à trente, ſelon le temps,
le lieu, ſuivant auſſi que le fruit en eſt plus ou
moins bien choiſi ; & qu'il n'eſt pas mêlé avec d'autres eſpeces : mais, dans tous les cas, il eſt mieux d'en
faire la récolte ſoi-même, & d'après ſon choix : on
eſt au moins ſûr de ſon opération.

Quelques Foreſtiers employent une plus grande quantité de ſemence par arpent que nous n'avons avancée ;
d'autres en veulent moins : celle que nous propoſons, eſt
la moyenne proportionnelle d'après les expériences réitérées des meilleurs Cultivateurs. Le terrein plus ou
moins bon peut y apporter des nuances : d'un côté il ſe
perd bien des ſemences par les bêtes fauves, les oiſeaux,
la vermine, les intempéries de l'air : mais de l'autre, les
ſoins & la vigilance peuvent obvier à bien des inconvéniens. C'eſt à la prudence à jouir de ſon empire, à faire
valoir ſes droits : il n'y a pas de regle ſans exception.

Revenons au choix du gland. Il faut, comme
nous l'avons dit, que l'arbre qui le porte ait une cen-

taine d'années, qu'il soit bien sain, vif & vigoureux; & que ce soit aussi un chêne blanc, à cause de la beauté de l'espece. Le fruit d'un trop jeune chêne ou d'un trop vieux tient de la foiblesse de l'âge; &, quelque beaux que soient en apparence le fruit de pareils arbres, vous serez la victime de leur produit, si vous vous y confiez. L'expérience nous le prouve : nous le voyons dans l'espece humaine. Il faut être formé, & n'être ni décrépit, ni trop jeune, pour produire des corps robustes, & sur la santé desquels on puisse compter. Observez la nature, & suivez la route qu'elle vous trace. Tout fruit prématuré ou trop tardif perd beaucoup de sa qualité. Au surplus, nous observerons encore, que le chêne ne porte pas de gland avant seize à dix-huit ans : quand il est produit avant ce temps, c'est une exception à la regle.

MANIERE DE SEMER LE GLAND.

Le gland se seme dans deux saisons, le printemps & l'automne. Si c'est dans le printemps, en Février ou Mars, la terre doit être préparée d'un labour pendant l'hyver, & d'un second avant de semer. Le gland qu'on desirera employer, sera mis pendant l'hyver dans un endroit à couvert. On le placera par lits dans du sable, ou de la terre bien seche. Alors il se développera insensiblement sous son enveloppe; & préparera son germe à la percer. On fera attention qu'il ne

jette pas de racines : il s'épuiseroit. Il faut même empêcher qu'il ne germe trop , pour éviter que le chevelu ne s'entrelace : on risqueroit de le casser en séparant
le gland. Apportez donc tous vos soins à cette premiere préparation , ils sont essentiels. Le gland abandonné à lui-même dans un endroit trop chaud , se
desséche ; dans un humide il moisit : les lieux frais &
secs sont les plus propres pour sa conservation.

Seme-t-on en automne , c'est-à-dire , en Novembre & Décembre ? un labour suffit : mais il faut plus
de glands alors , à cause des animaux de toute espece
qui ont besoin de pâture , & qui se rejettent sur les
semences.

Dans l'une & l'autre saison , vous semerez votre gland
dans les raies que nous avons prescrites , faites à la cha-
rue , à un pied environ de distance l'une de l'autre , &
de trois pouces de profondeur , peu plus ou peu moins.
A six pouces , il faut l'avouer , le germe perceroit ,
mais il seroit tardif ; & pour peu qu'il rencontrât
d'obstacle , il avorteroit. S'il étoit couvert de neuf
pouces de terre , il seroit étouffé ; & perdu. Quel
est le terme ?

La qualité seule des terres doit décider de la profondeur à laquelle le gland doit être placé. Plus une
terre sera légere , plus on aura soin de l'enfoncer.
Dans une terre forte trois pouces suffisent ; dans une

terre moyenne, quatre pouces; dans une terre légere, cinq pouces.

On sent que, pour le mettre dans les raies, il ne faut pas le jetter à la volée, comme le bled ou autres semailles : on le répand à la main, ainsi que les Jardiniers font pour leurs graines.

Il est encore bon d'observer que nombre de Forestiers, pour prévenir le desséchement des semences, les abriter, & se rédimer en partie des frais de labour ou autres faux frais, sement de l'orge ou de l'avoine, la premiere année, le gland étant recouvert. L'herbe qu'ils produisent, empêche l'action du soleil, retient la rosée : alors même les racines & le chaume servent d'engrais pour l'année suivante. On ne peut qu'applaudir à cette pratique; mais il faut avoir soin de semer en ce cas un peu clair, même à demie semence; & il convient de porter son attention à faucher moins près de terre qu'on ne fait ordinairement. Il n'en est pas de même pour le gland : nous dirons qu'il est toujours plus avantageux de semer plus épais que moins, non-seulement à cause des accidens, mais aussi parce qu'un semis ne fait que languir, jusqu'à ce que les petits arbres soient parvenus à étouffer l'herbe qui croît à leurs pieds; il est d'expérience que la quantité de plant en vient à bout. Au surplus, si les nouveaux arbres se nuisent pour être trop près les uns des autres, on les fait éclaircir : on

en tire partie pour des pépinieres ; les élagages en font
plus abondans, & rapportent en conséquence.

On peut également établir les bois, ou en semant
ou en plantant. Nous parlerons de ce second moyen :
mais pour le moment, nous obferverons que femer eft
de beaucoup plus économique que planter ; & que
même c'eft la feule façon d'opérer par la plus grande
partie des propriétaires, lorfqu'il eft queftion d'objets de quelqu'importance.

T E R R E I N S.

Les pays montueux font deftinés aux bois. C'eft
prefque le feul moyen d'en tirer un parti favorable, à
moins qu'ils ne foient fitués dans des provinces peu-
plées, & propres à produire de bons vins. La culture
des terres dans les plaines eft fi facile, que communément on ne les deftine pour les bois, que lorfque le
fol fe trouve d'une qualité très-médiocre, & fe refufe
à la production des vignes ou des prés.

Les terres légeres font convenables pour les femis :
les terres fortes font préférables pour l'accroiffement
des arbres. Ces dernieres cependant portent avec elles
un grand inconvénient ; mais avec de l'attention on en
triomphe. Quand l'hyver eft humide, & que le printemps eft fec, cette forte de terre, battue par les pluies,
furprife & defféchée par le foleil, forme une croûte
qui empêche fouvent la jeune tige de fortir de terre.

Paroît-elle ? ferrée & meurtrie fouvent par les efforts
de fon accroiffement & de la dureté du terrein qu'elle
veut percer, elle eft arrêtée dans fes progrès, elle languit ; fes bleffures fe convertiffent en maladies ; elle ne
peut éviter les ulceres, les chancres. Mais le remede
eft prompt ; il eft effentiel de faire herfer alors pour
rompre cette croûte : mais il faut agir prudemment,
& avant que les têtes des nouveaux arbres fortent de
terre, en fe montrant au-dehors. D'ailleurs, le chêne
fe plaît de préférence dans les terres fortes, quoiqu'en
général il s'accommode de toutes fortes de terreins.
Mais la nature du bois participe du fol dans lequel il
fe trouve. Il devient tendre & gras dans les terres humides & dans les fonds de glaife. Dans un terrein
caillouteux, avec des veines de bonne terre, il eft dur
& fier. Dans la bonne terre franche & fans humidité,
le bois eft beau, plein, fort, robufte & d'une qualité
parfaite. Sous la terre fertile fe rencontre-t-il du gra-
vier ? il eft ferme & de bon emploi. Il ne pourra fournir que du taillis, fi le tuf, la craie, ou la carriere
font à peu de profondeur.

En effet un pied d'épaiffeur de bonne terre ne peut
nourrir que de foibles taillis. Pour de bons taillis, il
faut plus de deux pieds. Aux arbres qui doivent être
une demi-futaie, il fuffit de trois pieds ; & il faut au
moins quatre pieds pour une haute futaie. Au furplus,
le plus ou moins de hauteur peut varier de quelques

degrés , en conféquence des fels & des fubftances des terreins.

Le bois d'un chêne élevé dans des terres aquatiques & marécageufes , avec un fond de tourbe , fera très-léger : fes fibres feront molles, fes pores larges. On n'y trouvera pas le vernis du bois de chêne crû dans un bon terrein. On s'appercevra aifément qu'il eft dénué des parties gélatineufes, qui conftituent la bonne qualité du bois. Si on fait attention aux copeaux qu'on enlevera à la coignée ou à la varlope, on les trouvera fe détacher par parcelles, & ne pas former de rubans, fuite de l'union & de l'intenfité du corps du bois. La couleur en fera jaune , foncée, terne & tirant fur le roux : à la partie près des racines , on le trouvera noir & reffemblant à de l'ébene.

Dans les terres maigres , légeres ou arides , ainfi que dans les fables où l'eau paffe aifément , le bois tiendra des défauts des terres marécageufes. Peu de liaifon , point de confiftance , point de force. Ces terres font de différentes couleurs : il y en a de jaunes , de rouges , de grifes & de cendrées.

Les terres légeres , dont quelques-unes font rouges, les autres noirâtres, dont le fond eft en quelque forte mouvant , ne peuvent conftituer de beaux arbres. Ils font fecs , maigres , & pour l'ordinaire chargés de chancres , qui les appauvriffent & les alterent.

Les arbres deviennent très-beaux & de bonne qualité dans les glaises mêlées d'autres terres , qui en diminuent la ténacité. Mais le bois en est tendre comme celui qui croît dans les marécages. Il y a différentes couleurs de glaise : il y en a de bleue, de rouge, de blanche, de jaune, de verte & de nombre d'autres nuances, par le mélange des grains métalliques. Les glaises vitrioliques sont les moins propres à la végétation.

Les terres franches , limoneuses & ferrugineuses sont fertiles. Elles sont de différentes couleurs : mais, pour les arbres , leur qualité est égale ; elle est même excellente , & ils y deviennent très-grands, si la profondeur du terrein le permet, comme nous l'avons observé.

Lorsque ces terres sont plus seches qu'humides, les bois en sont ordinairement d'une couleur jaune-pâle , vif & brillant, le grain serré & d'une texture uniforme. Dès les premiers instans, & avant que l'arbre soit parvenu à sa grosseur, le bois a acquis de la dureté : coupé, il se séche aisément , n'est pas sujet aux vers, & pese alors deux septiemes de plus que celui d'un terrein trop humide. Il est fort par son organisation : il est en état de porter de grands fardeaux ; & s'il rompt , c'est par éclats, en faisant beaucoup de bruit. Il n'en est pas de même du bois gras & tendre : suivant l'expression du vulgaire , il se brise & se casse comme un navet. Quant aux bois du terrein dont

nous

nous parlons, ils sont sujets à se gercer & se tourmenter ne se desséchant : c'est une suite des parties fixes qui y résident.

Le chêne qui croît dans les terres où il y a des mines de fer, est dur, fort, rustique, & propre à la Charpente.

Le terrein humide n'est pas si préjudiciable dans les provinces méridionales, que dans les climats moins chauds : mais celui qui est marécageux, est toujours mauvais.

Les arbres ne peuvent croître dans la pierre ni dans le tuf, la craie, la marne, ou même le sable pur. Si l'on en voit quelques-uns de beaux dans des terreins de roche, c'est que ces masses ne se touchent pas, qu'il y a de la terre entr'elles ; & que les racines de ces arbres ont atteint des endroits du sol où il se trouve des amas de terre assez considérables pour les nourrir. Au surplus, il est indifférent que la terre soit noirâtre, grise, rouge, blanchâtre, ou de toute autre couleur. Qu'elle soit franche ou limoneuse, forte ou légere, humide ou seche, il n'importe : pourvu qu'il y en ait assez pour permettre aux racines de s'étendre, on y pourra élever des bois ; il ne s'agit que de l'espece : mais comme nous ne parlons que du chêne, nous disons que cet arbre a ses terres plus ou moins favorables, & qu'on ne peut y apporter trop d'attention.

F

CLIMAT.

La température de l'air influe sur la qualité du bois :
celui des pays chauds est plus dur, plus solide; &
conséquemment plus pesant que celui des pays froids.
Quoi qu'il en soit, la chaleur excessive est contraire à la
production du chêne : on ne trouve point de ces bois sous
la Zone torride : si l'on en voit, c'est sur les montagnes à
l'exposition du nord, où l'air est par fois assez tempéré.
Les froids extrêmes ne sont pas plus favorables à ces
arbres : on n'en rencontre point passé Stokolm; il n'y
en a pas en Laponie. Il faut donc au chêne un climat
tempéré; le degré de chaleur de l'Espagne & de la
Provence semble lui être propice. Les chênes dans ces
pays sont beaux, d'une belle venue, bien filés, forts
& robustes : mais ils sont sujets à se gercer, en se sé-
chant; & il faut beaucoup de précautions pour les en
empêcher.

EXPOSITIONS.

Sans entrer dans aucune discussion sur le côté le
plus fort d'un arbre, relativement à son exposition,
ainsi que que l'ont fait plusieurs Sçavans, sans cependant avoir rien décidé, nous nous contenterons d'observer la constitution entiere de l'arbre, relativement à
l'aspect dont il est frappé.

Orient.

Les arbres qui sont à l'exposition de l'orient, reçoi-

vent les premiers rayons du soleil. La transpiration s'y
établit au degré convenable, les vaisseaux de l'arbre
étant remplis de seve, la végétation est des plus heureuse. Ces arbres d'ailleurs sont rarement endommagés, soit par les vents, soit par les coups de soleil,
soit enfin par les fortes gelées. Mais ils souffrent
volontiers de celles du printems, surtout quand la
glace est fondue par le soleil; car si elle est réduite en
eau avant le lever de l'aurore, il n'y a plus le même
effet à craindre. C'est pour cela qu'on trouve quelquefois dans les forêts les jeunes pousses de chêne entierement brûlées de ce côté, pendant qu'elles confer-
vent leur verdure aux autres expositions. Quoi qu'il en
soit, dans cette situation, les arbres sont beaux, droits
& d'une belle venue.

Occident.

Les arbres qui sont frappés de cet aspect, sont pour
l'ordinaire endommagés par les vents du sud-ouest,
qui sont durs & violens. Souvent les branches en sont
rompues; quelquefois même le corps de l'arbre est
déraciné, renversé. Le soleil n'y paroissant que sur les
trois heures après midi, les arbres ne jouissent presque pas de cet astre pendant l'hyver. Aussi les verglas n'y sont-ils pas à craindre, & le soleil n'y peut-il
augmenter les gelées du printems : mais, comme
nous venons de l'observer, c'est cette exposition qui
souffre le plus des ouragans & des grêles de l'été &

du printems. Les arbres y font fatigués, grêles, mais de bon fervice; par fois cependant ils font roulés, ont des chancres & des goutieres.

Nord.

L'expofition du nord eft abfolument privée pendant l'hyver des rayons bienfaifans de l'aftre du jour. La neige s'y accumule, & y fond difficilement. Dans les grands jours, le foleil l'éclaire obliquement pendant quelques heures du matin & du foir. Le vent qui la frappe, eft le plus fec & le plus froid de tous. Néanmoins la tranfpiration des arbres eft fi foible, que l'humidité n'y manque pas. Les fibres du bois font dures & ferrées : les arbres y font droits & bien filés, mais ils croiffent lentement, parce qu'ils font peu frappés du foleil, qui eft le grand moteur de la feve.

Midi.

Le foleil ne commence à frapper cette expofition, que vers les dix heures. Les gelées du printemps font alors communément réfolues en eau. A midi les arbres font échauffés par le foleil ; & ils font fouvent humectés par les pluies des orages qui fe forment fréquemment de ce côté. Pour peu que la terre foit forte, on les voit pouffer avec vigueur. Si la terre eft légere, & que l'année foit feche, les arbres fouffriront d'autant plus, que leur tranfpiration &

celle de la terre sont plus violentes. En général cependant, l'action du soleil est toujours avantageuse, quand l'humidité ne manque point. Les arbres y sont beaux, d'une belle venue, & leur bois d'une bonne consistance.

Il résulte donc de ces observations sur les différentes expositions, que celles du nord & du levant sont préférables pour les terres seches & légetes, parce que la transpiration est modérée. Au contraire, pour les terres fortes, froides & humides, où la seve est plus abondante, en ce que la transpiration est plus fréquente, l'exposition du midi est à préférer, & celle du couchant est la moindre ; elle n'a aucun attrait.

D E S V E N T S.

Le vent opere beaucoup sur la qualité du bois ; il est plus ou moins dangereux, plus ou moins violent, plus ou moins favorable ; & le chêne en éprouve les variétés dans sa croissance. S'il est exposé à un vent modéré, le mouvement de sa seve est ranimé par une douce agitation. La transpiration, qui agit par l'action de l'air, du soleil, & qui est essentielle à la végétation, augmente & devient précieuse. Si le vent est chaud & modéré au printems, il desséche la rosée & empêche les effets de la gelée. Ce sont les vents de l'est & du sud-ouest qui desséchent les feuilles, fatiguent les jeunes arbres, & les brisent.

Tels font les effets des vents. Quelles en font les conféquences ? C'eft qu'ils font néceffaires à la végétation , à la tranfpiration , qu'ils donnent le mouvement à la feve; mais qu'il eft un terme, & que le trop eft excès. Un arbre abrité des grands vents, eft pour l'ordinaire d'une belle venue , eft bien filé , & fait l'honneur du canton. Celui au contraire qui en eft battu , devient tortueux , rabougri , roulé , tranché , couvert d'ulceres & de chancres. Il eft expofé à toutes les maladies que la trop grande fatigue, les efforts & les bleffures différentes peuvent occafionner.

DE LA SITUATION DES ARBRES.

Le même raifonnement fe fera pour la fituation des arbres , relativement à leur plantation. Des montagnes aux vallons , &c. mêmes degrés de nuances pour les qualités ou pour les défauts.

Les arbres qui couronnent le fommet des montagnes font pour l'ordinaire battus des vents, frappés de la foudre , & fujets à éprouver les effets funeftes de la grêle & des ouragans. Ils courent les mêmes rifques , & fubiffent les mêmes inconvéniens que ceux qui font expofés aux grands vents.

La mi-côte & la colline ont de grands avantages. Les arbres occupent plus d'efpace ; ils ont plus d'air , & ils tranfpirent fuffifamment. Les racines ont plus de jeu : elles fuivent la pente du côteau ; leur nourriture eſt plus abondante, l'ombre des branches ne les empêchant pas de s'abreuver des pluies, des roſées, & de recevoir les rayons du ſoleil. Ils ſont d'ailleurs moins ſujets à la gelée, que ceux qui ſont en plaine ou dans l'intérieur des forêts. Les bois de ces cantons ne peuvent qu'être d'une qualité parfaite : ils ſont droits, forts & robuſtes.

Les bois qui croiſſent dans les vallées ſeches ſont d'une bonne qualité ; & y viennent en abondance. Le fond de la vallée tient-il du marécage ? la nature du bois en eſt médiocre, mais la quantité s'y rencontre.

Les plaines ne ſont pas battues des vents. Les arbres y ſont ſerrés, droits, bien filés, d'une belle venue ; mais le bois en eſt tendre & gras. La plaine qui a un peu de pente, eſt ſans difficulté la meilleure ſituation.

Les arbres iſolés s'étendent en branches & ſont ſujets à être tranchés, roulés. Ils ne s'élevent pas droits pour l'ordinaire : mais comme l'air les frappe de tous côtés, ils ſont fermes & de bonne qualité.

Il en eſt de même des arbres venant ſur les liſieres des forêts, en y ajoutant encore les effets des différentes expoſitions.

Les arbres renfermés dans l'épaiſſeur des futaies ſont plus tendres que ceux des liſieres : leur corps eſt beau, bien filé, & produit de belles & longues pieces de Charpente.

F 4

Les vallons font-ils trop renfermés par la chaîne des montagnes ? l'arbre n'y vient pas comme il faut : il eft rabougri ; fa croiffance & fes pouffes font prefque toujours arrêtées par les gelées fréquentes de tous les mois de l'année.

INTEMPÉRIES DE L'AIR.

Paffons aux intempéries de l'air : parcourons les défordres qu'elles peuvent occafionner. Confidérons les gelées, les trop grandes chaleurs, les pluies & la féchereffe.

Les Gelées.

Celles du printemps çaufent beaucoup de dommages dans les terres légeres, dans les vallons à l'abri du vent, & fur les collines expofées au levant & au midi. L'humidité qui regne ordinairement dans ces lieux, & le foleil qui frappe fur les arbres avant que la glace foit fondue, en font les caufes. Les bourgeons & les jeunes pouffes fouffrent beaucoup de ces effets funeftes.

Souvent par les grandes & fortes gelées les arbres éclatent avec grand bruit, & fe fendent en leur longueur. En 1709 on en fit une trifte expérience. Le temps étoit humide, une gelée violente prit tout-à-coup : en falloit-il davantage ? Revenons aux gelées du printemps.

Cette gelée agit plus vivement fur les bois taillis à l'expofition du midi qu'à l'expofition du nord : on en sent la cause, on la voit dans l'humidité. Elle fait périr les parties qui sont à l'abri du vent, & elle épargne tout dans les endroits où il peut passer librement. La gelée se fait aussi sentir plus souvent & plus vivement dans les endroits bas où il regne des brouillards. Aussi dans ces cantons le bois n'est-il jamais d'une belle venue, ni d'une qualité supérieure, quoique souvent ces vallons soient sur un fond meilleur que le reste du terrein. Le taillis n'est jamais beau dans les terreins bas, à cause de la fraîcheur qui y est toujours concentrée. Quoique le bois y pousse plus tard que dans les parties plus élevées, les pousses y sont endommagées par la gelée, qui, en gâtant les principaux jêts, oblige les arbres à pousser des branches latérales ; ce qui rend les taillis rabougris, & hors d'état de faire jamais de beaux arbres.

Les trop grandes Chaleurs.

Les trop grandes chaleurs excitent les fermentations, les épuisent, dessèchent la seve, précipitent la transpiration. Plus d'humide, plus de végétation : tout est en souffrance ; & le chêne en est plus fatigué que bien d'autres arbres. Nous avons vu qu'il lui falloit un climat tempéré ; & que, sous la Zone torride, on n'y en rencontroit point. Par trop de chaleur les feuilles se dessèchent ; l'écorce devient aride, cet arbre ne fait pas de progrès.

Les Pluies.

La rosée, une pluie douce sont amies des arbres : elles les vivifient. A leur douce influence ils reprennent la verdure que la chaleur leur avoit enlevée. Les pluies ordinaires deviennent favorables pour dissoudre les sels, répandre un humide que la terre saisit, & qu'en bonne mere elle sait répartir à propos. Les pluies trop abondantes sont aussi préjudiciables que les autres sont salutaires. Elles occasionnent des ravines, forment des torrens, qui enlevent les sucs nourriciers, & souvent déracinent les arbres. Tels sont les effets qu'en éprouvent les collines. Les vallées sont noyées ; & la trop grande humidité est contraire à l'arbre dont nous parlons. Il ne faut pas que la terre où il croît soit trop rafraîchie, ni que les sels soient trop dissous ; la qualité en souffre.

La sécheresse.

La sécheresse porte avec elle les mêmes inconvéniens que les trop grandes chaleurs. La nature est, pour bien dire, dans une espece de pâme, d'inertie. La fermentation de la seve est suspendue : les pores sont ouverts ; la transpiration est trop abondante ; les feuilles ne reçoivent plus de nourriture, elles jaunissent, l'arbre languit. Les fibres manquant de sucs nourriciers, la qualité du bois est souffrante ; & delà voyons-nous dans un arbre, par l'examen des couches

ligneuses, la différence des années plus ou moins seches :
en raison des temps, nous trouvons ces couches plus
ou moins serrées, plus ou moins épaisses, plus ou
moins vigoureuses. Avec un examen sérieux, les nuances
s'en apperçoivent. Ce qu'on attribue aux causes premieres de la végétation ne viendroit-il pas en partie de
ce principe ? Je laisse à plus savant que moi à le décider.

Les résultats des expositions, des situations, des
intempéries de l'air sont les mêmes, puisqu'ils ont les
mêmes principes. Voyons à présent les maladies des
arbres, ou plutôt les vices du bois. Cet Ouvrage doit
les indiquer d'autant plus exactement, que les défauts
qui se rencontrent dans les bois, sont les vrais destruc-
teurs de ses forces, & que les forces sont l'objet de cet
Ouvrage. Parcourons ses maladies : examinons les
causes : développons les principes ; ce sont les seuls
moyens de pouvoir découvrir les vrais remedes nécessaires. Si nous ne réussissons pas dans nos recherches,
au moins osons-nous dire que c'est une des meilleures
manieres de connoître la bonne & la mauvaise qualité des bois.

Abeilles. Les Abeilles ainsi que les *Fourmis* sont souvent attirées par la liqueur fermentante de la seve, &
alléchées par la saveur mielleuse : elles y fixent leur
demeure, s'y attachent, & font périr l'arbre en trois ou
quatre ans, après l'avoir exténué & privé de sa substance & de ses sels. Il n'est plus propre au moins à la

Charpente : on tolere les pauvres gens à le ramasser comme bois inutile.

S'apperçoit-on dans l'origine de quelques ruches, ou fourmillieres ? il faut les détruire : si elles sont avancées, faites & formées, mettez-y le feu : observez cependant de ne pas attaquer l'arbre dans aucune partie, de le ménager, & de le garantir des suites funestes de la flamme. Quelques torches de paille ou d'herbes seches suffisent pour cette opération.

Abreuvoirs. Les abreuvoirs se forment pour l'ordinaire aux aisselles, qui sont la réunion de deux ou trois branches. Le poids du givre ou les grands vents séparent & détachent quelquefois ces branches d'avec le tronc. L'eau y perce, pénetre le cœur de l'arbre, elle le corrompt, & occasionne une pourriture intérieure de la naissance de l'abreuvoir aux racines. On peut reconnoître ce défaut, l'arbre étant sur pied, lorsque son écorce a de grandes taches blanches ou rousses du haut-en-bas. Ces taches, comme on le sçait, sont produites par l'altération de l'écorce, occasionnée par la pourriture intérieure. Ce bois ne peut s'employer à la Charpente : en peu d'années il s'échaufferoit, & se réduiroit en poussiere.

Agaric. L'agaric est une plante parasite, ou plutôt une espece de champignon, qui croît sur le chêne. Il annonce un vice, quelque pourriture, ou que l'arbre est usé de vieillesse.

Le meilleur Agaric est celui qui croît sur les vieux chênes : il est astringent ; il arrête le sang dans les amputations. On se sert alors, par préférence, de sa substance intérieure, qui est plus fibreuse, plus ligneuse & plus molle que la superficie, qui au contraire est rude & raboteuse.

L'*amadoue*, qui nous est si utile pour avoir du feu promptement, se fait avec l'*Agaric*.

On l'emploie aussi dans la teinture pour le noir.

Aubier. L'Aubier est la couronne du bois tendre qui se trouve au-dessous de l'écorce, & qui n'a pas encore la solidité requise. On doit l'ôter quand on équarrit le bois : autrement il ne seroit pas de vente. L'aubier s'échauffe, attire les vers, & se décompose.

Bois de bonne qualité. Un tel bois a ses fibres fortes, souples, bien filées, vigoureuses & rapprochées les unes des autres. Les copeaux qui s'en font, lorsqu'on le taille, sont lians, ne se rompent pas séchement, mais se séparent par filandres.

Bois courbe. Ce bois est précieux pour la Marine ; il est nécessaire pour la construction des vaisseaux. La partie supérieure de ces arbres souffre beaucoup quand ils sont chargés de givre : le poids les entraîne ; & pour l'ordinaire la partie convexe est chargée d'une mousse épaisse qui y fomente des défauts, y conserve une humidité perfide, qui entretient le bois plus tendre en cet endroit ; & souvent y occasionne des gouttieres.

Double Aubier. Ce font les cernes d'aubier entre-mêlées avec celles de bon bois. Le défaut eft effentiel : en effet, ce double aubier tombe prefque toujours en pourriture, étant très-rare qu'il reprenne fa nature de bois ; & fi toutefois la vigueur de l'arbre lui faifoit furmonter le vice dont il pourroit être entiché, il lui refteroit toujours une altération qui empêcheroit qu'on le pût mettre au rang du bon bois, pour être employé en entier. Les terreins maigres & fecs occafionnent cette maladie.

Bois gras. Les pores de ce bois font grands & ouverts ; les fibres font feches, la couleur eft terne : elle eft d'un roux tirant fur le fauvage. Les copeaux font âpres, & fe caffent net, au lieu de former le ruban ; ils fe réduifent en parcelles, lorfqu'on les froiffe dans les doigts. En examinant ce bois à la loupe, on le voit d'une aridité qui n'offre rien de fatisfaifant. Auffi fe rompt-il fous la moindre charge, & fans faire d'éclat. L'humidité le pénetre aifément ; & une futaille faite de ce bois, dépenfe beaucoup plus de liqueur que celle dont les douves feroient d'autre bois.

C'eft mal-à-propos qu'on le nomme *gras :* il devroit s'appeller *Bois maigre.* On en peut juger par la defcription que nous venons d'en donner. Cependant nous dirons que fi ce bois n'eft pas propre pour la Charpente, il eft utile pour la Menuiferie : il s'en fait de beaux ouvrages dans les intérieurs. En effet le bois que nous appellons improprement *Bois de Hollande*, n'est autre chose que du bois fort gras.

Bois gélif. La gélivure est une fente qui s'étend du centre de l'arbre à la circonférence. Cette maladie est occasionnée par les fortes gelées qui font fendre les arbres, & séparent les fibres ligneuses.

Bois gélif entrelardé. Quand il y a dans un arbre de l'écorce morte, qui se trouve recouverte par de bon bois, ou même de l'aubier mort, c'est une gelivure entrelardée. Les arbres plantés sur les coteaux y sont plus sujets que les autres par l'action du soleil, du verglas & des gelées. On reconnoît qu'un arbre est entiché de cette maladie, par un cercle blanc ou jaunâtre qu'on voit dans les bouts de ce bois, lorsqu'il est abattu. Lors de la refente on s'en apperçoit encore mieux par des bandes blanches & jaunes, qui sont vergetées comme du marbre. C'est une suite des rigueurs de l'hyver, qui d'abord a fait fendre le bois, & qui a gelé l'aubier au-dessous de l'écorce. Alors l'aubier ne pouvant participer à la seve du printemps, la laisse échapper : ce qui occasionne l'insersion de l'écorce. En effet, l'abondance de la seve la recouvre insensiblement, & forme naturellement un nouveau bois par-dessus. Il est aisé d'en appercevoir la marche dans le bois refendu : il s'ensuit aussi un autre défaut, c'est que ce même épanchement recouvre un nœud vicieux, une loupe, ou autre maladie. Delà la perte totale de l'arbre.

Bois mort. Le bois mort sur pied ne vaut rien. Il est privé de toute sa substance : il ne peut que se décomposer, & tomber en pourriture.

Bois noueux. Ce bois en général n'est pas propre pour la Charpente. Les veines en sont tendres , les nœuds pénetrent dans le corps de la piece, & la tranchent. Elle peut d'autant moins résister au fardeau que la quantité des nœuds détruit les fibres , & que quelquefois les nœuds mêmes sont vicieux. Un tel morceau de bois ne peut servir.

Une piece cependant de bois noueux à laquelle les nœuds n'apporteroient pas une grande altération, par la maniere dont ils la pénétreroient, qui d'ailleurs seroit saine ; & , comme disent les ouvriers, *rustique & rebours* , une telle piece résisteroit longtems aux intempéries de l'air. Aussi employe-t-on sans difficulté un pareil bois pour former des digues, des écluses , ou d'autres ouvrages exposés aux injures du tems, & qui ne demandent pas grande propreté. Ces arbres sont aussi excellens pour résister aux frottemens ; & on ne les dédaigne pas toutefois pour la construction des vaisseaux.

Bois rebour. C'est un bois dur & fin, dont les fibres, quoique dirigées en différens sens, sont fortes, vigoureuses & rustiques. On ne peut le travailler proprement : mais il résiste au fardeau.

Bois rouge. Lorsque la couleur du bois est rouge,

elle

elle annonce un arbre qui eſt ſur le retour, qui dégénere & manque de ſubſtance. Lorſque le bois eſt ſur pied, on peut le ſoupçonner de ce défaut, quand le long de la tige on trouve des amas de petites branches, chargées de feuilles vertes, alors il n'eſt pas d'un bon uſage : il faut le rejetter.

Bois pouilleux : c'eſt un arbre couvert d'ulceres & de chancres qui en alterent l'écorce, & dont le bois eſt piqueté de taches brunes.

Bois roulé : eſt un bois, dont les cercles concentriques ne ſont pas unis & adhérens les uns aux autres. Ce vice augmente, quand l'arbre ſe deſſéche. On voit alors une couronne de bois vif, qui entoure un noyau de bois qu'on peut faire ſortir à coup de maſſe, lorſque le défaut s'étend en toute la circonférence. Souvent même, lorſque la pourriture s'en eſt mêlée, peut-on les déſunir avec la main ſans aucun effort : on diroit que c'eſt un couteau qui ſort de ſa gaine. Les vents qui ſurviennent dans les temps de ſéve, occaſionnent cette maladie, en dérangeant l'adhérence de la nouvelle couche ligneuſe avec les précédentes.

Bois Roux. Le bois roux, terne, tirant ſur le fauve, eſt un ſigne certain de retour & d'un commencement d'altération dans le bois. Il ne faut pas l'employer : il ſe pourrit, & ſe décompoſe aiſément.

Bois tendre eſt le même que le bois gras. On le reconnoît ſur pied, lorſque l'on voit une écorce épaiſſe

& blanche fur un chêne qui. eft encore en état de croître.

Bois tranché eft un bois dont les fibres font altérées par les nœuds fréquens, ou bien dont les fibres font mal filées, & ne font pas droites. Ce bois étant débité, n'a pas de confiftance : il cede au moindre fardeau ; il rompt fous fon propre poids.

Bois verd, eft un bois nouvellement abattu. On ne peut s'en fervir qu'au bout de trois ou quatre ans qu'il a été coupé : autrement, rempli de feve, cette liqueur ne tarderoit pas à fermenter, s'échauffer, & à faire périr le bois. En deux ou trois ans, il tomberoit en poufliere, furtout s'il étoit recouvert.

Blanc de chapon. On appelle *blanc de chapon* des veines blanchâtres & vergetées qui fe trouvent dans le bois. Ce figne indique un commencement de pourriture, ou d'autres vices, tels que goutieres, ou gelivure, ou roulure, ou double aubier, qui ne tarderont pas à paroître, lorfque le bois aura perdu fa feve.

Bourlet : les bourlets & les élévations en forme de cordes, qui fuivent la direction des fibres du bois, indiquent une gelivure intérieure.

Cadranure : la cadranure eft une gelivure dans le cœur du bois. Elle reffemble aux lignes horaires d'un cadran, & provient de l'altération du cœur du bois. Les arbres qui font fur le retour en font volontiers attaqués. On peut employer ce bois à la fente, en ôtant la cadranure.

Carie : la carie eſt une eſpece de moiſiſſure, provenant du vice des racines mal-ſaines & pourries. Cette
maladie arrive auſſi lorſque le bas du tronc de l'arbre
eſt affecté par les intempéries de l'air, telles que le
grand froid & le chaud exceſſif. Le ſéjour même d'une
eau ſtagnante & corrompue au pied de l'arbre, peut
occaſionner ce défaut : la carie entraîne pour l'ordinaire l'exfoliation ; & jamais la plaie ne peut ſe gué-
rir, tant qu'il en ſuinte une humeur ſanieuſe. Mais ſi
cet écoulement peut ceſſer, la cicatrice ne tarde pas à
ſe former.

Champignon : le champignon eſt une excreſſence
qui, ainſi que l'agaric, annonce la vétuſté & la dé-
compoſition de l'arbre qui le porte.

Chancre, ou le nœud pouilleux, qu'on nomme
quelquefois *griſette*, eſt une eſpece d'ulcere qui altere
& l'écorce & le bois. Il ſuinte en tout temps, même
pendant la ſéchereſſe, une eau rouſſe, âcre & corrompue. Une branche arrachée ſans précaution, & caſſée
par éclat, eſt le principe de ce mal, qui ſouvent fait
de grands progrès dans le cœur de l'arbre, ſous la
forme d'une queue de vache. Pour s'aſſurer du progrès & de la profondeur de la maladie, on découvre
le nœud vicieux le plus près de la cime : on le ſonde ;
& ſi on en tire du bois vérgété ou rouge, l'arbre doit
être rebuté : il eſt même inutile de ſonder d'autres
nœuds ; celui-ci ſuffit.

Chûte précipitée des feuilles : une telle révolution annonce qu'un arbre est affecté de quelque vice, qu'il perd sa substance, que ses racines ne sont pas saines, qu'elles ne peuvent s'étendre dans le terrein, que la végétation est suspendue, & qu'enfin l'arbre est sur le point de périr. Un coup de soleil peut quelquefois occasionner tout ce mal.

Cicatrice : la cicatrice est la marque d'une ancienne plaie. Une branche cassée trop près du tronc en est souvent le principe. Si l'on apperçoit seulement une levre ou une petite roulure, l'arbre peut être sain : mais il est gâté, s'il se trouve à l'endroit de la cicatrice une grande ouverture qu'on appelle *œil de bœuf.*

Cirons : ce sont de petits vers qui se nourrissent de la matiere ligneuse, naturellement assez tendre. Avec le temps, le bois tombe en poussiere : il est vermoulu ; & dès-lors il est privé de son élasticité.

Couleur. A la couleur on peut prononcer sur la bonne ou sur la mauvaise qualité du bois. Le jaune-clair, ou couleur de paille, ainsi qu'une teinte couleur de rose, annonce une bonne qualité. Ces couleurs uniformes, & qui deviennent plus foncées, à mesure qu'elles approchent du cœur, indiquent des arbres bien conditionnés. Si la différence n'est pas sensible, & la nuance non interrompue, le bois est d'une qualité parfaite. Y remarque-t-on des changemens subits de couleur, des veines blanchâtres, vergerées ; nommées aussi *blanc de chapon* ; c'est un indice de pourriture. Quand les veines sont rousses, & semblent plus humides que le reste du bois vergeté de cette teinte, on doit y reconnoître un arbre sur le retour, & qui menace ruine. Mais nous en avons assez dit sur cet article. Nous ne pourrions que nous répéter.

Couronne : on appelle ainsi les branches de la tête d'un arbre. Si les feuilles en sont jaunes, & si les branches les plus élevées sont mortes ou languissantes, alors l'arbre est ce qu'on appelle *couronné*, il est sur son retour, & dépérit.

Ecoulemens : les écoulemens de seve par les gerces de l'écorce annoncent le plus prompt dépérissement. Un arbre attaqué de cette maladie ne peut durer long-temps.

Etoilé : arbre étoilé ou cadrané est le même : il est affecté du même vice. Ce sont, comme on l'a dit, des fentes qui partent du centre, qui se croisent sous différens angles, & qui, par leur combinaison irréguliere, alterent la qualité du bois, & annoncent en même temps que l'arbre qui en est entiché, devient sur le retour.

Excrescences : les excrescences de la partie ligneuse, quelles qu'elles puissent être, doivent rendre un arbre suspect de bien des défauts. On peut regarder ces excrescences locales comme des exostoses. En général elles sont d'un bois très-dur : leurs fibres ont des directions très-bisarres. C'est un développement de la partie ligneuse qui s'est fait dans cet endroit avec plus d'abondance qu'ailleurs. Il y a encore des exostoses d'une autre espece : au lieu de former une grosseur que l'on pourroit comparer à une loupe, elles produisent, dans toute la longueur de la tige, une éminence qui dérange la forme ronde de l'arbre. C'est l'effet d'un coup de soleil ou d'une forte gelée, qui aura altéré les couches ligneuses nouvellement formées ; & l'effet de la seve, qui tendant à réparer l'altération, occasionne ce boursouflement. Cette définition est d'autant plus naturelle, que l'on a vu tous les arbres d'une avenue être affectés du même côté de ce renflement.

Fibres torses. Voyez *Bois torse.*

Flotage : le bois, pour être bon, doit être floté. Il ne faut pas qu'il soit trop long-temps dans l'eau : trois semaines suffisent pour le dégorger de tous les sucs grossiers d'une seve mal digérée. Au défaut du flotage, il faudroit mettre le bois, avant que de l'employer, dans une eau claire & pure, pendant environ un mois, & ne s'en servir de même qu'un mois ou deux après avoir été tiré de l'eau.

Gelées : les gelées font de grands torts au bois : elles produisent bien des maladies. Celles qui sont occasionnées par les gelées du printemps sont bien différentes de celles que les froids excessifs & les frimats rigoureux de l'hyver peuvent amener avec eux. Dans la premiere saison, comme les froids ne sont pas de beaucoup au-dessous de la glace, les bourgeons seuls en peuvent souffrir. C'est un retard pour les pousses de l'année, il est vrai : mais aussi toutes espérances ne sont-elles pas détruites. Les gelées de l'hyver entraînent souvent avec elles le plus grand désordre. Si l'été a été frais & humide, les jeunes branches n'ayant pu parvenir à leur degré de maturité, ne peuvent résister aux gelées, même assez médiocres. Quand les gelées sont extrêmement fortes, & précédées de pluies ou d'un temps humide seulement, les arbres périssent tout-à-fait, ou du moins ils restent affectés de vices qui ne se corrigent jamais. Tantôt ce sont les gerces, ou les gelivures qui suivent la direction des fibres, ou les gelivures entrelardées ; tantôt c'est l'aubier double, c'est l'arbre même qui éclate & se fend avec un bruit extraordinaire ; tantôt des branches endommagées, tandis que le tronc reste assez sain : d'autres fois c'est un tronc qui périt pendant que les racines sont saines & en état de faire de nouvelles productions, &c.

Gelivure : fente occasionnée par la gelée. *Voyez Bois gélif.*

Gerses : ce sont les fentes qui sont sur l'écorce du bois.

Gersure se dit des petites fentes répandues sur la surface d'une piece de bois équarrie.

G 4

Goutieres : les goutieres procédent d'une altération intérieure des fibres ligneufes, qui occafionne des cicatrices par lefquelles la feve s'épanche & fe perd. Elles proviennent auffi quelquefois des nids d'oifeaux, des branches fourchues, des plantes parafites qui reçoivent l'eau, fomentent un humide qui perce, qui pénétre du haut de l'arbre aux racines, & le fait périr par les écoulemens d'eau & de feve qui pourriffent le bois intérieurement.

Guy : c'eft une plante très-commune, & qui ne fe trouve jamais attachée à la terre. On ne la voit que fur des branches d'arbre dont elle fe nourrit, par des racines qu'elle jette dans l'écorce & dans le bois même de l'arbre auquel elle eft inhérente, & dont elle s'approprie la fubftance. Auffi la met-on dans la claffe des plantes parafites. Ses feuilles reffemblent à celles du pourpier : fes fleurs produifent des fruits ou baies dont les grives font fort avides.

On tire de ces grains une glu fort tenace, qui eft à toute épreuve, & fait fon effet même dans l'eau. Les Druides attribuoient beaucoup de vertus à cette plante. Le premier jour de l'an, le Prince des Druides alloit, avec un nombreux cortege, fuivi du peuple, cueillir le Guy facré, que l'on coupoit avec une faucille d'or. Cette fête a été très-long-temps en ufage : les Synodes l'ont abolie.

Grêle : les grandes grêles occafionnées par un vent

du nord un peu violent, font beaucoup de tort aux arbres, surtout si l'on n'a pas soin de couper les jeunes branches meurtries, & d'élaguer les branches les plus endommagées des grands arbres.

Grume : se dit d'un arbre abattu, qui n'est pas encore équarri. Si l'on est long-temps sans enlever l'aubier, le bois s'échauffe, les vers s'y mettent, pénétrent au cœur ; & l'on perd souvent une belle piece de bois, par défaut de précaution.

Heurre : on appelle heurre le mal qui se trouve à l'endroit de l'arbre, dont l'écorce a été enlevée en partie par quelque accident.

Inégalité de grosseur : un arbre devient inutile pour beaucoup d'ouvrages, lorsqu'il est fort gros par le bas & très-mince par le haut. Les arbres fort branchus sont sujets à ce défaut.

Insectes : il y en a une très-grande quantité de différentes sortes. Ils mangent les feuilles, les fleurs, les fruits, s'ils en trouvent ; & causent aux arbres de véritables maladies dans les années où ils sont abondans. Les hannetons, les chenilles font beaucoup de dégats. Les gros vers blancs, qui deviennent aussi hannetons, rongent l'écorce des racines, & font périr les jeunes arbres. Il y a encore un ver rouge qui perce le bois, au point de faire périr la tige. On trouve aussi dans les forêts de beaucoup plus gros vers qui se métamorphosent en scarabées, & font dans le bois des trous à y mettre le doigt. Il y a de plus les fourmis, les guêpes & nombre d'autres insectes, dont nous ne finirions pas de faire les descriptions, ce qui d'ailleurs deviendroit inutile pour le Traité que nous offrons.

Kermès : c'est un insecte qu'on appelle *Galle-insecte*, qui produit le Kermès qu'on trouve sur le chêne. Cet animal a la forme d'une petite boule dont on auroit ôté un segment. Vers la fin de Mai, au lever du soleil, les femmes vont faire la récolte du Kermès, qui sont de petits œufs remplis d'un rouge pâle qu'elles enlevent avec leurs ongles. Le même insecte en produit jusqu'à deux mille. Ce Kermès sert à la teinture du rouge ; il entre aussi dans la composition de drogues & sirops. C'est en Provence qu'on en fait la plus belle récolte.

Lapin : les lapins font beaucoup de tort aux arbres. Ils fouillent la terre auprès des racines, & mangent l'écorce du pied de l'arbre, surtout dans les temps de neiges, où ils ne trouvent point d'autre nourriture.

Lardoire : c'est un éclat de bois de trois à quatre pieds de longueur, qui reste quelquefois sur la souche, & qui fait partie de l'arbre qu'on abat. C'est en général l'inattention d'un Bucheron mal-adroit, qui fait perdre un beau morceau de bois, pour n'avoir pas fait avec la hache son entaille assez profonde d'un côté, afin qu'elle passe le centre de l'arbre, ainsi qu'il est d'usage. Cette pratique même est d'autant plus néceſſaire, que, par ce moyen, on fait tomber l'arbre du côté que l'on veut.

Lèvre : eſt une petite roulure à l'extérieur du bois formant cicatrice d'une ancienne plaie.

Lichen : c'eſt une plante paraſite, qui vient ſur les arbres : elle annonce qu'ils ſont languiſſans.

Lievre : les lievres, dans les temps de neiges, ſont au moins autant de dégats que les lapins.

Loupe : c'eſt une groſſeur qui ſe forme ſur la tige d'un arbre. Elle eſt cauſée par une extravaſion de ſeve & d'excreſcence ligneuſe : les loupes fréquentes annoncent un arbre qui peut avoir bien des vices de bois. Voyez *Excreſcences.*

Malandre : on donne ce nom aux nœuds vicieux qui ſe trouvent dans les bois de charpente.

Mouliné : c'eſt un bois piqué de vers & qui ſe réduit en pouſſiere. Voyez *Cirons.*

Mouſſe eſt une plante paraſite qui dénote un arbre malade, & qui tend à la pourriture.

Noix de galle : ce ſont des excreſcences qui viennent ſur le chêne. Elles proviennent de la piquûre de certains moucherons qui y dépoſent leurs œufs : elles ont la forme d'une noix, mais la groſſeur d'une petite ſeulement. On en fait de l'encre. Elles ſervent pour la teinture en ſoie, & notamment pour le noir écru.

Noueux : voyez *Bois noueux.*

Oiſeaux : les oiſeaux ſont préjudiciables à la belle

venue des arbres. Les nids retiennent l'humidité, occasionnent des ulceres, des goutieres, sur-tout s'ils sont posés entre de grosses branches. Les corneilles s'assemblent en si grande quantité dans de certains bois & sur certains arbres qu'elles affectionnent, que, soit par leur propre poids, soit aussi par leurs excrémens, elles les font périr. On a vu & l'on voit des avenues entieres détruites par l'assemblage de ces oiseaux. Aussi Virgile disoit-il : *sæpè sinistra cavâ prædixit ab ilice cornix.*

Pourriture : la pourriture ordinaire creuse les arbres par le haut, & descend jusqu'aux racines. Elle est occasionnée par les goutieres.

Putréfaction : la putréfaction est la suite d'une effervescence extraordinaire & trop abondante. Les fibres ligneuses, par cette grande fermentation, perdent leur solidité. Il ne subsiste plus alors d'adhérence entre les parties dont elles sont composées ; & ces fibres se changent en une pulpe friable.

Rabougri : se dit d'un arbre d'une vilaine venue, tout tortueux, noueux & de peu d'usage. La cause de ces défauts vient de ce que les arbres étant jeunes ont été broutés par le bétail ou par les bêtes fauves.

Raffau est le même que rabougri. Le tronc d'un arbre raffau est court, mal tourné, fourchu, chargé de branches, & pour l'ordinaire noueux. Tous ces défauts vont presque toujours ensemble. Malheureu-

fement le chêne eft de tous les arbres de forêts le plus
fujet à être affecté de toutes les caufes qui rendent
les arbres raffaux ou rabougris. On s'en fert quelquefois pour les bois de marine, à caufe des courbes qu'ils
produifent.

Rebour. Voyez *Bois rebour.*

Retour : on appelle un bois fur le retour celui qui
dépérit par vieilleffe. Tous les arbres qui font depuis
long-temps fur le retour font altérés au cœur, & leur
bois eft gras. On reconnoît qu'un arbre eft affecté de
ce mal, quand il forme par les branches de fa cime
une tête arrondie ; & de quelque groffeur qu'il foit,
il a peu de vigueur. Il eft dans le même cas auffi
lorfqu'il fe garnit de bonne heure de feuilles au printemps, & fur-tout lorfqu'en automne fes feuilles tombent avant les autres, & que celles du bas font alors
plus vertes que celles du haut. C'eft un figne encore
qu'un arbre eft en retour quand il fe couronne, &
qu'on s'apperçoit que les branches du haut meurent
& périffent. On le reconnoît auffi quand l'écorce fe
détache du bois & qu'elle fe fépare de diftance en
diftance par des gerces qui fe font en travers : alors
même c'eft une marque de dégradation confidérable.
Un arbre annonce encore qu'il eft fur le retour, lorfqu'il
eft chargé de mouffe, de lichen, d'agaric, de cham-
pignons ou d'autres plantes parafites. Eft-il marqué de
taches noires ou rouffes ? Ces fignes de grande altéra-

tion dans l'écorce pronoſtiquent qu'elle n'eſt pas moindre dans le bois. Lorſque les jets ſont très-courts,
que les couches de l'aubier ſont minces, ainſi que les
couches ligneuſes dernierement formées, ſoyez per-
ſuadé que l'arbre languit, dépérit & tire à ſa fin. Les
écoulemens de ſeve par les gerces de l'écorce ſont des
ſignes de la prochaine deſtruction d'un arbre.

Roulure. Voyez *Bois roulé.*

Sangliers : ces animaux cauſent beaucoup de dégats,
ſur-tout dans les ſemis.

Tonnerre : un arbre frappé du tonnerre eſt perdu
ſans reſſource. Si cependant il n'y a que quelques
branches d'arrachées & mutilées, il en peut revenir,
pourvu qu'on ait ſoin de couper à fleur du tronc les
branches rompues. Autrement, l'eau s'introduiroit
dans le chicot, & porteroit dans l'intérieur de la tige
une voie de pourriture qui rendroit l'arbre inutile,
incapable d'aucun ſervice.

Tranché. Voyez *Bois tranché.*

Veines rouſſes : les veines rouſſes dans le cœur du
bois ſont de mauvais augure. L'arbre eſt entiché de
quelques défauts.

Verglas : la gelée, qui reprend avec force après un
dégel, glace non-ſeulement l'eau qui eſt à la ſuperficie des branches, mais encore l'humidité qui a pénétré l'écorce & l'aubier ; c'eſt alors un *verglas*
plus pernicieux aux arbres que les plus fortes gelées,

L'écorce & l'aubier périssent dans la partie exposée au soleil, pendant que les côtés opposés, qui sont restés fortement gelés, sont sains & saufs. Les arbres exposés au Midi sont sujets à cet accident; & c'est une des causes de ce qu'on appelle *gelivure entrelardée*.

Vermine : ce sont les rats, les loirs, *&c.* qui mangent les fruits & quelquefois les jeunes branches, les mulots qui dévorent les bulbes & les racines tendres.

Vers. Voyez *Insectes*.

Tels sont les défauts, les vices & les maladies des arbres, ainsi que leurs causes. Nous avons cru devoir les représenter par ordre alphabétique, pour donner plus de facilité à les faire connoître, & saisir en même temps les renseignemens nécessaires qui constatent les bonnes & les mauvaises qualités des Bois de charpente qu'on peut avoir à employer.

Il s'agit actuellement de parcourir les moyens par lesquels, lors & avant l'abattage, on peut procurer aux charpentes quelques degrés de perfection. L'art seul a pu les indiquer : passons-les en revue, & considérons les meilleures manieres dont on doit s'y prendre pour abattre le bois.

Sans entrer dans aucune discussion, & sans embrasser aucun système sur le vrai temps d'abattre le bois, nous dirons qu'il y a des Ordonnances que nous a dictées la prudence de nos Rois, & qu'il est de notre sagesse de suivre. Nous observerons cependant que toutes les années ne se ressemblent point. Il y en a de plus hâtives les unes que les autres. Mais quelle est cette différence ? Une quinzaine de jours la constituent ; &, il faut l'avouer, un tel laps de temps ne peut apporter aucun préjudice aux opérations de la coupe & de l'abattage des bois. Laissons donc pour un instant ces observations de côté, & disons que, pour le moment, il est un objet bien plus important dont on ne peut trop s'occuper ; c'est de chercher à profiter, dans l'année que vous aurez à faire votre coupe, de tous les moyens possibles pour donner à vos bois la consistance, la force & la durée dont ils sont susceptibles.

Depuis une cinquantaine d'années nous avons fait des découvertes ; tâchons de les mettre à profit. Rendons hommage aux Buffon, aux du Hamel, & à nombre d'autres Physiciens qui ont bien voulu, comme bons citoyens, en faire les expériences, pour nous en donner le fruit à recueillir.

Ecorcement.

Écorcer les chênes dans toute leur hauteur au temps de la seve, & les laisser sécher sur pied, est un des plus heureux moyens qu'on ait trouvé jusqu'aujourd'hui. Les étrangers le mettent en usage. C'est ainsi que, depuis que M. de Buffon en a écrit, en 1733, on le pratique dans la plus grande partie de l'Angleterre,

l'Angleterre , & que l'on y trouve des reſſources im-
menſes d'économie (1). Cette maniere d'opérer s'eſt
établie auſſi en Allemagne (2); & les arbres s'en vendent plus cher aux Hollandois. En effet cette opération en augmente la qualité : le bois en devient plus
dur ; on ſe ſert de l'aubier , & l'écorce eſt toute enlevée pour faire le *Tan* (3). M. de Buffon , qui a ſenti
un des premiers toute l'étendue de ces avantages , a
fait les expériences les plus complettes ſur cette méthode. M. du Hamel de ſon côté n'a rien négligé ; &
l'on ne peut trop applaudir à ſa façon d'opérer pour
l'écorcement (4) : c'eſt la ſeule qu'on doive pratiquer.
Dans les taillis qu'il fait exploiter l'hyver , il réſerve
ſur pied les chênes qui ſont propres à la Charpente,

---

(1) Hiſtoire Naturelle du Docteur Plot , Anglois.

(2) Dictionnaire d'Hiſtoire Naturelle , par *Bomare* , art.
Bois

(3) En Allemagne , ainſi qu'en Angleterre , on emploie
l'écorce du vieux chêne , ainſi que celle des jeunes , pour faire
du *Tan.* On a le ſoin d'en retirer ce qui eſt mort , deſſéché &
couvert de mouſſe. Pourquoi , en France , ne feroit-on pas
uſage du même expédient ? C'eſt un des vœux de M. de la Lande,
dans ſon *Art du Tanneur :* il eſt digne d'un bon Citoyen. Ce
ſeroit en effet un moyen d'épargner les jeunes chênes , & de
procurer l'abondance du *Tan.*

(4) Voyez ce que nous avons dit ſur la maniere de faire
l'écorcement pour le *Tan.* C'eſt le même travail pour enlever
l'écorce.

H

& les fait écorcer dans la force de la seve du mois
de Mai ; &, dans le mois d'Octobre suivant, il les
fait mettre à bas. Cette méthode est sage : elle pré-
vient toute objection ; & remplit entierement les
conditions nécessaires pour former de bons bois, pour
les avoir d'une grande force & d'une longue durée.
En effet la seve destinée à produire le nouvel aubier,
se trouve surprise dans sa circulation interceptée, &
retenue comme en arrêt. Les parties humides exposées
aux impressions de l'air se volatilisent & se dissipent.
Les autres substances, qui font la base & la vigueur de
la seve, ainsi que sa cohérence, se déposent, se fixent,
se coagulent, & s'identifient dans tous les vuides de
l'aubier de l'année précédente. Ce corps spongieux une
fois pénétré & imbibé, le gluten le fait refluer dans
le cœur de l'arbre ; & par ce moyen il en chasse la plus
grande partie de l'humide. C'est ce qui fait que l'aubier d'un an prend autant de solidité, que le bois parfait qui n'est pas écorcé. Il est aisé d'en sentir la cause.
Plus poreux, il reçoit plus de seve que tout le corps
de l'arbre ; encore cette seve est-elle épurée, puisque
recevant directement les impressions de l'air, les parties gélatineuses se coagulent, & l'humide se dissipe.
Aussi est-il d'expérience que, par l'écorcement, l'aubier se mûrit, & acquiert en un an la solidité &
la force d'ne quinzaine d'années ; on gagne d'ailleurs plus d'un sixieme sur la grosseur de l'arbre.

Veut-on être convaincu de cette vérité ? Jettons les yeux sur les expériences faites par M. de Buffon en 1733 : nous verrons qu'il fit couper huit arbres de mêmes dimensions, dont il fit écorcer & sécher sur pied quatre. Les quatre autres, il les fit abattre pareillement, & les laissa dans leur écorce. Après qu'ils eurent tous été mis à bas & préparés en conséquence de l'opération, on en fit l'expérience : on en examina le résultat ; & l'on vit que, moyenne proportiônnelle, la solive écorcée pesoit 245 liv. $\frac{1}{2}$, & rompit sous 8101 l. la solive non écorcée pesoit 235 liv., & rompit sous 7352 liv. $\frac{1}{2}$.

D'après ces épreuves répétées, & faites avec la plus grande attention, n'est-on pas en droit d'établir pour principe, que le bois est d'autant plus fort qu'il est plus lourd ; & que la force des bois écorcés l'emporte sur celle des bois non écorcés, dans la raison de 11 à 10. Par suite des expériences de ce savant Physicien, nous reconnoîtrons encore que le bois du pied d'un arbre pese plus que celui du sommet ; mais que si ce bois est écorcé & séché sur pied, suivant toujours la même condition, alors la proposition change ; c'est celui du haut qui est le plus lourd : &, par le principe établi que le plus lourd est le plus fort, l'aubier du bois qui a subi l'écorcement, est plus fort que l'aubier ordinaire. On ne peut pas tirer d'autre conséquence.

Suivons ces épreuves intéressantes, & comparons

des barreaux d'aubier d'arbres écorcés avec des batreaux de cœur de chêne non écorcés. C'eft l'opération
même de M. de Buffon. Prenons des barreaux de chacun trois pieds de long fur un pouce de groffeur, les
uns d'aubier de chêne écorcé, & les autres de cœur de
bois non écorcé. Nous verrons que les barreaux d'aubier pefoient, à poids moyen, 25 onces $\frac{1}{3}$, & qu'ils
fe font rompus fous la charge de. . . . 287 l.

Que ceux de cœur de chêne pefoient 25 onces $\frac{1}{3}$,
auffi à poids moyen, & ont cédé au fardeau de 256 l.

Donc les barreaux d'aubier, quoique plus légers
que ceux de cœur de chêne, font les plus forts. Donc
l'aubier de bois écorcé & féché fur pied, eft plus fort
que le cœur du meilleur chêne non écorcé. En effet,
nous avons reconnu, en parlant de l'organifation, de
la nourriture & de l'accroiffement de l'arbre, qu'entre
les parties ligneufes & 'écorce, il fe forme chaque
année de nouvelles couches qu'on nomme *Aubier*, qui
deviennent bois à leur tour. Dans l'arbre écorcé, ces
nouvelles couches ne peuvent plus fe former, attendu
l'action immédiate de l'air fur ces parties tendres &
délicates, qui ne font plus défendues par leur enveloppe : l'humide s'en évapore promptement ; elles fe
refferrent, fe defféchent & fe durciffent. A l'égard de
l'aubier, il abforbe comme un éponge les fucs les plus
fubftantiels, les plus vivifians, ainfi que nous l'avons
obfervé. Les utricules & les fibres gorgés de ces fucs

se ferment successivement les uns après les autres ;
& enfin la nature de l'aubier se corrobore, devient
compacte, serrée, uniforme, sans aucun reste d'humide ; & surpasse en force le cœur du meilleur bois.

Ces principes établis d'après la marche de la nature,
les avantages de la découverte de l'écorcement, ne
peuvent être révoqués. Ne craignez point que dans de
tels chênes il y ait par la suite aucune fermentation
qui puisse y attirer & fixer les vers. Ce bois ne peut
s'échauffer par les sels qui y sont renfermés : l'humide
qui seul auroit la puissance de les agiter, est dissipé ;
tous les pores de l'arbre sont remplis d'une liqueur
desséchée qui les a baignés & imbibés : ils sont gorgés
& de son huile & de son essence résineuse ennemie de
toute corruption.

M. du Hamel vient à l'appui, & ne permet pas de
douter du degré de densité & de la force des bois qui
ont subi l'écorcement sur ceux qui ne sont pas écorcés. Le résultat de ses expériences faites sur quatre arbres écorcés, & quatre qui ne l'étoient pas est, savoir,
le poids comme 100 à 93 moyenne, la force comme
100 à 86 $\frac{1}{4}$ aussi moyenne.

Et une observation que fait ce Savant confirme bien
les raisons physiques que nous avons tâché de développer, ainsi que les conséquences que nous en avons dé-
duites. Il avance en effet que le bois d'un arbre qui a
subi l'écorcement, & qui conserve le plus long-temps

sa verdure sans se faner, augmente de densité & de force, en raison de ce qu'il se soutient plus long-temps.

Suivons d'autres épreuves sur le même objet. En 1738, le Comte de Gallowin, Amiral Russe, ayant entendu parler des expériences de M. de Buffon sur l'écorcement, fit faire différentes tentatives pendant trois ans sur des arbres de la forêt de Casan, en Russie. Il trouva les pareils résultats ; mais ses vues ne furent pas remplies pour les courbes. On ne pouvoit plus en former & ceintrer par le moyen du feu, suivant l'usage ordinaire. Le bois écorcé a perdu la flexibilité & le liant qui se rencontrent dans le bois qu'on a coupé avec son écorce : c'est un obstacle pour la Marine. Il faut donc se contenter de cette opération pour les bois droits ordinaires.

Les Anciens avoient un moyen à peu près semblable à celui de l'écorcement, pour donner plus de densité & de force aux bois qu'ils vouloient employer. Vitruve, & plusieurs autres après lui, ont écrit que, pour y parvenir, il falloit faire mourir l'arbre sur pied en le cernant par le bas, & faisant avec la coignée une entaille plus ou moins profonde, suivant la grosseur de l'arbre, mais en l'attaquant au moins des deux tiers dans tout son pourtour. A cette occasion le P. Fournier observe que la méthode de Vitruve a été suivie par Duillins, quoiqu'il ne mît que soixante jours à prendre les arbres dans la forêt, à les faire exploiter, à conftruire fes vaiffeaux & à fe mettre en mer. Il raconte encore qu'Hieron fit plus ; puifqu'en quarante-cinq jours, après avoir fait cerner les bois fur pied, il les fit couper; & monta une flotte de deux cents navires. Scipion fit un autre prodige de célérité : il ne fut que quarante jours pour faire couper fes bois, conftruire & lancer fes vaiffeaux à la mer. En fuppofant ces opérations (car il eft permis quelquefois d'être incrédules) il faut avouer qu'il n'eft pas poffible qu'elles n'entraînent avec elles un grand nombre d'inconvéniens : regardons-les comme des prodiges de célérité ; mais ne les prenons pas pour exemples de bonne conftruction, ni des modeles dont on puiffe tirer avantage pour le fyftême de l'écorcement , quoique ces conftructeurs euffent foin de faire perdre le gros de la feve aux arbres qu'ils vouloient employer , en les cernant d'une profonde entaille par le bas, & les laiffant quelques jours fur pied.

M. de Buffon, à qui rien n'échappe, fit en 1738 des expériences relatives à cette méthode des Anciens, en laiffant toutefois au bois plus de temps pour fe purger des parties les plus groffieres de la feve, que ne faifoient les grands & expéditifs Fabricateurs dont nous venons de parler. Le réfultat n'en a pas été auffi favorable qu'on auroit pu le defirer, & en conféquence il avoue qu'il vaut beaucoup mieux écorcer

l'arbre du haut en bas dans le temps de la seve, &
le laisser sur pied avant que de l'abattre. Les cernes
au pied jusqu'à la profondeur de la moëlle entraînent
d'ailleurs de grands inconvéniens. Un des plus considérables, est la difficulté de soutenir les arbres, qui
ne portent que sur un foible pivot, qui peuvent être
renversés au moindre vent, s'éclater, former des lardoires & se perdre. Un autre inconvénient qui ne
cede en rien au premier, c'est que l'humeur aqueuse
& roussâtre qui tombe du tronc de l'arbre se répand
sur la souche, la pénetre & lui devient mortelle. La
même difficulté s'éleve, il est vrai, pour les bois
écorcés. La seve s'extravase au dehors ; elle se perd
lorsqu'elle ne trouve plus d'écorce où elle puisse être
contenue, & la souche en périt presque toujours.
MM. de Buffon & Duhamel ont senti l'étendue de
cette objection : mais ils prétendent que les souches en
général ne sont pas à conserver. Ils proposent en conséquence une nouvelle maniere d'exploiter. Nous ne
pouvons qu'y applaudir, en invitant à prendre toutes
les précautions nécessaires contre les abus & des Adjudicataires & de ceux à qui la garde des forêts peut être
confiée. Observons d'ailleurs que les Adjudicataires y
gagneroient deux à trois pieds de plus de hauteur sur
chaque arbre, mais que la vente doit se faire en conséquence. Au surplus, le bois venu de semis est toujours
plus beau, plus fort & plus robuste que celui qui vient

defouche. Une autre raifon encore, & qui paroît déter-
minante, c'eft que quand les futaies fe trouvent repro-
duites fur de vieilles fouches, elles ne fe foutiennent
pas comme les arbres plantés ou femés. Elles dépé-
riffent promptement, indépendamment du climat,
de la nature du fol & de leur fituation. Il ne peut être
autrement. A-t-on abattu une futaie ? Les racines des
groffes fouches n'ont plus à nourrir que quelques rejets qui ne peuvent dépenfer la totalité de la feve
qui leur eft apportée par les racines. Auffi cette abondance de nourriture occafionne-t-elle le plus grand
préjudice. Souvent ces racines trop gorgées de fucs en
meurent, pourriffent en terre, entraînent dans leur
ruine les fouches, ou au moins produifent dans les
rejets des défauts, des vices, des maladies, dont fouvent on cherche la caufe, fans faire attention que c'eft
un bois fur fouche qui, ne pouvant abforber tous les
fucs qui lui étoient préfentés, en a été fuffoqué, ainfi
qu'un gourmand périt pour avoir accordé trop à fon
eftomac vorace.

Nous pourrions encore alléguer bien des raifons
pour engager à deffoucher ; mais alors nous pafferions
les bornes que nous nous fommes prefcrites. Nous ne
dirons rien non plus des différentes épreuves que plufieurs Savans ont tentées pour rendre le bois non-
inflammable : car de le rendre incombuftible, comme
on pourroit le defirer, ce feroit demander l'impoffible.

On ne peut changer le bois de nature : il est de son essence d'être combustible.

Naturam expellas furcâ, tamen usquè recurret.

Les moyens d'ailleurs dont on s'est servi pour faire ces épreuves, ont été jusqu'à ce jour insuffisans : ils sont incertains & d'une très-grande dépense. En 1663, MM. Faggot & Salberg tentèrent en Suede des épreuves qui n'ont pas réussi, mais dont nous ne leur avons pas moins d'obligation. Ces Savans prétendoient que les bois imprégnés d'alun n'étoient pas inflammables, ce qui est bien différent d'incombustibles.

Le 7 Octobre 1779, M. Domaschuew, de Petersbourg, fit une expérience publique sur un édifice construit en bois, & préparé de maniere à résister au feu : elle réussit ; les bois ne furent pas endommagés. Quoique les flammes fussent très-vives pendant une demiheure, elles s'amortirent dans l'espace d'une heure quarante minutes. D'après cette épreuve, on voulut opérer en grand, mais ce fut en vain : tant il est vrai que ce qui réussit en petit, n'a pas toujours les mêmes avantages en grand.

Il n'y a pas long-tems (c'étoit vers le mois d'Août de cette présente année 1781) qu'on annonça dans les Journaux des épreuves qui seroient faites vers l'Ecole Militaire sur un Edifice prétendu incombustible. Quel en fut le résultat ? L'Auteur en a été pour sa courte honte.

On dit qu'en Angleterre, moyennant un cinquieme de plus pour la construction, on a un édifice non-inflammable. On se sert d'un enduit fait avec un sixieme de chaux, deux sixiemes de sable & trois sixiemes de foin haché. On prétend que c'est Milord Mahon qui en est l'inventeur. Voilà donc une espece de torchi qui recouvre les bois ; mais ces bois n'en sont pas pour cela incombustibles, pas même non-inflammables. Nos enduits de plâtre dont nos cloisons sont recouvertes ont les mêmes avantages, & alors il faut avouer de bonne-foi qu'examen fait, c'est une espece d'assurance, mais qui ne décide nullement la question du bois incombustible.

Ne nous appesantissons point sur cet objet. Passons à l'exploitation & à la coupe des bois : cette opération est des plus précieuses. Un bois abattu avec plus ou moins d'intelligence, plus ou moins de précaution est bien différent à la coupe suivante, soit pour son produit, soit pour sa qualité. Le produit même du moment en éprouve les avantages. Chaque arbre a sa destination. Sa nature & sa qualité en décident. C'est au coup-d'œil connoisseur à trancher sur tous ces objets & à savoir en tirer parti. Mais avant que d'entrer dans ces détails intéressans d'exploitation & de coupe de bois, il convient que nous fassions connoître ce que c'est que *Taillis*, que *Futaie*. Ce sont des préliminaires par lesquels il semble que

nous aurions dû commencer. Cependant si l'on considere la marche que nous avons tenue , peut-être chan-
gera-t-on de sentiment.

TAILLIS.

On appelle taillis tous les bois qui sont en coupe
réglée pour être abattus au dessous de quarante ans.
Différens noms désignent leur degré d'âge. On les
nomme *taillis* jusqu'à l'âge de dix ans, *jeune taille*
jusqu'à vingt, *taille* jusqu'à trente, & haute *taille* jusqu'à quarante.

L'âge de la coupe du taillis a été fixé à dix ans par
l'Ordonnance de 1669. Mais comme la qualité & la
force d'un taillis dépendent du terrein plus ou moins
bon , ainsi que de la nature ou plutôt de l'essence du
bois , on ne peut suivre cette loi à la lettre ; il est
même intéressant d'y déroger quelquefois , d'autant
qu'il y a de certains taillis que , toutes choses com-
pensées , il est plus avantageux de couper à 30 ou 40
ans qu'à dix. Il faut en excepter cependant ceux qui ,
se trouvant dans un bon fonds , seroient plus forts à
vingt ans que ne le seroient à trente-cinq ou quarante
ceux qui se rencontreroient dans un mauvais fonds.
Il y en a même de cette espece qui cessent de croître
au bout de huit à neuf ans ; & , dans ce cas , il n'y
auroit qu'à perdre en les laissant subsister plus long-
temps. A l'égard de ceux qui croissent plus ou moins

vîte, plus ou moins abondamment, les Marchands favent bien les diftinguer ; & , à égalité de force, ils donnent la préférence aux plus jeunes , parce que les bois venus en bon terrein font toujours de défaite par leur belle apparence , par leur qualité ef-fective , & que d'ailleurs ils peuvent fervir à plu-fieurs ufages auxquels on ne pourroit pas employer les bois languiffans & d'une mauvaife venue.

En 1719 il a été ordonné que les taillis de Gens de main-morte ne feroient coupés qu'à vingt-cinq ans, fans doute pour prévenir la cupidité & pour mettre des bornes aux defirs de jouiffance qui ne pourroient qu'être préjudiciables au bien public.

Lorfqu'on exploite un taillis à vingt ans, on y peut aifément choifir les baliveaux , qui font les bois de réferve pour former les futaies , & la coupe en eft beaucoup plus avantageufe qu'à dix, où les baliveaux, trop foibles pour fe foutenir contre les vents , devien-nent tous tortueux & mal fains. De belles coupes fe-roient celles de taillis de 30 ou 40 ans , fur-tout fi l'effence étoit de chêne ; les brins feroient forts & vi-goureux , & d'un excellent débit. Les arbres du taillis en feroient d'ailleurs moins tourmentés ; les bourgeons ne feroient point fatigués & abattus ; la dent des bêtes fauves feroit moins fujette à caufer des dom-mages ; les animaux qu'on envoie aux pâtures ne fe-roient plus à craindre : conféquemment les coupes en seroient plus favorables. Le retard de la coupe des taillis est avantageux, soit pour l'intérêt, soit pour l'économie & le ménagement des futaies à venir. Mais d'un autre côté, la vie de l'homme est courte, & l'on veut jouir de son travail. A cela point de réplique.

Nous nous contenterons de quelques réflexions sur l'accroissement des taillis par chaque année. Nous profiterons à cet égard des lumieres de M. du Hamel: elles sont curieuses & intéressantes.

Ce savant Académicien a observé que les taillis, dans un bon fond, pouvoient croître chaque année d'un pied de hauteur jusqu'à soixante & quatre-vingt ans, & qu'ensuite ils s'élevent peu, mais s'étendent en branches. Il y a toujours chaque année des arbres qui périssent, gourmandés par leurs voisins; & les plus forts profitent sans partage des sucs nourriciers que la terre & l'air peuvent leur fournir. A l'égard de la grosseur, elle est à peu près de six lignes par chaque année. En Champagne, l'accroissement est plus fort, & monte par fois jusqu'à 15 ou 16 lignes par année; mais c'est un avantage particulier à cette Province. Contentons-nous de parler du général & d'un résultat commun, d'après les Mémoires des Savans que nous avons sous les yeux, & d'observer que, dans l'article suivant, quand nous annoncerons l'accroissement en grosseur, la mesure doit s'en prendre à quatre ou cinq pieds de terre : & comme nous penfons que cette progreffion de hauteur & de pourtour, repréfentée dans un même tableau, peut être intéreffante, nous allons le mettre fous les yeux, en obfervant que telle eft la marche de la nature dans les différentes Provinces, & non dans la Champagne feulement, où les arbres croiffent avec plus d'abondance qu'ailleurs.

Un taillis de 20 ans porte en général des brins de 10 pouces de circonférence fur 20 pieds de haut.

Un de 25 ans, 13 pouces de circonférence, & 25 pieds de haut.

Un de 30 ans, 15 pouces de circonférence & 30 pieds de haut.

Un de 35 ans, 18 pouces de circonférence & 36 pieds de haut.

Un de 40 ans, 21 pouces de circonférence & 42 pieds de haut.

Il n'y a aucun de ces échantillons qui foit bon pour la charpente : au moins ne conviennent-ils pas pour Paris, où le moindre bois quarré eft de cinq à fept pouces de gros ; & le plus fort, de ceux dont nous avons parlé, eft de cinq pouces de groffeur.

Nous remarquerons encore, que l'équarriffage d'un arbre eft le cinquieme de fa circonférence. Ainfi un arbre de 60 pouces de pourtour produira un morceau de bois de 12 pouces de gros. D'après ce principe, on doit s'appercevoir que le bois de 35 à 40 ans, qui pourroit se réduire en chevrons, ne vaudroit pas à peine les frais : il faut donc le mettre en corde. Le bois de cette espece n'est plus relatif au Traité que nous donnons : il n'est intéressant qu'à cause des baliveaux, qui sont le germe des futaies. Cependant pour satisfaire la curiosité, & pour avoir une idée générale du produit des bois, jettons les yeux sur ce qu'un arpent de taillis de vingt ans peut produire.

Taillis de 20 ans.

(1) 8 cordes de bois, 800 fagots, ou un demi-muid de charbon.

De 25 ans.

12 cordes de bois, 1200 fagots, ou 2 muids $\frac{4}{7}$ de charbon.

De 30 ans.

18 cordes de bois, 1800 fagots, ou 3 muids $\frac{1}{3}$ de charbon.

De 35 ans.

27 cordes de bois, 2700 fagots, ou 4 muids $\frac{2}{1}$ de charbon.

De 40 ans.

40 cordes de bois, 4000 fagots, ou 5 muids $\frac{5}{6}$ de charbon.

---

(1) 8 Cordes de bois à 12 l. . . . 96 l. }
800 Fagots, à 3 l. le $\frac{0}{0}$ . . . . 24 } 120 l.

De

De sorte qu'un arpent à 20 ans étant vendu 120 l.

Il vaut à 25 ans . . . . . 180 l.

A 30 ans . . . . . . 270 l.

A 35 ans . . . . . . 405 l.

A 40 ans . . . . . . 607 l.

Dans cette progression d'augmentation, le prix des arbres de réserve n'est pas compris; mais il convient de déduire l'intérêt de l'argent qui auroit pu se recevoir à la coupe de 20 ans, plus son intérêt pour les 20 années suivantes, ainsi que le loyer, ce qui produit en total. . . . . 360 l.

à déduire des 607 liv. vente des 40 ans.   607 l.

il reste donc pour bénéfice net. . . 247 l.

Encore ne comprend-on pas les arbres de réserve. D'après cet exposé, on doit s'appercevoir de l'avantage réel qu'il y a à retarder la coupe des taillis. Mais en voilà assez sur cet article. Passons aux futaies.

FUTAIES.

On entend par futaies : 1°. les baliveaux, qui sont les brins des taillis qu'on réserve à chaque exploitation, & qu'on doit regarder comme essentiels pour conserver & former les futaies. 2°. Les arbres de différens âges qui sont épars & se trouvent dans les taillis. 3°. Les forêts conservées en massif, ainsi que les lisieres, depuis l'âge de 30 ans jusqu'à 80. Un tel bois , dont les coupes du taillis ont été faites ; fe nomme *demi - futaie* ; & depuis cet âge jufqu'à deux & trois cents ans, on l'appelle *haute-futaie*.

M. du Hamel obferve que les baliveaux modernes, ainfi que les anciens, croiffent peu en hauteur, après l'exploitation du taillis , & qu'ils ont été découverts. En effet le tronc demeure à peu près dans la même hauteur. Il eft aifé de s'en convaincre en mefurant, depuis le ter- rein jufqu'aux branches, l'efpace que le baliveau occu- poit quand on a abattu le taillis : ce qui vient fans doute de la facilité que l'arbre trouve à s'étendre horifonta- lement ; & dans ce cas , les branches feules profitent. Auffi notre Académicien obferve - t - il que ces mê- mes baliveaux groffiffent environ moitié plus que les brins de taillis , leur accroiffement étant de neuf lignes de circonférence par année, à compter depuis le temps de la coupe où ces baliveaux ont été réfervés pour croî- tre en futaie. D'après ces obfervations , qui font le fruit des expériences les plus réitérées, on peut établir pour principe :

Baliveaux de 40 ans.

Qu'un baliveau moderne de 40 ans & d'un taillis de 20 ans , ayant alors 10 pouces de circonférence & 20 pieds de haut , doit avoir , en terrein ordinaire , & à l'âge

De 40 ans,

25 pouces de circonférence, 5 pouces d'équarriſſage & ne porter que 20 pieds de haut.

Un de 60 ans, ayant trois âges.

30 pouces de circonférence, 8 pouces d'équarriſſage, ledit 20 pieds de haut.

Un de 80 ans, ayant 4 âges.

55 pouces de circonférence, 11 pouces de groſſeur; & ledit 20 pieds de haut.

Le taillis a-t-il été coupé à 25 ans ? Il avoit alors 13 pouces de circonférence ſur 25 pieds de haut.

Ledit à 50 ans, porte

32 pouces de circonférence, 5 à 6 pouces d'équarriſſage, ſur 25 pieds de haut.

Ledit à 75 ans, porte

50 pouces de tour, 10 pouces d'équarriſſage, ſur 25 pieds de haut.

Ledit à 100 ans, porte

66 pouces de circonférence, 13 à 14 pouces d'équarriſſage, ſur 25 pieds de haut.

Un baliveau d'un taillis coupé à 30 ans, avoit 35 pouces de tour, & étoit élevé de 30 pieds.

Ledit à 60 ans, moderne.

36 pouces de tour, 13 à 14 pouces d'équarrissage, & 30 pieds de haut.

Ledit à 90 ans, deux âges.

60 pouces de circonférence, 12 pouces d'équarrissage, sur toujours 30 pieds de haut.

Ledit à 120 ans, trois âges.

84 pouces de circonférence, 16 à 17 pouces d'équarrissage, sur toujours 30 pieds de haut.

Tels sont les accroissemens. On doit observer encore qu'il n'y a en général que les arbres en pleine futaie, qui fournissent les belles & longues pieces de charpente, quoiqu'on leur reproche d'avoir ordinairement le bois plus tendre que celui des lisieres.

Le bois de futaie propre pour la Charpente se réduit en pieces qui sont trois pieds cubes; & l'arbre porte plus ou moins de pieces, suivant sa grosseur & sa hauteur. Les branches & les rames sont à peu près les frais de l'exploitation. Ainsi il n'y a que le tronc à estimer, après l'avoir réduit en pieces, qui valent chacune trente à trente-cinq sols, suivant l'éloignement, le lieu & la consommation.

Si ce même bois n'est pas propre pour la Charpente, on le débite en corde; & on l'estime à vue d'œil, à peu près sur le calcul suivant.

Un arbre de 12 pieds de haut, & de 42 pouces de grosseur, produira. . . . . $\frac{1}{4}$ de corde.

Un arbre aussi de 12 pieds de haut, & de 48 pouces de gros, produit. . . $\frac{1}{2}$ corde.

Un de 18 pieds & de 30 pouces. . $\frac{1}{4}$ de corde.

Un de 21 pieds, sur 50 pouces. . $\frac{3}{4}$ de corde.

Un de 24 pieds, sur 39 pouces. . $\frac{3}{4}$ de corde.

Un de 27 pieds, sur 72 pouces de tour. . . . . 2 cordes $\frac{1}{2}$.

Un de 30 pieds, sur 90 pouces. . 3 cordes.

Quoiqu'une pareille évaluation soit vague, elle peut servir d'estimation provisionnelle pour un bois à vendre ou à acheter.

L'appréciation de la valeur d'un arpent de futaie, est bien différente de celle d'un taillis. Il est bien vrai que, par les âges on voit, & l'on sait à peu près ce qu'un arbre peut produire; mais la nature du terrein, les circonstances des temps, lors des accroissemens, la situation, l'exposition, l'usage qu'on peut faire de chacun des arbres, suivant sa grandeur, sa force, sa qualité, peuvent varier à l'infini; & doivent entrer pour beaucoup dans cette combinaison. On peut s'en tenir quelquefois au coup d'œil & à l'habitude. Quoi qu'il en soit, établissons des principes, parcourons les moyens.

Pour évaluer un bouquet d'une demie futaie, d'une haute futaie, il faut avoir un arpentage bien exact

de toute l'étendue du terrein. Après cette connoiſſance , il faut traverſer le bouquet dans tous les
ſens , examiner ſi tout le bois eſt de même nature,
reconnoître s'il eſt également garni , s'il n'y a point de
clarieres , ſi les arbres ſont d'une même force : &
comme il y en a & de plus vigoureux & de plus ſoi-
bles , & des parties plus ſerrées les unes que les autres , on diviſera le total en pluſieurs lots ; & on fera
de chacun une évaluation particuliere. Pour opérer
avec ordre & prudemment , on meſurera dans chaque lot un demi arpent , un arpent même. On en
comptera les arbres; on les diſtinguera en trois claſſes,
beaux , médiocres & foibles. On fera même une claſſe
des défectueux ; & après l'examen des arbres de chacune de ces claſſes , on fera l'eſtimation de chaque
eſpece. On n'aura égard qu'aux principales branches;
& on eſtimera en gros ce que la rame peut fournir de
cordes.

A l'égard des fagots , quoiqu'ils ne faſſent pas un
grand objet , & qu'en général on ne doive les regarder
que pour remplir des faux frais , il eſt bon d'en tirer
une note pour s'en rendre compte avec ſoi-même.
Cette appréciation faite , on aſſemblera les différentes
claſſes ; on en formera une ſomme totale , dont on
déduira , pour les frais d'exploitation , le tiers , &
même quelquefois la moitié , ſuivant les circonſtances,
la ſituation de l'endroit , ſon éloignement plus ou

moins grand des rivieres & des villes ; suivant enfin les débouchés que l'on peut avoir, la facilité d'avoir des ouvriers, des bucherons & le genre d'exploitation. Ce font des chofes qu'il faut connoître : elles demandent beaucoup de prudence, & une grande connoiffance du pays. Paffons donc actuellement à la coupe & à l'abattage des bois, en obfervant toujours que c'eft du feul chêne que nous parlons.

De la Coupe & de l'Abattage du Bois.

Ce n'eft pas affez de connoître les bois, de les eftimer ; il faut encore favoir les abattre & les exploiter. Ces opérations demandent de l'attention, des foins & de la vigilance : elles feules peuvent faire la perte ou le bénéfice. Un ouvrage bien entendu eft toujours intéreffant, & donne de la valeur à la marchandife. La négligence au contraire y apporte des obftacles, & empêche de profiter de tous les avantages qu'on en pourroit retirer. En affaires d'une certaine conféquence, il n'y a pas de petites fautes, fi elles font multipliées : tout doit être combiné ; on en doit voir le terme du premier coup d'œil. Dans ce cas, la théorie eft favorable ; mais il faut de plus l'ufage & l'expérience. Laiffons à part cette digreffion : nous n'entrerons pas dans le détail des raifons, pour le choix du temps qu'il convient de prendre, relativement à l'abattage des bois. On n'a déjà formé à cet égard que trop de fyftê-

mes. Les moyens des uns & des autres font fort ingénieux, fpécieux même : mais, comme nous l'avons
déjà dit, il y a des Ordonnances fages & prudentes,
& qui certainement n'ont été établies que d'après les
expériences reconnues & l'ufage le plus certain. Pourquoi ne les pas fuivre ? Les arbres les plus lourds étant
féchés, font les meilleurs. Les arbres abattus dans les
temps prefcrits par l'ordonnance, reftent toujours plus
pefans que ceux qui font abattus dans d'autres faifons :
ce doit donc être un grand moyen pour décider la
queftion. D'ailleurs les mois de Novembre, Décembre & Janvier, font le temps où les autres travaux de
la campagne font rallentis, fufpendus, où les ouvriers
fe trouvent plus aifément. C'eft la faifon auffi où il y
a le moins à craindre de caufer du dommage aux arbres que l'on veut conferver. On ne craint pas d'en
faire tomber les boutons, & de détruire l'efpérance
des plus beaux jets.

Les temps prefcrits par l'Ordonnance arrivés, rien
ne doit arrêter pour abattre. Les vents n'ont aucune
influence fur les bois : celui du nord ne les conferve
pas, comme on le prétendoit ; celui du midi ne les
fait point tendre à la pourriture. La Lune ne fait rien
non plus à leur bonne ou mauvaife qualité. On eft
revenu des influences des aftres : on eft guéri du préjugé ; l'expérience en a fait connoître l'abus.

On doit feulement ceffer les abattages pendant les

grands vents, de peur que les arbres à moitié coupés ne soient renversés, & ne s'éclatent. Ils pourroient aussi tomber les uns sur les autres, & s'encrouer ; ce qui empêcheroit d'en tirer tout le service auquel on devoit s'attendre.

Il convient aussi d'éviter de travailler à la coupe pendant les trop grandes gelées. Les souches en pourroient souffrir ; le bois seroit dans le cas de se fendre dans ce temps. Il est alors trop dur ; & les Bucherons même, par cette raison, font peu d'ouvrage.

La maniere dont on doit se comporter pour abattre les grands arbres, sans les endommager, est trop intéressante, pour la passer sous silence. On ne sauroit trop ménager des pieces de conséquence, qui, par défaut de précautions convenables, deviendroient inutiles, ou du moins perdroient l'avantage de leur belle qualité. Il faut examiner de quel côté l'arbre penche ; & où est le plus grand poids de ses branches, pour éviter qu'il ne tombe du côté où le porte son propre poids. Il éclateroit : il faut encore porter attention, & reconnoître s'il n'y a pas quelques branches, qui par leur contour, peuvent être plus précieuses pour la Marine que le tronc même. Un habile Bucheron doit déterminer la chute du côté qu'il juge le plus convenable.

On ne peut trop aussi prendre garde, en abattant un arbre de conséquence, s'il n'y en a pas aux environs quelques-uns qui peuvent nuire à sa chute & s'encrouer. Dans ce cas, on doit redoubler d'attention pour qu'aucun ne soit endommagé ; & même il est prudent de commencer par abattre les arbres du voisinage, s'ils font partie de l'exploitation.

Pour opérer, comme il convient, il faut commencer par couper le pied des arbres le plus près de terre qu'il est possible : l'Ordonnance l'exige ; & comme un arbre, furtout s'il est de quelque conféquence, doit tomber du côté oppofé où il penche ; ce qui évite les éclats & les lardoires : il faut, pour y parvenir, faire de ce côté une entaille qui paffe de beaucoup le centre de l'arbre, & du côté oppofé faire une feconde entaille qui dirige la chute. Un Bucheron habile ne s'y trompe pas : il fait tomber fon arbre à l'endroit où il veut.

On ne peut apporter trop d'attention à faire tomber fur fon plat un arbre fourchu, afin de ne pas rompre les branches, & même de ne pas faire fendre le tronc dans une longueur affez grande, ce qui le rendroit inutile. Ces efpeces de fourches font d'ailleurs avantageufes pour la Marine. Au furplus, ces obfervations ne font que pour les arbres extrêmement gros, & que l'on veut ménager ; car pour l'ordinaire on abat les arbres par un côté de la futaie, ce qu'on appelle *une orne* ; & même, quand ils ne font pas bien gros, on les fait tomber les uns fur les autres, afin que les troncs ne foient pas endommagés, fur-tout dans les demi-futaies , parce que leurs branches ne servant pour l'ordinaire qu'à faire du bois à brûler , on ne craint pas qu'elles se rompent ou qu'elles soient forcées. Il y a encore une autre maniere d'abattre , qui est de *pivoter.* Pour faire cette opération , on enleve la terre du tour de l'arbre ; on en coupe toutes les racines , afin qu'il tombe avec son pivot. S'il s'en trouve qui soient trop profondément enracinés pour pouvoir être abattus facilement , on en enleve les racines avec des crics , & on les coupe lorsqu'elles sont tirées de terre. Cette opération est moins expéditive que celle d'abattre à la coignée , conséquemment plus coûteuse ; mais elle donne deux , deux pieds & demi de coupe de plus , & d'ailleurs le pivot de trois à quatre pieds. Malgré ces avantages , elle est défendue par l'Ordonnance : on détruiroit alors toutes les souches. Cependant, lorsque les Officiers des Eaux & Forêts veulent favoriser , ils permettent, suivant les circonstances & la quantité de gros arbres qui se trouvent dans la vente , de faire pivoter six , huit , & même quelquefois dix arbres par arpent. On ne peut qu'applaudir à cette tolérance, & l'on doit même s'y prêter d'autant plus volontiers, que la plus grande partie des souches des gros arbres pourrissent en terre , qu'elles ne peuvent jamais produire de bon recru, que d'ailleurs les Marchands en tirent parti, & que c'est pour eux le seul moyen de pouvoir fournir de certaines pieces de bois , telles

que des tournans de moulins , des jumelles de pref-
foir , &c. il feroit à fouhaiter que cette façon d'abattre
en pivotant fût plus commune : elle eft bien préférable à celle d'abattre avec la coignée , qui ne devroit
pas être préférée à la fcie , malgré ce que l'on prétend
que la pratique de la fcie fait trop de tort à la fouche.
Le préjugé , fuite de l'habitude , ne femble pas favo-
rifer cette pratique , je le fais : mais qu'il me foit
permis de faire à cet égard une obfervation ; c'eft
qu'indépendamment des exemples qui militent en faveur de cette façon d'opérer , on économiferoit le
bois qui fe perd à la coignée , & eft réduit en copeaux. Huit ou dix pouces , quelquefois même un
pied fur une hauteur , font une différence. Nous l'a-
vons dit : il n'y a pas de petits objets dans les grands
détails , s'ils font multipliés.

Mais ne nous écartons pas en differtations : contentons-nous d'obferver que le bois une fois abattu ,
on ne doit pas tarder à en retrancher les branches : il
convient encore de les équarir huit à dix jours après.
En effet , ce qui peut précipiter l'évaporation de la
feve eft favorable pour leur confervation , & leur
enlever l'écorce , l'aubier , c'eft le moyen d'en tirer
tous les avantages poffibles. Alors rien ne retient &
ne captive cette tranfpiration : les pores font ouverts
& le bois fe feche. D'ailleurs , il eft auffi important de ménager les recrues des fouches que les

Touches même, & on ne peut le faire que par la célérité qu'on apporte au travail. Aussi les abattages des taillis doivent-ils cesser à la mi-Avril : autrement, c'est une année que l'on perd, & souvent le bois en est-il encore fatigué l'année suivante. On ne peut donc apporter trop de vigilance & de promptitude à faire l'enlevement du bois & à vuider la forêt. Il ne nous est guere possible de prescrire un temps fixe. C'est le seul débit, c'est la facilité de tirer le bois qui peut en décider. L'intelligence en semblable cas est nécessaire, & l'usage du pays fait la loi. Il est d'ailleurs essentiel, quand on a fait une vente & qu'on ne fait pas exploiter par soi-même, de fixer un temps : aussi a-t-on soin de le pratiquer ; autrement on en seroit la victime.

Nous dirons encore que les tranchées ou laies que font les Arpenteurs, pour lever les plans & prendre leurs mesures d'estimation de superficie, sont en général de trois pieds de largeur, que le bois qu'on y abat reste sur la place, & fait partie de l'adjudication.

Nous observerons aussi que, suivant les Ordonnances, les taillis ne peuvent être mis en coupe réglée, à moins qu'ils n'aient atteint l'âge de dix ans, & à la charge de laisser seize baliveaux par arpent de l'âge du bois, outre les anciens & les modernes. A l'égard des taillis des Gens de main-morte, la coupe en a été réglée à vingt-cinq ans, avec un quart de réserve en bon fonds, pour croître en futaie.

Telles sont les observations sur la nature du bois de chêne, sur sa végétation, sa croissance, ses maladies; sur l'exposition, la situation & les terreins où il peut se trouver, & sur ses qualités en conséquence; sur la maniere de l'abattre & de l'exploiter, & enfin sur les réglemens que les Ordonnances ont fixés pour les taillis & pour les futaies. Il ne s'agit donc plus que de la connoissance du degré des forces rélatives aux bois de charpente, en raison de leur longueur & de leur grosseur. Mais avant que de passer aux expériences qu'ont faites à cet égard les plus habiles Physiciens, nous pensons qu'on ne nous saura pas mauvais gré de nous arrêter un instant à tracer en abrégé ce qu'en général peut coûter l'exploitation. Semblables à des voyageurs, ce sont des fleurs que nous trouvons sur la route, & que nous ne dédaignons pas de cueillir. C'est une digression, il est vrai; mais elle peut avoir son avantage. Il faut en profiter; & c'est avec plaisir que nous saisissons cette espece d'épisode.

Le travail des Bucherons se paie, savoir:

La corde de taillis, quinze à dix-huit sols. Nous avons dit ce que l'arpent contenoit de cordes relativement à son âge : il est aisé d'en faire le calcul.

On paie la corde de bois sciés & fendus vingt-cinq à trente sols.

La corde de bois se vend douze livres : elle contient huit pieds de couche sur quatre de hauteur, & la bûche trois pieds & demi de long. L'abattage du cent d'arbres des demi-futaies, gros & petits, se paie cinquante sols.

Celui des hautes futaies coûte le double, quelquefois le triple, & même davantage, à proportion de la grosseur des arbres.

A l'égard des arbres qu'on fait pivoter, on les paie par chaque arbre dix, douze & quinze sols : la grosseur en décide.

L'arpent est de cent perches, & la perche de vingt-cinq pieds pour les bois du Roi.

Un arpent de taillis de vingt-cinq ans de coupe se vend environ cent vingt livres sur pied, plus ou moins, suivant qu'il est garni, que son bois est vigoureux & d'une belle venue, suivant aussi qu'il est situé le long des rivieres navigables, qu'il est à la portée des endroits où le prix du bois est à peu près le même qu'à Paris. Avec ces deux dernieres conditions, si dans le taillis il y a des baliveaux, le bois s'en réduit à la piece, ainsi que celui des futaies.

La piece contient trois pieds cubes, & elle se vend toute équarie une trentaine de sols.

Nous ne donnons pas ce précis démonstratif comme un tarif décidé : ce n'est qu'un tableau pour servir d'induction. Quand on parle d'un objet, on est curieux d'avoir au moins une connoissance générale de son ensemble. Nous nous estimons heureux si nous avons atteint ce but par notre foible esquisse. Au surplus, l'intelligence du Lecteur y suppléera. Il est temps de traiter actuellement de la force & de la résistance des bois de charpente ; c'est notre objet principal. Cette matiere intéresse l'économie : elle mérite d'autant plus notre attention & nos soins, qu'elle peut ménager près de moitié des bois qui entrent dans la construction de nos édifices. Appellons à notre secours ces Spéculateurs intelligens, ces Savans du premier ordre qui s'en sont occupés. Parcourons leurs ouvrages ; entrons dans le détail de leurs opérations ; pesons-en les circonstances, les résultats : imitons les abeilles qui volent de fleurs en fleurs pour en extraire le miel. Feuilletons les Mémoires, les Annales de l'Académie. Écoutons ce que nous disent Galilée & les autres Physiciens célebres (1). Rassemblons leurs découvertes éparses : mettons-en sous les

------

(1) Leibnitz nous en a donné des leçons en 1684. Mariotte nous a fait part de ses découvertes à peu près dans le même temps ; Varignon en 1702 ; Parent en 1704, 1707 & 1708 ; Bernouilli en 1705 ; Belidor en 1729 ; Couplet en 1731 ; de Buffon en 1740 ; du Hamel en 1741 ; Muschenbroeck en 1763.

yeux

yeux des Lecteurs les objets les plus importans, & ne cherchons pas à les fatiguer par des répétitions. Une partie de ces Savans ont profité des lumieres de ceux qui les avoient devancés; & comme ils ont poussé plus loin leurs expériences, qui ne sont que la confirmation du travail de leurs prédécesseurs, nous nous contenterons de les rapporter & d'en faire l'analyse.

Après avoir considéré les forces dont sont capables les fibres ligneuses dans une superficie supposée sans épaisseur, nous serons en état d'apprécier les forces de ces mêmes fibres dans une superficie avec épaisseur, autrement dans un solide, tels que sont les pieces de charpente que nous mettons en usage.

Dans toute piece de bois qui se rompt, il y a six choses à considérer : deux plans qui se forment après la rupture & section des fibres continues, le nombre de ces fibres, leur direction ou alignement, leur grosseur, le terme de leur tension avant que de se casser, & les leviers par lesquels elles agissent. C'est en effet ce composé total qui forme ce qu'on appelle résistance dans les bois.

Supposons une planche posée de champ sur un point d'appui placé au milieu de sa longueur; imaginons-la extrêmement mince, ou plutôt faisons totalement abstraction de son épaisseur.

Plaçons à chacune de ses extrémités une puissance qui agisse de haut en bas pour la rompre; la résistance opposée par le point d'appui empêche le point milieu de descendre, pendant que ces deux puissances placées aux deux extrémités s'efforcent de les faire descendre. Les choses en cet état, voyons ce qu'il en pourra résulter.

Chacun sait que ce qui compose cette planche est la réunion des fibres longitudinales du bois, & que cette planche n'est autre chose que la suite de ces fibres ligneuses jointes & collées, pour ainsi dire, ensemble.

Cette planche ne cassera que lorsque ces fibres seront rompues. Ces fibres ne se rompent pas dès le premier instant : elles font donc une résistance. Cette résistance des fibres doit par conséquent être regardée comme un lien qui retient cette planche contre la cassure du milieu, objet de l'effet des deux puissances.

Dès que ces puissances placées aux deux extrémités commenceront à agir, les fibres de la partie supérieure de la planche commenceront à s'allonger : celles du milieu de la hauteur le feront aussi, mais un peu moins ; celles qui feront voisines du point d'appui ne s'allongeront presque pas ; & la derniere ne s'allongera en aucune façon. Elles ne peuvent s'allonger sans s'étendre : elles feront donc tendues plus ou moins, à proportion de ce qu'elles feront plus ou moins éloignées du point d'appui.

La partie supérieure de la planche commencera à se courber & à sortir de son alignement horisontal.

Cet effet fera plus fenfible, à mefure que les deux puiffances agiront plus fortement , & enfin la planche fe féparera en deux, lorfque l'action des deux puiffances fe trouvera fupérieure à la réfiftance que peuvent apporter les fibres.

La hauteur de la planche étant compofée de fibres collées les unes fur les autres, & ces fibres étant allongées & tendues plus ou moins felon qu'elles font plus ou moins éloignées du point d'appui , leur tenfion fera donc en progreffion arithmétique, les excédens des allongemens ou de la tenfion des unes fur les autres étant égaux entr'eux.

La fomme de leur tenfion ou réfiftance fera la fomme de cette progreffion arithmétique , par conféquent la moitié du nombre de ces fibres, multipliée par la longueur de la fibre fupérieure, qui eft la plus longue & la plus tendue, ou, ce qui revient au même , la moitié de la longueur de cette fibre fupérieure multipliée par le nombre des fibres , ou la hauteur de la planche exprimera en même temps & la folidité de ces fibres, & la totalité de leurs réfiftances.

Pour mieux entendre ce méchanifme , connoître plus particulierement les proportions que nous recherchons , & parvenir plus facilement à nos calculs, empruntons le fecours de la figure.

Soit une planche D , B , C , F , G , A , E , pofée fur un point d'appui K. A chaque extrémité E , G , sont appliquées deux puissances L, M, dont l'action est de haut en bas. Cette planche est supposée avoir déjà cédé à l'effort de ces deux puissances L, M. Les lignes B, C, H, I, & toutes les autres lignes intermédiaires représentent les fibres longitudinales du bois, plus ou moins allongées & tendues, suivant qu'elles sont plus ou moins distantes du point d'appui. Elles représentent ainsi, par leur plus ou moins d'allongement & de tension, un triangle A, H, B, C, I, & chacune d'entr'elles sont les élémens de ce triangle.

Il y a ici deux leviers recourbés C, A, G; B, A, E, ayant chacun le même point d'appui K. Les bras de levier A, E; A, G, répondent aux puissances I, M; les bras de levier A, B & A, C, répondent au premier lien ou fibre B, C, de même que les bras du levier H, A & I, A, répondent à la fibre H, I, & généralement tous les bras de levier intermédiaires entre B, C & H, I; H, I & A, répondent aux différentes fibres intermédiaires plus ou moins longues, à proportion de ce qu'elles sont plus ou moins éloignées du point d'appui A.

Les fibres B, C & H, I, ainsi que toutes les autres, sont en progression arithmétique. Les bras de levier B, A & H, A, sont aussi en progression arithmétique; & ces progressions viennent de part & d'autre se terminer à Zéro, au point d'appui A, sommet du triangle.

Les triangles B, A, C; H, A, I, étant semblables, leurs côtés feront proportionnels. Ainsi dans les triangles A, B, C & A, H, I, nous aurons A, B. B, C :: A, H. H, I.

Suppofons que A, H foit moitié de A, B, & que H, I foit moitié de B, C. Si A, B vaut 6, A, H vaudra 3 : fi B, C vaut 8, H, I vaudra 4; & l'on aura cette proportion en nombre 6. 8 :: 3. 4. Prenant le produit des extrêmes & des moyens, on aura $6 \times 4 = 24 = 8 \times 3$. Ainfi le produit des extrêmes eft égal à celui des moyens, & les termes font en proportion géométrique.

Nous avons vu que les fibres B, C & H, I font les fibres les plus grandes des triangles A, B, C, & A, H, I, & que toutes ces fibres font en progreffion arithmétique, fe terminant à Zéro, au point ou fommité A des triangles. Nous favons que, dans toute progreffion arithmétique, la fomme des termes de la progreffion eft le produit de la moitié des deux extrêmes par le nombre des termes.

Les lignes B, C & H, I font deux des extrêmes de la progreffion des fibres. L'autre extrême eft commun aux deux triangles A, B, C & A, H, I, & eft le point A égal à Zéro.

D'un autre côté, A, B & A, H font le nombre des termes ou des fibres. Ainfi la fomme des termes ou des fibres répandues dans les deux triangles A, B, C & A, H, I sera $A, B \times \frac{BC}{2}$ & $A, H \times \frac{HI}{2}$, & en même temps la valeur absolue des fibres résistant à rupture dans les deux triangles.

Nous avons vu aussi que la valeur relative d'une puissance est son produit par le bras de levier auquel elle répond. A, B; A, H sont les bras de levier auxquels répondent les valeurs absolues $C, A, B, \times \frac{BC}{2}$, & $A, H \times \frac{HI}{2}$ des fibres résistantes des deux triangles.

Nous avons donc pour valeur relative des fibres résistantes desdits triangles $A, B \times \overline{A, B \times \frac{BC}{2}}$ & $A, H \times \overline{A, H \times \frac{HI}{2}}$, ou ce qui revient au même $\overline{A, B}^2 \times \overline{\frac{BC}{2}}$ & $\overline{A, H}^2 \times \overline{\frac{HI}{2}}$.

Ce qui nous donnera, à cause des côtés proportionnels, dans les triangles semblables, l'analogie suivante $\overline{B, B}^2 \times \overline{\frac{BC}{2}}$. $\overline{A, H}^2 \times \overline{\frac{HI}{2}}$ :: $\overline{A, B}^2$. $\overline{H, I}^2$. , c'est-à-dire, que dans deux planches de hauteurs différentes, (ces planches considérées sans épaisseur) les forces résistantes de leurs fibres seront entr'elles comme le quarré des hauteurs desdites planches.

En voilà assez pour le rapport de la résistance des

fibres des planches en elles - mêmes. Voyons actuellement leur rapport avec la puissance contre laquelle elles employent cette résistance.

Chacun sait que plus un bras de levier est grand, plus la puissance qui lui est appliquée a d'avantage ; que plus ce bras de levier est court, plus cette puissance perd de sa force absolue ; il s'ensuit donc que plus la planche a de longueur, moins elle a de force.

Si cette planche ayant résisté à un fardeau, on vient à lui donner une longueur double, elle aura une force sous-double. Si au contraire on la restreint à une longueur sous-double, sa force sera double.

L'on sait encore que deux puissances différentes sont en équilibre autour de leur point d'appui, lorsqu'elles sont en raison réciproque de leurs distances à ce point d'appui.

Ainsi, en supposant avant l'équilibre la résistance des fibres A, B égale au poids L, leur résistance sera au poids L, comme le bras de levier A, B est au bras de levier A, E. Si la ligne A, B est le quart de la ligne A, E, la résistance des fibres ne sera que le quart de leur résistance absolue.

Cette force relative dépend donc de la maniere dont la ligne A, B est contenue dans la ligne A, E.

L'on ne sait que par la division combien une grandeur est contenue dans une autre. L'expression de la

réſiſtance des fibres ſera donc dans la premiere analo-
gie $\overline{\frac{A\,B\,^2}{A\,E}}$, & dans la ſeconde $\overline{\frac{H\,\,I\,^2}{A\,E}}$.

Mais A, E n'étant que la moitié de la planche, & les parties priſes enſemble étant égales à leur tout, on peut indifféremment prendre la longueur entiere; ce qui ſera d'autant plus commode, qu'on évitera ainſi l'embarras des fractions.

D'où il ſuit, que la force relative d'une planche, conſidérée ſans épaiſſeur, eſt le quarré de ſa hauteur diviſée par ſa longueur.

Pour faire nos comparaiſons, & établir nos rapports, nous prendrons des planches de différentes hauteurs. On peut, pour même raiſon, leur donner auſſi des longueurs différentes; & nous aurons les deux planches D, B, C, F, G, A, E & N, H, I, R, Q, A, P.

A cet effet donnons A, E pour longueur à la hauteur A, B & A, P pour longueur à la hauteur A, H; & nous aurons cette proportion. $\overline{\frac{A\,B\,^2}{A\,E}}$ eſt à la premiere planche, comme $\overline{\frac{A\,H\,^2}{A\,P}}$ eſt à la deuxieme planche.

Ainſi la réſiſtance de la premiere planche ſera à la réſiſtance de la ſeconde planche, comme le quarré de la hauteur de la premiere diviſée par ſa longueur, eſt au quarré de la hauteur de la ſeconde diviſée auſſi par ſa longueur.

Il faut obferver que, pour fimplifier les idées, & ne les point accumuler avec confufion dans l'efprit, nous avons d'abord regardé ces planches comme n'ayant ancune épaiffeur. Notre marche en a été plus claire & plus méthodique.

Actuellement nous fommes en état de les confidérer avec leurs épaiffeurs. Planches, membrures, folives, poutres, tout va être l'objet d'un feul & même calcul; & la force de la vérité fe fera aifément fentir dans tout fon jour, ainfi que l'utilité à en retirer par le public, tant pour l'économie que pour la folidité.

Il s'agit de favoir la quantité de fibres dont eft compofé le cube d'une piece de charpente quelconque, & la valeur de leur tenacité contre le fardeau.

Nous avons vu que, comme une fuperficie n'eft formée que par plufieurs lignes couchées les unes fur les autres fans intervalles, de même un folide n'eft formé à fon tour que par plufieurs fuperficies adaptées exactement les unes fur les autres, comme autant de lames.

Les fibres d'une piece de bois font ces lignes. La fuperficie formée par ces lignes fera la hauteur verticale de la piece, & le folide ou la réunion de plufieurs de ces fuperficies fera la largeur horifontale de la même piece.

Ainfi, le nombre des fibres compofant la largeur horifontale de la piece donnera la totalité des fibres résistantes. Donc, en multipliant le quarré de la hauteur verticale de la piece par sa largeur horisontale, on aura la valeur absolue de la résistance des fibres, & leur force relative sera le quotient de ce produit, divisé par la longueur de la piece. Donc les résistances de deux pieces de bois quelconques seront entr'elles comme le quarré de la hauteur verticale de la premiere, multiplié par sa largeur horisontale, & divisé par la moitié de sa longueur, est au quarré de la hauteur verticale de la seconde, multiplié par sa largeur horisontale, & divisé par la moitié de sa longueur.

Soient, par exemple, deux pieces de bois, une de 6 & 7 pouces & de neuf pieds de long, & une autre de 9 & 10 pouces & de 16 pieds de longueur, toutes les deux posées de champ : il faut avoir le rapport de la résistance ou force de ces deux pieces entr'elles.

On multipliera, pour la premiere, la hauteur verticale 7 pouces par elle-même, ce qui donnera pour son quarré 49 : ce produit ou ce quarré 49 se multipliera encore par 6 pouces, largeur horisontale, & l'on aura pour son second produit 343 à diviser par 4 pieds $\frac{1}{2}$, moitié de la longueur de la piece, dont le quotient 19 $\frac{1}{9}$ sera l'expression de ladite piece.

Ensuite, pour la seconde piece, on multipliera sa hauteur verticale 10 pouces par elle-même, dont le produit sera 100. Ce produit 100, multiplié par 9

pouces, largeur horifontale, donnera 900 pour fecond produit, lequel produit 900, divifé par 8 pieds,
moitié de la longueur de la piece, on aura pour quotient $28 \frac{1}{12}$, expreffion de la force de cette feconde
piece de bois.

Ainfi $19 \frac{1}{3}$ & $28 \frac{1}{12}$ feront le rapport des forces de
ces deux pieces, ou, ce qui revient au même, les
forces ou réfiftances de ces deux pieces feront entr'elles
comme $19 \frac{1}{3}$ eft à $28 \frac{1}{12}$.

Dans les calculs que nous venons d'établir, nous
avons, pour plus de facilité de démonftration, appli-
qué les deux forces agiffantes aux extrémités de la
piece de bois, & placé le point d'appui dans le milieu ; au lieu que dans une poutre qui fe rompt
fous le fardeau, la force agiffante eft dans le milieu , & il y a deux points d'appui , un à chaque
extrémité.

Cette différence pourra peut-être caufer de l'embarras à quelques perfonnes : elles pourroient même
penfer que notre démonftration pécheroit par cet endroit , notre principe leur paroiffant contraire à ce
qu'on voit tous les jours.

Toute cette difficulté difparoîtra auffi-tôt qu'elles
auront emprunté un œil mathématicien. Elles n'ont
qu'à fe reffouvenir que nos pieces de bois font des leviers ; que dans tout levier on confidere trois points ;
qu'à chacun de ces points eft appliquée une puiffance ;

que ces puiſſances ſont agiſſantes ou réſiſtantes ; que celle qui eſt au point d'appui eſt toujours réſiſtante ; enfin qu'il ne faut conſidérer les puiſſances ſoit agiſ-ſantes, ſoit réſiſtantes, qu'à raiſon de leurs directions.

Dans notre hypothèſe, la direction des deux puiſ-ſances qui forcent les extrémités de notre planche eſt de haut en bas ; & la direction de la puiſſance du point d'appui eſt du bas en haut.

Dans nos poutres, lorſqu'elles ſe caſſent, la direc-tion des puiſſances du point d'appui eſt de bas en haut , & la direction de la puiſſance du fardeau eſt de haut en bas.

Ainſi dans une hypothèſe comme dans l'autre, la direction des puiſſances, qui ſont aux deux extrémités de la piece de bois, ſont en ſens contraire de la direc-tion de la puiſſance appliquée au point milieu de la piece.

Il y a donc même rapport entre les puiſſances des deux côtés. Elles ſont toujours puiſſances dans un cas comme dans l'autre : elles ne ſont que changer de nom. Elles ſeront toujours dans la même raiſon & la même analogie ; & leur énergie dépendra toujours du quarré de la hauteur verticale & de la baſe horiſon-tale.

Avant que de quitter cet article, nous obſerverons avec Galilée, Leibnitz, Mariotte, Varignon, Ber-nouilli & Belidor que lorſque la poutre ſe rompt, les fibres supérieures s'étendent, & les fibres inférieures se compriment ; qu'ainsi il y a un centre d'extension & de compression ; enfin, que ce centre d'extension & de compression reste au centre de gravité de la poutre, lorsqu'elle n'est chargée que de son propre poids ; qu'il change de place, lorsqu'un fardeau commence à le comprimer ; qu'il varie à mesure que la compression augmente, & que les fibres inférieures commencent ou sont prêtes à se casser, jusqu'au moment de la rupture entiere de la poutre.

Tous ces cas ne changent rien à notre théorie. Que l'on considere ce centre d'extension & de compression au centre de gravité de la poutre ; qu'il soit plus haut ou plus bas, les distances à ce centre, les leviers de résistance seront toujours de même espece & de même matiere, & dans la raison des quarrés des hauteurs. Il en résultera même plus d'avantage dans notre hypothèse, qui sera celle de Galilée, où il faut plus de force pour rompre la piece que dans toutes les autres.

On nous dira peut-être que, dans notre démonstration, nous avons regardé & calculé la force des fibres comme si elles étoient sur une ligne droite ; que cependant, dans le cas de rupture, elles décrivent chacune des arcs de cercle plus ou moins grands, à raison de ce que la piece a plus ou moins de hauteur.

Cette difficulté s'évanouit aussi-tôt qu'on fait attention que notre calcul est établi dans l'instant où commence l'effet de la rupture, où les fibres commencent à s'étendre, où leur allongement est présqu'insensible ; enfin quand on se ressouviendra qu'il est démontré en Géométrie, que la partie infiniment petite d'une courbe est une ligne droite.

A l'égard de la figure dont nous avons représenté les fibres, sous une grandeur sensible & même forcée, on en doit sentir la raison, lorsque l'on considérera que les infiniment petits échappent à nos yeux, & que notre objet est de leur parler pour le moment.

Au surplus, les élémens que nous venons de donner de la maniere la plus simple & la plus concise, sont de la plus grande fécondité : l'usage le fera connoître. C'est un fil par le moyen duquel on peut parcourir tout le labyrinthe, dans lequel la nature a semblé se renfermer ; & comme Thésée, en sortir victorieux. On connoîtra le rapport des puissances résistantes des fibres longitudinales du bois : on les calculera ainsi que tous les degrés des forces destructives : on saura exactement la grosseur des charpentes qu'on peut employer, ainsi que la maniere la plus avantageuse & la plus économique de les mettre en usage, relativement aux fardeaux à supporter. Les bois refendus ne paroîtront plus des moyens extraordinaires. Les avantages en seront connus ; & l'exécution cessera d'être douteuse. On aura une marche certaine ; on ménagera sa bourse & les ressources de l'état. Passons aux Expériences.

EXPÉRIENCES DE PARENT.

Ire. *EXPÉRIENCE SUR LE CHÊNE TENDRE.*

UN morceau de bois de chêne moyennement dur & sec, large de cinq lignes, épais de six, & long de cinq pouces & demi, étant posé de champ, & retenu par un de ses bouts, a soutenu à l'autre extrémité un poids de *vingt-trois livres*, avant que de se rompre.

II. EXPÉRIENCE SUR LE CHÊNE TENDRE.

Un autre morceau pareil en grosseur, mais double en longueur, posé de champ sur deux appuis, a soutenu dans son milieu *trente-quatre livres & demie* avant sa rupture.

III. EXPÉRIENCE SUR LE CHÊNE TENDRE.

Un troisieme morceau, semblable au précédent, posé de même, & serré par les deux bouts, a soutenu dans son milieu *cinquante-une livres* avant que de se rompre.

IV. EXPÉRIENCE SUR LE CHÊNE PLUS DUR.

Un quatrieme, égal en tout au premier, & retenu de même, a soutenu *cinquante-deux livres* avant sa rupture.

V. Expérience sur du chêne plus dur.

Un cinquieme, parfaitement semblable au second pour les dimensions & posé de même, a soutenu *quatre-vingt-douze livres* avant sa rupture.

VI. Expérience sur le sapin moyennement dur.

Un sixieme morceau de bois de sapin, égal en tout au premier, aussi pour les dimensions, posé & retenu de même, a soutenu *trente-sept livres*, avant que de se rompre, & après s'être beaucoup plus courbé que celui du chêne.

VII. Expérience sur le sapin.

Un septieme morceau de sapin, pareil au précédent, & égal en tout à celui de la deuxieme Expérience, posé & chargé de même, a soutenu *soixante-huit livres* avant sa rupture.

VIII. Expérience sur le sapin.

Un huitieme, aussi de sapin, parfaitement semblable à celui de la troisieme Expérience, posé & chargé de même, a soutenu dans son milieu *cent six livres* avant sa rupture.

D'après ces différentes épreuves, on établit trois principes.

1°. Que la force d'un solide retenu par un bout, &

chargé

chargé par l'autre perpendiculairement à fa longueur, eſt à la force d'un ſolide double en longueur, poſé ſur deux appuis, & chargé dans ſon milieu, à peu près comme 7 eſt à 12.

2°. Que cette premiere force eſt à celle d'un autre ſolide, en tout égal au deuxieme, poſé & chargé de même & de même matiere, comme 7 eſt à 18.

3°. Que les réſiſtances des deux dernieres forces ſont entr'elles, tout étant égal d'ailleurs, environ comme 12 eſt à 18.

Remarquons en paſſant que, dans les ſolides retenus par un bout, la courbure accourcit le levier, environ de ſa quarante-cinquieme partie ; & que dans ceux qui ſont retenus par les deux bouts, elle ne l'accourcit que d'un ſoixantieme environ.

IX. EXPÉRIENCE SUR LE CHÊNE DUR.

Un neuvieme morceau de chêne fort dur & ſec, de trois lignes & demi d'épaiſſeur, treize lignes deux tiers de largeur, & ſix pouces & demi de longeur, retenu par un bout ſur le plat, & chargé perpendiculairement, a ſoutenu, avant que de ſe rompre, *trente-huit livres & demie.*

X. EXPÉRIENCE SUR LE CHÊNE TENDRE.

Un dixieme morceau, bien moins dur que le précédent, ayant quatre lignes un tiers d'épaiſſeur, cinq

lignes un cinquieme de largeur, & dix pouces de longueur, posé de même, & retenu par les deux bouts, a
soutenu *vingt-cinq livres* avant la rupture.

XI. Expérience sur le chêne tendre.

Un onzieme morceau de même bois que le précédent, de quatre lignes deux tiers d'épaisseur, de cinq
lignes deux tiers de largeur, & de quatorze pouces de
longueur, posé sur deux appuis, à plat, & horisontalement, a soutenu dans son milieu, avant que de se
rompre, *vingt-huit livres un tiers.*

XII. Expérience sur le chêne tendre.

Un douzieme morceau de même bois, ayant un
pouce d'équarrissage & deux pieds de longueur, posé
sur deux appuis de niveau, & chargé à plomb, a soutenu *trois cents livres juste*, avant que de se rompre.

Cette expérience peut aisément servir de modele
pour toutes les autres sur le même bois, à cause de sa
simplicité.

XIII. Expérience sur le chêne tendre.

Un treizieme morceau de quatorze pouces de longueur, de cinq lignes deux tiers d'épaisseur, & de quatre lignes un tiers de largeur, posé de champ & sur
deux points d'appui, a supporté, avant que de se
rompre, *vingt-cinq livres*, comme celui de la dixieme
Expérience.

XIV. EXPÉRIENCE SUR LE CHÊNE TENDRE.

Un quatorzieme morceau de chêne tendre , de même longueur que le précédent , supporté & posé de même , ayant six lignes d'épaisseur & cinq lignes de largeur , a soutenu *trente-sept livres & demie* avant sa rupture.

XV. EXPÉRIENCE SUR LE CHÊNE TENDRE.

Un quinzieme morceau, de même qualité & longueur, épais de quatre lignes & demi, large de cinq lignes & demi , posé sur le plat, a soutenu *vingt-deux livres* dans son milieu.

XVI. EXPÉRIENCE SUR LE CHÊNE TENDRE.

Un seizieme morceau de même bois & longueur, ayant cinq lignes deux tiers d'épaisseur , & quatre lignes trois quarts de largeur, appuié & chargé comme le précédent , a soutenu *vingt-sept livres un quart* dans son milieu, avant que de se rompre.

En comparant toutes les expériences faites sur différentes especes de chêne, & en se souvenant que les résistances proportionnelles sont entr'elles comme les produits des quarrés de leur hauteur par leur largeur, ainsi que Parent l'avoit démontré à l'Académie en 1704, on trouvera que le modele du chêne de la douzieme Expérience auroit dû soutenir *deux cents quatre-*

vingt-seize livres, au lieu de trois cents, ce qui confirme cette proportion.

De même, si l'on compare les expériences faites sur le sapin, on trouvera qu'un pareil modele de ce bois devoit soutenir *trois cents cinquante-huit livres* ; & qu'ainsi la force moyenne du sapin est à celle du chêne, environ comme 358 est à 300, ou comme 119 est à 100.

EXPÉRIENCES DE BELIDOR.

PREMIERE EXPÉRIENCE.

Une solive de dix-huit pouces de longueur & d'un pouce en quarré, posée sur deux appuis, sans être serrée par ses extrémités, a porté dans son milieu avant que de se rompre. . . 400 l. ⎫
une seconde posée de même. 415 l. ⎬ 406 l. *terme moyen.*
une troisieme semblable. . 405 l. ⎭

Cette expérience s'accorde assez bien avec la douzieme de Parent. Il y est rapporté qu'une piece de bois de chêne, de vingt-quatre pouces de longueur sur un pouce d'équarrissage, a porté *trois cents livres* dans son milieu avant la rupture. Comme celle-ci, qui a dix-huit pouces de longueur, est les trois quarts de celle de Parent, elle doit porter cent livres de plus :

aussi ne s'est-elle rompue que par l'action du poids d'environ quatre cents livres.

II. EXPÉRIENCE.

Une solive de dix-huit pouces de longueur sur un pouce en quarré, serrée par ses deux extrémités, a avant que de se rompre. . . 600 l.
une seconde de même. . . . 600 l. } 608 l. *terme moyen.*
une troisieme. . . . . . 624 l.

Dans cette seconde expérience, chaque solive étoit arrêtée par les deux bouts, & la question étoit de savoir si elle romproit en trois endroits. On fut surpris de voir que la premiere, qui avoit cassé avec le poids de six cents livres, n'avoit été rompue que dans le milieu, & que les deux bouts étoient seulement un peu courbés; mais on s'apperçut après coup que les valets qui serroient cette solive avoient obéi tant soit peu, n'ayant pu soutenir un si grand poids.

En conséquence, on fit retenir la seconde solive par deux valets au lieu d'un, à chaque extrémité, & après avoir été chargée jusqu'à la pesanteur de six cents livres, elle fut rompue net dans le milieu & aux deux extrémités, & les deux morceaux tomberent à terre en même temps que le poids.

La troisieme solive fut aussi cassée de la même maniere, ainsi que plusieurs autres qui furent soumises à la rupture par curiosité.

Il résulte de-là qu'une poutre arrêtée & bien serrée par les deux bouts, est capable de porter un poids beaucoup plus fort que celle qui n'est posée que sur deux appuis; que la différence en est comme 3 est à 2, c'est-à-dire que la poutre serrée par les deux bouts est plus forte d'un tiers que celle qui ne l'est pas.

Observons encore que ces deux expériences de Belidor sont conformes à la seconde & à la troisieme de Parent.

En effet, Parent nous dit qu'une piece de bois de chêne, longue de douze pouces sur cinq lignes de largeur & six d'épaisseur, posée de champ sur deux appuis, sans être serrée par ses extrémités, a porté *trente-quatre liv. & demie* avant l'instant de sa rupture, & qu'une autre piece toute semblable à celle-ci, mais serrée par les deux bouts, a porté *cinquante-une livres;* ce qui donne le rapport de 3 à 2. Cette proportion se trouve encore prouvée par la septieme & la huitieme expérience de Parent.

III. EXPÉRIENCE.

Une solive de dix-huit pouces de longueur, & de deux pouces sur un pouce d'équarrissage, posée à plat, sans être arrêtée par ses extrémités, a porté avant que de se rompre. . . . . . . 810 l.⎫
une seconde posée de même. . 795 l.⎬ 805 l. *terme moyen.*
une troisieme semblable. . . . 812 l.⎭

Ce qui s'accorde avec la premiere expérience, où la solive de dix-huit pouces de longueur sur un pouce en quarré, posée sur deux appuis, sans être serrée, a porté *quatre cents livres*. La raison veut en effet qu'une autre solive de même longueur & de même hauteur, pareillement posée, mais qui auroit le double de largeur, supporte un poids double.

Aussi cette troisieme expérience donne-t-elle *huit cents cinq* pour la force moyenne, au lieu de huit cents. Cette différence est trop légere pour mériter attention.

I V. E X P É R I E N C E.

Une solive de même dimension que dans l'expérience précédente, posée de champ, & sans être arrêtée par les bouts, a porté, avant que de se rompre. . . . . 1570 l.
une seconde pareille. . . . 1580 l. $\Big\}$ 1580 l. *terme moyen.*
une troisieme. . . . . . 1590 l.

D'où l'on conclut que deux poutres de même longueur, & dont la largeur des bases est égale, ont leurs forces dans la raison des quarrés de leur hauteur.

En effet, dans cette expérience, la force moyenne d'une solive qui a une hauteur double de celle de la premiere expérience, & dont tout le reste est égal, eſt de quinze cents quatre-vingt, qui eſt un nombre à peu près quadruple de quatre cents.

On voit encore, par cette expérience, que la force d'une poutre poſée à plat eſt à celle qu'on auroit poſée de champ, comme le plus petit côté de la baſe eſt au plus grand.

V. EXPÉRIENCE.

Une ſolive de trois pieds de longueur & d'un pouce en quarré, n'étant pas ſerrée par ſes extrémités, a porté. . . . . 185 l.⎫
une ſeconde de même. . . 195 l.⎬1871. *terme moyen.*
une troiſieme. . . . . . 180 l.⎭

Cette expérience prouve que de deux poutres qui ont leurs baſes égales, & qui ſont poſées ſur le même côté, la plus longue a moins de force que la plus courte dans la raiſon de ſa longueur.

Dans la premiere expérience, une ſolive de dix-huit pouces de longueur & d'un pouce en quarré, a porté *quatre cents livres*; & dans cette cinquieme expérience, la force moyenne d'une ſolive de trois pieds de longueur & de même baſe, eſt de *cent quatre-vingt-ſept livres.*

La différence de ces cent quatre-vingt-ſept livres, au lieu de deux cents que donne le raiſonnement, vient de ce que le bois de la cinquieme expérience n'étoit pas tout-à-fait si bon que celui de la premiere.

VI. EXPÉRIENCE.

Une solive de trois pieds de long & d'un pouce en quarré, arrêtée par les deux bouts, a porté avant sa rupture. . . . . 285 l.⎫
une seconde arrêtée de même. 280 l. ⎬ 283 l. *terme moyen.*
une troisieme pareille. . . 285 l.⎭

Dans cette expérience, les solives se sont rompues en trois endroits, comme dans la seconde. Leur force moyenne n'a été que de *deux cents quatre-vingt-trois livres*, au lieu de trois cents, pour être en rapport avec la seconde expérience. Cela vient de ce qu'il n'est presque pas possible qu'un nombre d'expériences puissent être entr'elles dans un rapport parfaitement exact. Cependant on doit faire attention que la force moyenne des solives de cette sixieme expérience est à celle des solives de la cinquieme à peu près comme 3 est à 2 ; & qu'enfin c'est un surcroît de preuves que les poutres, qui ne sont posées seulement que sur leurs appuis, ont moins de force que celles qui sont serrées par les deux bouts.

VII. EXPÉRIENCE.

Une folive de trois pieds de long fur deux pouces
en quarré, non-arrêtée par les deux bouts, a porté
avant fa rupture. . . . . . 1550 l.⎫
une autre femblable. . . . 1620 l.⎬ 1585 l. *terme moyen.*
une troifieme. . . . . . 1250 l.⎭

La premiere & la feconde folives de cette expérience ont porté à peu près le poids que devoit expri-
mer leur force par rapport à la premiere & à la cinquieme expérience. La premiere folive a porté cinquante livres de moins, & la feconde vingt livres de
plus, le poids devant être de feize cents livres. A l'é-
gard de la troifieme folive, il s'en faut de beaucoup
qu'elle ait eu toute fa force. Mais il faut favoir qu'elle
avoit paru défectueufe avant même qu'on en fît ufage,
& qu'on ne s'eft déterminé à l'employer que parce
qu'il ne reftoit plus de bois débité fuivant les dimenfions néceffaires. En conféquence, on a fuppofé, pour
trouver la force moyenne de cette troifieme folive,
qu'elle auroit porté la fomme moyenne de la premiere
& de la feconde.

VIII. EXPÉRIENCE.

Une folive de trois pieds de longueur, fur vingt à
vingt-huit lignes d'équarriffage, pofée de champ, a
porté. . . . . 1665 l.⎫
une feconde pofée de même. . 1675 l.⎬ 1660 l. *terme moyen.*
une troifieme. . . . . . 1640 l.⎭

Il s'agiſſoit de voir, par cette expérience, combien à peu près une ſolive, qui auroit les dimenſions de ſa baſe dans le rapport de 5 à 7, auroit plus de force qu'une autre dont la baſe ſeroit quarrée, comme dans la ſeptieme expérience.

La force moyenne des ſolives de la ſeptieme expérience n'étant que de *quinze cents quatre-vingt-cinq livres*, celle des ſolives de la huitieme de *ſeize cents ſoixante*, & leur différence de *ſoixante-quinze*, cela ne fait pas le rapport au juſte de deux cents quarante-cinq à deux cents ſeize, mais ſuffit cependant pour la juſtification de la théorie.

Nous obſerverons ici, que Belidor n'a point fait d'épreuves ſur les ſolives arrêtées par un bout, celles que nous venons de rapporter lui ayant paru ſuffiſantes pour établir ſa théorie, & qu'il n'en a point fait non plus ſur d'autre bois que le chêne. Mais, de ſon aveu, il réſulte des expériences de Parent ſur le ſapin, que la force moyenne du chêne eſt à la force moyenne du ſapin comme 119 eſt à 100, ou environ comme 6 eſt à 5 ; de ſorte que lorſqu'une ſolive de chêne portera cinq cents livres avant que de ſe rompre, une autre de ſapin, en tout ſemblable à celle-là, en portera ſix cens. Ainſi il ſera aiſé de calculer la force du ſapin par la connoiſſance que les expériences de Belidor nous donnent ſur le chêne.

EXPÉRIENCES DE BUFFON.

PASSONS actuellement aux expériences de M. de Buffon, & faisons l'analyse des Mémoires qu'il a donnés à l'Académie à ce sujet.

Cet ingénieux & infatigable Académicien, occupé du desir d'être utile aux Constructeurs & aux Charpentiers (ce sont ses termes), a fait rompre plusieurs poutres & solives de différentes longueurs : il a réitéré ses expériences sur des pieces de bois de 10, 12, 14, 16, 18, 20, 22, 24, 26 & 28 pieds de longueur. Leurs grosseurs étoient depuis quatre jusqu'à huit pouces d'équarrissage. Les fardeaux dont il les a chargés se sont trouvés monter jusqu'à vingt, vingt-cinq & même vingt-sept milliers. Pour une même longueur il a fait rompre trois à quatre pieces pareilles, ainsi qu'a fait Belidor ; c'est le moyen de s'assurer de leur force. Il ajoute avoir opéré sur plus de cent pieces de bois, tant poutres que solives, sans compter les barreaux ou échalats.

Il a recherché quelle est la densité & quel est le poids du bois dans ses différens âges : quelle proportion se trouve entre la pesanteur du bois du centre de l'arbre, & la pesanteur du bois de la circonférence extérieure, & encore entre la pesanteur du bois parfait & celle de l'aubier. Pour faire ses opérations avec plus de méthode , il s'eft fervi de balances hydrofta-tiques.

Il a reconnu en conféquence qu'il y a environ un quinzieme de différence entre les poids du bois du cœur & de l'aubier , & que , depuis le centre jufqu'à la derniere circonférence à l'aubier , le poids diminue de denfité en progreffion arithmétique.

Il a trouvé , par des épreuves femblables , que le bois du pied de l'arbre pefe plus que le bois du tronc au milieu de fa hauteur , que celui-ci pefe plus que celui du fommet , & cela en progreffion arithmétique , tant que l'arbre prend de l'accroiffement. Il ajoute qu'il arrive un temps où les bois de centre & celui de la circonférence pefent à peu près également , & que c'eft l'âge où le bois prend fa perfection ; qu'il y a encore un temps où le cœur n'eft plus la partie folide de l'arbre , & que l'aubier alors eft plus pefant & plus folide que dans les jeunes arbres ; d'où nous pouvons conclure en paffant , qu'il eft très-préjudiciable à l'Etat de trop employer de jeunes baliveaux , & que par con-féquent la refente eft d'une grande reffource pour éco-nomifer les bois.

Les expériences de M. de Buffon ont été faites fur des arbres de trente-trois à quarante-fix ans , fur d'au-tres d'une foixantaine d'années environ , & fur des arbres enfin de cent à cent dix ans.

Ce Physicien a reconnu aussi que, dans les différens climats, dans les différens terreins, & même dans un terrein pareil, il y a dans les arbres une variété prodigieuse ; qu'on peut trouver des arbres placés assez avantageusement pour prendre encore de l'accroissement en hauteur à l'âge de cent cinquante ans.

Que cette variété dépend de la profondeur, de la distance du terrein, & d'une infinité d'autres circonstances, qui concourent à prolonger ou à raccourcir le terme de l'accroissement des arbres.

Mais qu'en général il est toujours constant que le bois augmente de pesanteur jusqu'à un certain âge dans la progression arithmétique ; qu'après cet âge le bois des différentes parties de l'arbre devient à peu près d'égale pesanteur ; que c'est alors qu'il est dans sa perfection. Enfin que, dans son déclin, le centre de l'arbre venant à s'obstruer, le bois du cœur se seche, faute de nourriture suffisante, & qu'ainsi il devient plus léger que le bois de la circonférence extérieure. Nous avons déja traité tous ces objets en particulier, & nous croyons être entrés sur chacun d'eux dans des détails satisfaisans.

M. de Buffon, soupçonnant que la force du bois pourroit bien être aussi proportionnelle à sa pesanteur, a tenté là-dessus de nouvelles expériences. Il a fait tirer de plusieurs arbres, tous de même âge, & environ de soixante ans, nombre de barreaux, tous d'un pouce d'équarriſſage , les uns de trois pieds & de deux pieds , les autres de dix-huit pouces & douze pouces de longueur.

EXPÉRIENCE ſur quatre barreaux de trois pieds de long & d'un pouce d'équarriſſage , pris au centre.

Ils peſoient.

Le premier,	Le second,	Le troiſieme ,	Le quatrieme ;
26 onces $\frac{31}{32}$.	26 onces $\frac{13}{32}$.	26 onces $\frac{16}{32}$.	26 onces $\frac{15}{32}$.

Ils ont rompu ſous la charge ſuivante.

Le premier,	Le second,	Le troiſieme ,	Le quatrieme ;
Sous 301 liv.	Sous 189 liv.	Sous 272 liv.	Sous 272 liv.

EXPÉRIENCE ſur quatre barreaux de même longueur & équarriſſage , pris à la circonférence.

Ils peſoient.

Le premier,	Le second,	Le troiſieme ,	Le quatrieme ;
25 onces $\frac{26}{32}$.	25 onces $\frac{20}{32}$.	25 onces $\frac{14}{32}$.	25 onces $\frac{11}{32}$.

Ils ont rompu ſous la charge ſuivante.

Le premier,	Le second,	Le troiſieme ,	Le quatrieme ,
Sous 262 liv.	Sous 258 liv.	Sous 255 liv.	Sous 253 liv.

EXPÉRIENCE ſur quatre barreaux de même longueur & équarriſſage , pris dans l'aubier.

Ils peſoient.

Le premier,	Le second,	Le troiſieme ,	Le quatrieme ;
65 onces $\frac{5}{32}$.	24 onces $\frac{11}{32}$.	24 onces $\frac{12}{32}$.	24 onces $\frac{14}{32}$.

Ils ont rompu ſous la charge ſuivante.

Le premier,	Le second,	Le troiſieme ,	Le quatrieme ;
Sous 248 liv.	Sous 242 liv.	Sous 241 liv.	Sous 250 liv.

EXPÉRIENCE sur quatre barreaux de deux pieds de long, & d'un pouce d'équarriffage, pris au centre.

Ils pefoient.

Le premier,	Le fecond,	Le troifieme,	Le quatrieme,
17 onces $\frac{3}{32}$.	16 onces $\frac{11}{32}$.	16 onces $\frac{24}{32}$.	16 onces $\frac{21}{32}$.

Ils ont rompu fous la charge fuivante.

Le premier,	Le fecond,	Le troifieme,	Le quatrieme,
Sous 439 liv.	Sous 428 liv.	Sous 415 liv.	Sous 405 liv.

EXPÉRIENCE sur quatre barreaux de même longueur & équarriffage, pris à la circonférence.

Ils pefoient.

Le premier,	Le fecond,	Le troifieme,	Le quatrieme,
15 onces $\frac{18}{32}$.	15 onces $\frac{14}{32}$.	15 onces $\frac{17}{32}$.	15 onces $\frac{16}{32}$.

Ils ont rompu fous la charge fuivante.

Le premier,	Le fecond,	Le troifieme,	Le quatrieme,
Sous 356 liv.	Sous 350 liv.	Sous 346 liv.	Sous 346 liv.

EXPÉRIENCE sur quatre barreaux de même longueur & équarriffage, pris dans l'aubier.

Ils pefoient.

Le premier,	Le fecond,	Le troifieme,	Le quatrieme,
14 onces $\frac{17}{32}$.	14 onces $\frac{28}{32}$.	14 onces $\frac{24}{32}$.	14 onces $\frac{32}{32}$.

Ils ont rompu fous la charge fuivante.

Le premier,	Le fecond,	Le troifieme,	Le quatrieme,
Sous 340 liv.	Sous 334 liv.	Sous 325 liv.	Sous 316 liv.

EXPÉRIENCE

EXPÉRIENCE sur quatre barreaux de dix-huit pouces de long & d'un pouce d'équarriffage, pris au centre.

Ils pesoient.

Le premier,	Le second,	Le troisieme,	Le quatrieme,
13 onces $\frac{10}{32}$.	13 onces $\frac{6}{32}$.	13 onces $\frac{4}{32}$.	13 onces.

Ils ont rompu sous la charge suivante.

Le premier,	Le second,	Le troisieme,	Le quatrieme,
Sous 488 liv.	Sous 486 liv.	Sous 478 liv.	Sous 477 liv.

EXPÉRIENCE sur quatre barreaux de même longueur & équarriffage, pris à la circonférence.

Ils pesoient.

Le premier,	Le second,	Le troisieme,	Le quatrieme,
12 onces $\frac{16}{32}$.	12 onces $\frac{11}{32}$.	12 onces $\frac{8}{32}$.	12 onces $\frac{4}{32}$.

Ils ont rompu sous la charge suivante.

Le premier,	Le second,	Le troisieme,	Le quatrieme,
Seus 460 liv.	Sous 451 liv.	Sous 443 liv.	Sous 441 liv.

EXPÉRIENCE sur quatre barreaux de même longueur & équarriffage, pris dans l'aubier.

Ils pesoient.

Le premier,	Le second,	Le troisieme,	Le quatrieme,
11 onces $\frac{27}{32}$.	11 onces $\frac{21}{32}$.	11 onces $\frac{18}{32}$.	11 onces $\frac{16}{32}$.

Ils ont rompu sous la charge suivante.

Le premier,	Le second,	Le troisieme,	Le quatrieme,
Sous 439 liv.	Sous 438 liv.	Sous 428 liv.	Sous 428 liv.

E X P É R I E N C E *sur quatre barreaux d'un pied & d'un pouce d'équarriffage, pris au centre.*

Ils pefoient.

Le premier,	Le fecond,	Le troifieme,	Le quatrieme,
8 onces $\frac{19}{12}$.	8 onces $\frac{18}{12}$.	8 onces $\frac{16}{12}$.	8 onces $\frac{15}{12}$.

Ils ont rompu fous la charge fuivante.

Le premier,	Le fecond,	Le troifieme,	Le quatrieme,
Sous 764 liv.	Sous 761 liv.	Sous 750 liv.	Sous 751 liv.

E X P É R I E N C E *sur quatre barreaux de même longueur & équarriffage, pris à la circonférence.*

Ils pefoient.

Le premier,	Le fecond,	Le troifieme,	Le quatrieme,
8 onces $\frac{1}{12}$.	7 onces $\frac{22}{12}$.	7 onces $\frac{20}{12}$.	7 onces $\frac{20}{12}$.

Ils ont rompu fous la charge fuivante.

Le premier,	Le fecond,	Le troifieme,	Le quatrieme,
Sous 721 liv.	Sous 700 liv.	Sous 693 liv.	Sous 698 liv.

E X P É R I E N C E *sur quatre barreaux de même longueur & équarriffage, pris dans l'aubier.*

Ils pefoient.

Le premier,	Le fecond,	Le troifieme,	Le quatrieme,
7 onces $\frac{10}{12}$.	7 onces $\frac{3}{12}$.	7 onces.	6 onces $\frac{28}{12}$.

Ils ont rompu fous la charge fuivante.

Le premier,	Le fecond,	Le troifieme,	Le quatrieme,
Sous 668 liv.	Sous 652 liv.	Sous 651 liv.	Sous 643 liv.

Ces expériences prouvent que, quoique la force du bois n'y suive pas bien exactement la même proportion que sa pesanteur, cependant cette pesanteur diminue du centre à la circonférence.

D'où il résulte que les barreaux tirés du centre de l'arbre, sont autrement composés que ceux de la circonférence, & que ceux tirés de l'aubier. En effet on remarque plusieurs différences entre la forme & la situation des couches ligneuses dans les uns & dans les autres : les barreaux tirés du centre contiennent dans le milieu un cône ligneux de bois rond, qui n'est tranché qu'aux arrêtes ; ceux de la circonférence forment des plans circulaires presque paralleles entr'eux, avec une courbure assez sensible ; & ceux de l'aubier peuvent être regardés comme plus absolument paralleles avec une courbure insensible.

De plus, le nombre des couches ligneuses varie considérablement dans les différens barreaux, de sorte qu'il y en a qui n'ont que sept couches ligneuses, tandis que d'autres en ont quatorze dans la même épaisseur d'un pouce. Enfin la position de ces couches, & le sens où elles se trouvent lors de la rupture du barreau, font encore varier leur résistance.

M. de Buffon voulut en conséquence chercher les moyens de connoître au juste la proportion de cette variation.

Il fit tirer d'un pied d'arbre, à la circonférenc du centre, deux barreaux de trois pieds de longueur sur un pouce & demi d'équarriſſage. Il obſerva que chacun de ces barreaux contenoit quatorze couches ligneuſes preſque paralleles entr'elles. Le premier peſoit 3 livres 2 onces $\frac{1}{8}$; le ſecond, 3 livres 2 onces $\frac{1}{2}$. Il poſa horiſontalement les couches ligneuſes dans le premier, & il rompit ſous la charge de 832 livres; il poſa verticalement les couches ligneuſes du ſecond, & il rompit ſous celle de 972 livres.

Il fit encore préparer d'autres barreaux d'un pouce d'équarriſſage ſur un pied de longueur : il en prit deux qui contenoient chacun douze couches ligneuſes Le premier peſoit 7 onces $\frac{10}{15}$, & il rompit ſous 784, ſes couches poſées horiſontalement. Le ſecond peſoit 8 onces, & ne rompit que ſous la charge de 860, ſes couches poſées verticalement.

De deux autres barreaux, contenant chacun huit couches ligneuſes; le premier, peſant 7 onces $\frac{1}{2}$, rompit ſous 778 ſes couches poſées horiſontalement; & l'autre, dont les couches ligneuſes étoient poſées verticalement, rompit ſous 828 livres.

Il prépara encore deux autres barreaux de deux pieds de longueur ſur un pouce & demi d'équarriſſage, contenant chacun douze couches ligneuſes. Le premier, peſant 2 livres 7 onces $\frac{1}{2}$, rompit ſous 1217, ses couches posées horisontalement ; & le second , pesant 2 livres 7 onces $\frac{1}{2}$, rompit sous 1294 , ses couches posées verticalement.

Toutes ces expériences concourent à prouver qu'un barreau ou une solive résiste bien davantage lorsque les couches ligneuses sont dans une position verticale , que lorsqu'elles sont dans une position horisontale. Elles prouvent aussi que plus il y a de courbes ligneuses dans les barreaux qu'on compare , plus la différence de la force de ces barreaux est grande dans chacune des deux positions.

Cependant , regardant comme incomplette ces premieres connoissances , l'Observateur chercha à en acquérir de plus précises : il voulut s'assurer encore si , de deux morceaux de même longueur & figure , mais dont le premier seroit double du second pour la grosseur , celui-là auroit une résistance double.

A cet effet , il choisit plusieurs morceaux de bois pris dans les mêmes arbres , ayant même nombre d'années , à la même distance du centre , & situées de la même maniere. En un mot , il tâcha de n'oublier aucune des circonstances nécessaires pour établir une juste comparaison.

Quatre de ces morceaux , de vingt-quatre lignes d'équarrissage sur dix-huit pouces de longueur , pris dans du bois parfait , rompirent sous 3226 livres , 3062 ,

2983 & 2890, c'est-à-dire sous la charge moyenne de 3040 livres.

Quatre autres morceaux, de dix-sept lignes d'équarrissage, sur même longueur que les précédens, ce qui fait, à très-peu de chose près, la moitié du cube des quatre morceaux ci-dessus, rompirent sous 1304 livres, 1274, 1231, 1198 livres, c'est-à-dire sous la charge moyenne de 1252 livres.

Quatre autres morceaux de douze lignes d'équarrissage, & de même longueur que les quatre premiers morceaux, ce qui fait le $\frac{1}{4}$ juste du cube de ceux-ci, rompirent sous 526 livres, 517, 500 & 496, c'est-à-dire sous la charge moyenne d'environ 510 livres.

Il suivroit de ces expériences, que les forces des pieces ne sont pas exactement proportionnelles à leurs grosseurs ; elles sont entr'elles comme 1, 2, 4. Les charges ont été 510, 1252, 3040, & elles auroient dû être 510, 1020, 2040.

Après avoir fait ainsi ses expériences sur les grosseurs, l'illustre Académicien en fit sur les longueurs : il voulut s'assurer aussi si la résistance des pieces diminuoit dans la même raison que la longueur augmentoit. Il prit donc plusieurs barreaux d'un pied, d'un pied & demi, de deux pieds & de trois pieds de longueur. Ceux d'un pied cafferent, en terme moyen, sous 765 livres ; ceux d'un pied & demi sous 500 livres ; ceux de deux pieds fous 369 livres, & ceux de trois pieds fous 230 livres.

Il voulut connoître encore quelle étoit la force du bois, en fuppofant la piece inégale dans fes dimenfions : par exemple, d'un pouce & d'un pouce & demi d'équarriffage, & en la plaçant fur l'une & l'autre de fes dimenfions ; il trouva que quatre barreaux de dix-huit pouces de longueur fur un pouce & demi d'équarriffage, pris dans l'aubier, pofés à plat, ont rompus, en terme moyen, fous 723, & que quatre autres barreaux pareils en tout, & de même bois, pofés de champ, cafferent, en terme moyen, fous 935 livres ½.

Quatre autres de bois parfait, de même dimenfion, pofés à plat, cafferent, en terme moyen, fous 998 livres.

Il eut l'attention, dans toutes ces expériences, de choifir des morceaux de bois de même pefanteur, contenant le même nombre de couches ligneufes, & de pofer les couches du même fens.

Malgré toutes ces précautions & tous ces foins, il s'apperçut qu'il y avoit quelquefois des variations & des irrégularités qui l'auroient pu déranger dans les conféquences qu'il vouloit tirer de fes expériences ; que, n'ayant opéré que fur des morceaux de bois d'un pouce, un pouce & demi & deux pouces d'équarriffage, il falloit une exactitude très-fcrupuleufe dans le choix du bois , une égalité presque parfaite dans sa pesanteur , & un même nombre de couches ligneuses dans chacun ; qu'en outre il y avoit un inconvénient presque inévitable , savoir l'obliquité dans la direction des fibres ; qu'en conséquence ces morceaux de bois étoient tranchés tantôt d'une couche , tantôt d'une demi-couche.

Quoiqu'il eût plus de mille expériences de cette nature , inscrites sur un registre suivant l'ordre qu'elles avoient été faites , il ne se crut pas suffisamment satisfait , pour toutes les considérations ci-dessus énoncées , & il se détermina à entreprendre des expériences en grand , malgré les difficultés que présentoit cette entreprise , comme nous le verrons par la suite. Voici ces expériences dans l'ordre où elles sont rapportées.

PREMIERE EXPÉRIENCE.

Deux pieces de sept pieds de longueur chacune , sur deux pouces d'équarrissage , sont prises dans un chêne de trois pieds de circonférence & de vingt-cinq pieds de hauteur , droit , & sans branches jusqu'à la hauteur de quinze à seize pieds. La partie du pied de l'arbre pesoit 60 livres , & la partie supérieure du tronc pesoit 56 livres.

On emploie 29 minutes à charger la premiere , provenant du pied de l'arbre : elle ploie dans son milieu de trois pouces & demi avant que d'éclater. Du moment qu'elle éclate on cesse de la charger : elle continue d'éclater avec grand bruit pendant vingt - deux minutes ; enfin elle baisse dans son milieu de quatre pouces & demi, & rompt sous la charge de 5350 livres.

La seconde piece de bois, provenant de la partie supérieure du tronc, est chargée en vingt - deux minutes, elle ploie de quatre pouces huit lignes avant que d'éclater : on cesse alors de la charger. Elle continue d'éclater pendant huit minutes, baisse dans son milieu de six pouces six lignes, & rompt sous la charge de 5275 livres.

II. EXPÉRIENCE.

On choisit un arbre dans le même terrein que le précédent, un peu moins gros, un peu plus élevé, la tige droite, avec plusieurs petites branches de la grosseur d'un doigt dans la partie supérieure, & se divisant, à la hauteur de sept pieds, en deux grosses branches. On en fait tirer deux solives de huit pieds de longueur sur quatre pouces d'équarrissage. La premiere solive, provenant du pied de l'arbre, pesoit 68 livres ; la seconde, tirée de la partie supérieure de la tige, pesoit 63 livres.

La premiere solive est chargée en quinze minutes, ploie dans son milieu de trois pouces neuf lignes avant que d'éclater : on cesse de la charger : elle continue d'éclater pendant six minutes. Elle baisse dans son milieu de huit pouces , & rompt enfin avec un grand bruit sous le poids de 4600 livres.

La deuxieme solive est chargée en treize minutes : elle ploie de quatre pouces huit lignes avant que d'éclater. Après un premier éclat, qui se fait à trois pieds deux pouces de son milieu ; elle baisse de onze pouces en six minutes & rompt enfin sous le poids de 4500 livres.

III. EXPÉRIENCE.

On abat un chêne voisin des deux autres : on en fait scier la tige par le milieu ; on en tire deux solives de neuf pieds chacune sur quatre pouces d'équarrissage : celle du pied pese 77 livres ; celle du sommet 71 livres.

La premiere est chargée en quatorze minutes : elle ploie de quatre pouces dix lignes avant que d'éclater ; ensuite elle baisse de sept pouces & demi , & rompt sous la charge de 4100 livres.

La seconde solive est chargée en douze minutes : elle ploie de cinq pouces & demi , éclate , baisse jusqu'à neuf pouces , & rompt net sous la charge de 3950 livres.

Il résulte de ces expériences , que le bois du pied de l'arbre est plus pesant que celui de la tige , & que le bois du pied est plus fort & moins flexible que celui du sommet.

I V. E X P É R I E N C E.

On prend dans le même canton deux chênes de même espece, de même grosseur, & à peu près semblables en tout. Leur tige a trois pieds de tour, & n'a guere que onze à douze pieds de hauteur jusqu'aux premieres branches. On tire de chacun une solive de dix pieds de longueur sur quatre pouces d'équarrissage; l'une de ces solives pese 84 livres, & l'autre 82 livres.

La premiere rompt sous la charge de 3625 livres, & l'autre sous celle de 3600 livres.

On observera qu'elles ont été chargées en un temps égal; qu'elles ont éclaté toutes deux au bout de quinze minutes; que la plus légere a ployé un peu plus que l'autre, c'est-à-dire de six pouces & demi, & l'autre seulement de cinq pouces dix lignes.

V. E X P É R I E N C E.

On a fait abattre dans le même endroit deux chênes de deux pieds dix pouces à deux pieds onze pouces de grosseur, & d'environ quinze pieds de tige. On en a tiré deux solives de douze pieds de longueur & de quatre pouces d'équarrissage : la premiere pesoit 100 livres, & la seconde 98. La plus pesante a rompu sous la charge de 3050 livres, & l'autre sous celle de 2925 livres : elles ont ployé dans leur milieu; la premiere jusqu'à sept pouces, & la seconde jusqu'à huit pouces.

Ces expériences n'ont été faites que sur des solives de quatre pouces d'équarrissage, & l'on n'a pas cru devoir aller au-delà, parce qu'il est assez rare, dans l'usage ordinaire, d'employer des solives de douze pieds sur quatre pouces d'équarrissage.

Résultat des Expériences précédentes.

Après avoir comparé les différentes pesanteurs des solives de ces cinq expériences, M. de Buffon observe que, dans la premiere, le pied cube de bois pesoit 74 livres $\frac{4}{7}$; dans la seconde, 73 livres $\frac{6}{8}$; dans la troisieme, 74 livres ; dans la quatrieme, 74 livres $\frac{7}{10}$. & dans la cinquieme, 74 livres $\frac{1}{4}$, ce qui donne, en terme moyen, 74 livres $\frac{3}{10}$.

Il compare ensuite les différentes charges de ces pieces relativement à leur longueur, & il observe que les pieces de sept pieds de longueur supportent 5313 livres ; celles de huit pieds, 4550 ; celles de neuf pieds, 4025, & enfin celles de douze pieds, 2987 livres.

Il en conclut, que la force du bois décroît plus qu'en raison inverse de sa longueur. En effet, suivant les regles ordinaires de la méchanique, les solives de sept pieds ayant supporté 5313 livres, celles de huit

pieds auroient dû supporter 4649 ; celles de neuf
pieds, 4121 ; celles de dix pieds, 3719, & celles de
douze pieds, 3099.

Ce fut ce qui le détermina, pour acquérir une certitude entiere sur un fait aussi important, de faire
d'autres expériences sur des solives de cinq pouces
d'équarrissage, depuis sept pieds jusqu'à vingt-huit.

VI. EXPÉRIENCE.

On prend deux arbres, dont la tige a vingt-huit
pieds de longueur, sans grosses branches, & tout au
plus quarante à cinquante pieds en totalité. Ces chênes
ont près de cinq pieds de circonférence. On tire de
chacun une solive de vingt-huit pieds de longueur sur
cinq pouces d'équarrissage : la premiere pese 364 livres ; la deuxieme, 360.

La plus pesante, au bout de cinq minutes sous la
charge de 500 livres, ploie de trois pouces dans son
milieu : au bout de cinq autres minutes, sous la charge
de 1000 livres, elle ploie de sept pouces : elle ploie
de quatorze pouces au bout de cinq autres minutes,
sous la charge de 1500 livres ; enfin, deux à trois minutes après, sous la charge de 1800 livres, elle commence à éclater violemment ; elle continue à éclater
pendant quatorze minutes, baisse de quinze pouces &
rompt net dans son milieu, sous la même charge de
1800 livres.

La deuxieme folive & la plus légere , chargée pareillement de 500 livres , ploie de cinq pouces en cinq
minutes : dans les cinq minutes fuivantes , & fous la
charge de 1000 livres , elle ploie de onze pouces &
demi : au bout de cinq autres minutes , & fous la
charge de 1500 livres , elle ploie de dix-huit pouces,
& deux minutes après , fous la charge de 1750 livres,
elle éclate & ploie de vingt-deux pouces. On ceffe de
la charger : elle continue d'éclater pendant fix minutes ,
baiffe jufqu'à vingt-huit pouces , & rompt enfin fous
la charge de 1750 livres.

Obfervons que la plus pefante de ces deux pieces
avoit rompu net dans le milieu , & que le bois n'étoit
ni éclaté , ni fendu dans les parties voifines de la
rupture.

VII. EXPÉRIENCE.

D'après la remarque précédente , M. de Buffon
penfa que les deux morceaux de cette piece rompue
pourroient lui fervir à faire des expériences dans la
longueur de quatorze pieds. Il prévoyoit bien que la
partie fupérieure de cette piece peferoit moins , &
qu'elle romproit plus aifément que celle qui provenoit de la partie inférieure du tronc ; & il comptoit
qu'en prenant le terme moyen entre la réfiftance de
ces deux folives, il auroit un réfultat qui ne s'éloigne-
roit pas de la réfiftance réelle d'une piece de quatorze

pieds, prise dans un arbre de cette hauteur ou environ.

Il fit donc scier le reste des fibres qui unissoient encore les deux parties. Celle qui prenoit du pied de l'arbre se trouva peser 185 liv. & celle du sommet 178 liv. $\frac{1}{2}$.

La premiere fut chargée de 1000 liv. dans les cinq premieres minutes : elle ne ploya pas sensiblement sous la charge. On l'augmenta d'un second millier de livres dans les cinq minutes suivantes : alors le poids de deux milliers la fit ployer d'un pouce dans son milieu. Un troisieme la fit ployer de deux pouces en cinq autres minutes. Un quatrieme millier, de trois pouces & demi, & un cinquieme jusqu'à cinq pouces & demi : on continua de la charger. On ajouta 250 liv. aux cinq milliers dont elle étoit déja chargée. Il se fit un éclat aux arrêtes inférieures. On discontinua la charge : les éclats continuerent ; la piece baissa dans son milieu jusqu'à dix pouces, & enfin rompit entierement sous cette charge de 5250 liv. qu'elle avoit supportée pendant quarante & une minute.

On chargea la deuxieme solive, comme on avoit chargé la premiere, c'est-à-dire, d'un millier par cinq minutes. Le premier millier la fit ployer de trois lignes, le second d'un pouce quatre lignes, le troisieme de trois pouces, le quatrieme de cinq pouces neuf lignes. On commença à la charger du cinquieme millier. La piece éclata tout-à-coup sous la charge de 4650 livres; après avoir ployé de huit pouces. On discontinua alors de la charger : elle continua d'éclater pendant une demie heure, baissa jusqu'à treize pouces; & rompit entierement sous cette charge de 4650 liv.

Cette différence de charge parut trop grande à notre Auteur, pour pouvoir statuer sur cette expérience. Il jugea à propos de réitérer, & de se servir à cet effet de la seconde piece de vingt-huit pieds de la sixieme expérience.

Il observa qu'elle avoit rompu en éclatant à deux pieds du milieu, du côté de la partie supérieure de la tige; que la partie inférieure ne paroissoit pas avoir beaucoup souffert de la rupture; que cette partie étoit seulement fendue de quatre à cinq pieds de longueur; que la fente n'avoit pas un quart de la ligne d'ouverture; qu'elle pénétroit jusqu'à la moitié ou environ de l'épaisseur de la piece. Il résolut, malgré ce petit défaut, de la mettre à l'épreuve. Il la pesa, & trouva que son poids étoit de 183 liv.

Il la fit charger comme les précédentes. Le premier millier la fit ployer de près d'un pouce; le deuxieme de deux pouces dix lignes, le troisieme de cinq pouces trois lignes. Un poids de deux cents cinquante ajouté aux trois milliers, la fit éclater avec grande force; L'éclat alla rejoindre la fente occasionnée par la premiere rupture. La piece baissa de quinze pouces; & rompit

rompit entierement fous cette charge de 3150 liv.

Il conclud de cette expérience qu'il faut fe défier beaucoup des pieces qui auroient été rompues ou chargées auparavant. En effet il fe trouve ici une différence dans la charge de près de deux milliers fur cinq; & cette différence ne peut être attribuée qu'à la fente de la premiere rupture qui avoit déja affoibli la piece.

Notre Savant ne fe trouve pas toutefois plus fatiffait de cette troifieme épreuve que des deux précédentes. Auffi prend-il le parti de chercher toujours dans le même terrein deux arbres dont la tige puiffe lui fournir deux folives de quatorze pieds de longueur, fur cinq pouces d'équarriffage.

La premiere ne ploya pas fous le premier millier; elle ploya d'un pouce fous le fecond, de deux pouces & demi fous le troifieme, de quatre pouces & demi fous le quatrieme, de fept pouces un quart fous le cinquieme. Alors on la chargea de 400 liv.; elle fit un éclat violent, continua d'éclater pendant vingt-une minutes, baiffa jufqu'à treize pouces, & rompit enfin fous la charge de 5400 liv.

La deuxieme folive ploya un peu fous le premier millier: elle ploya d'un pouce trois lignes fous le fecond, de trois pouces fous le troifieme, de cinq pouces fous le quatrieme, de près de huit pouces fous le cinquieme. Deux cents livres de charge de plus la firent éclater: elle continua de faire du bruit, de baisser pendant dix-huit minutes , & rompit au bout de ce temps sous la charge de 5200 liv.

Ces deux dernieres épreuves le convainquirent parfaitement que les pieces de quatorze pieds de longueur sur cinq pouces d'équarriffage , peuvent supporter au moins cinq milliers , tandis que , par la loi du levier , elles n'auroient dû porter que le double des pieces de vingt-huit pieds, c'est-à-dire , 3600 livres, au plus.

VIII. EXPÉRIENCE.

On fit choix de deux arbres dont la tige avoit environ seize à dix-sept pieds de hauteur sans branches ; & on les fit scier en deux parties égales, qui donnerent chacune deux solives de sept pieds de longueur, sur cinq pouces d'équarriffage. Des quatre on fut obligé d'en rebuter une pour raison de vices essentiels. Les trois autres étoient saines, & n'avoient d'autres différences entr'elles , que d'être tirées de la tige ou du sommet de l'arbre , comme il est aisé d'en juger par les différences des poids. La piece qui provenoit du pied , pesoit 94 liv. ; & des deux autres tirées du sommet, l'une pesoit 90 liv. , & l'autre 88 liv. $\frac{1}{2}$.

On employa près d'une heure à charger la premiere. On commença par lui faire supporter un poids de deux milliers , dans les cinq premieres minutes. Ensuite on se servit d'un gros équipage , qui pesoit à lui seul 2500 liv. Au bout de quinze minutes, elle se trouva chargée de sept milliers. Cependant elle n'avoit ployé jusques-là que de cinq lignes. La difficulté de la charge augmentoit : dans les cinq minutes suivantes, on ne put la charger que de 1500 liv. de plus, ce qui la fit ployer de neuf lignes. En cinq autres minutes, elle fut chargée d'un nouveau millier : elle ploya d'un pouce trois lignes. Une nouvelle charge de mille livres dans les cinq minutes suivantes la fit ployer d'un pouce onze lignes ; un autre millier ajouté, de deux pouces six lignes : on continua la charge, alors elle éclata tout-à-coup, & très-violemment sous celle de 11775 liv. La piece continua d'éclater avec grande violence pendant dix minutes, baissa jusqu'à trois pouces trois lignes, & rompit net dans le milieu.

La deuxieme solive pesant 90 liv., fut chargée comme la premiere. Elle ploya plus aisément, & rompit au bout de trente-cinq minutes, sous la charge de 10950 liv. On remarqua qu'il y avoit un petit nœud à la face inférieure, qui sûrement avoit contribué à la faire rompre.

La troisieme piece, pesant 88 liv. $\frac{1}{2}$, ayant été chargée en cinquante-trois minutes, rompit sous la charge de 11275 liv. Il fut observé qu'elle avoit encore plus ployé que les autres.

Il résulte de ces trois expériences, que la force d'une piece de bois de sept pieds de longueur, qui ne devroit être que quadruple d'une piece de bois de vingt-huit pieds de long, seroit néanmoins à peu près sextuple.

IX. EXPÉRIENCE.

Pour s'assurer de cette augmentation de force en détail, & dans toutes les longueurs des pieces de bois, on fait abattre de nouveau deux chênes fort clairs, portant tige de vingt-cinq pieds sans aucune grosse branche. On en fait tirer deux solives de vingt-quatre pieds sur cinq pouces d'équarrissage.

La premiere se trouve peser 310 liv. La seconde 307 liv. : on les fait charger de 500 liv. par cinq minutes.

La premiere ploie de deux pouces sous une charge de 500 liv.; de quatre pouces & demi sous celle de 1000 liv.; de sept pouces & demi sous celle de 1500 l.; de près de onze pouces sous celle de 2000 liv. : elle éclate sous 2200 liv., & rompt sous cette charge, au bout de cinq minutes, après avoir baissé de quinze pouces. La seconde ploie de trois pouces, six pouces, neuf pouces & demi & treize pouces, sous les charges successives & accumulées de 500 liv. 1000 l. 1500 l. 2000 l., & rompt sous 2125 liv., après avoir baissé jusqu'à seize pouces.

✳

X. EXPÉRIENCE.

Dans cette expérience il s'agit de comparer la force des pieces de vingt-quatre pieds de longueur de l'expérience précédente, avec deux autres pieces de douze pieds de long. On prépare deux arbres de vingt-deux pieds de tige ; on en tire deux solives de douze pieds de longueur, sur cinq pouces d'équarrissage.

Il se trouve que l'une de ces solives pese 156 liv., & l'autre 138 liv. Cette différence frappe & étonne. On pense d'abord que l'une de ces deux pieces est trop forte, & l'autre trop foible d'équarrissage. En conséquence on les mesure bien exactement dans toute leur longueur, d'abord avec un troufquin de Menuisier, ensuite avec un compas courbe : on les reconnoît parfaitement égales, saines & sans défauts.

On veut approfondir ce phénomene, & chercher les raisons pour lesquelles dans un même terrein il se trouve des arbres si différens en pesanteur. On visite les endroits où ils ont été abattus : on en sonde le terrein : on est étonné de ne pas trouver la terre d'une qualité différente : nouvelle épreuve, semblable résultat. Enfin à force de recherches & d'examens, on reconnut qu'il y avoit un peu d'humidité au pied de l'arbre, qui avoit fourni la solive légere. On remarqua en outre qu'il y avoit une pente dans le terrein au-dessus de cet arbre, & que cette pente pouvoit occasionner l'eau d'y séjourner ; ce qui fit attribuer la foiblesse de cet arbre au terrein humide où il étoit crû.

Cette découverte une fois constatée, on fit charger les deux pieces de la même façon que les autres, c'est-à-dire, d'un millier par cinq minutes. La plus pesante ploya de trois lignes, neuf lignes, un pouce & demi, deux pouces trois quarts, quatre pouces & cinq pouces dans les cinq, dix, quinze, vingt, vingt-cinq & trente minutes employées à la charge. Elle éclata sous le poids de 6050 liv., baissa de treize pouces, & rompit ensuite. L'autre moins pesante ploya de trois lignes, un pouce, deux pouces, trois pouces & demi, cinq pouces un quart dans les dix, quinze, vingt, vingt-cinq minutes employées à la charger. Au bout de vingt-cinq minutes, elle éclata sous la charge de 5225 liv., & rompit entierement sous cette charge au bout de sept à huit autres minutes.

On voit ici que la piece la plus légere étoit très-foible ; & que la différence étoit à-peu-près aussi grande dans les charges que dans les poids. Cette expérience laissoit encore des doutes : pour les lever parfaitement, on fit aussitôt préparer un autre arbre, d'où l'on tira une solive de douze pieds de longueur sur cinq pouces d'équarrissage. Elle se trouva peser 154 l. & éclata, après avoir ployé de cinq pouces neuf lignes, sous la charge de 6100 liv.

Ces expériences prouvent que les pieces de douze

pieds de long & de cinq pouces d'équarriffage pouvant fupporter 6100 liv., ce poids eft beaucoup plus fort que le double de 2200 liv., qu'elles auroient dû porter par la loi du levier. En effet, dans la neuvieme Expérience, les pieces de vingt-quatre pieds de longueur & de cinq pouces d'équarriffage ont porté 2200 l.

XI. EXPÉRIENCE.

Elle a été faite à deffein de prouver que la différence des terreins produit des bois qui font quelquefois de pefanteur & de force encore plus inégales que dans la précédente expérience.

Dans le même terrein où l'on avoit pris les arbres des expériences précédentes, on choifit un arbre à-peuprès de la groffeur de ceux de la derniere expérience. On chercha en même temps un autre arbre à-peu-près femblable dans un terrein différent. Le terrein du premier arbre étoit une terre forte, mêlée de glaife; & le terrein du fecond n'étoit qu'un fable, prefque fans aucun mélange de terre.

On fit tirer de chacun de ces arbres une folive de vingt-deux pieds de longueur fur cinq pouces d'équarriffage. La folive qui venoit du terrein fort, pefoit 281 liv. : celle qui venoit du terrein fabloneux, ne pefoit que 232 liv. ce qui faifoit près d'un fixieme de différence.

La plus pefante de ces pieces ploya de onze pouces

trois lignes avant que d'éclater : elle baiſſa juſqu'à
dix-neuf pouces , avant que de rompre abſolument;
& ſupporta pendant dix-huit minutes une charge de
2975 liv. La plus légere de ces pieces ne ploya que
de cinq pouces avant que d'éclater ; & rompit au bout
de trois minutes ſous la charge de 2350 liv., ce qui
fait une différence de plus d'un cinquieme dans la
charge. M. de Buffon nous promet dans la ſuite quelques autres expériences à ce ſujet.

XII. EXPÉRIENCE.

De deux ſolives de vingt pieds de longueur ſur
cinq pouces d'équarriſſage , priſes dans le même terrein , la premiere peſant 263 liv., ſupporte pendant
dix minutes une charge de 3275 liv. ; & ne rompt
qu'après avoir ployé dans ſon milieu de ſeize pouces
deux lignes ; & la ſeconde peſant 259 liv., ſupporte
pendant huit minutes une charge de 3175 liv. , &
rompt après avoir ployé de vingt pouces & demi.

XIII. EXPÉRIENCE.

De trois ſolives de dix pieds de longueur, du même
équarriſſage de cinq pouces , la premiere peſant 132 l.
rompt ſous la charge de 7225 liv., au bout de vingt-
une minutes , après avoir baiſſé de ſept pouces &
demi. La ſeconde peſant 130 liv., rompt au bout de
vingt minutes ſous la charge de 7050 liv., après avoir

baiſſé de ſix pouces neuf lignes. La troiſieme peſant 128 liv. $\frac{1}{2}$, rompt au bout de dix-huit minutes ſous la charge de 7100 liv., après avoir baiſſé de dix-huit pouces dix lignes.

La comparaiſon de la préſente expérience avec la précédente, fait voir que les pieces de vingt pieds, ſur cinq pouces d'équarriſſage, peuvent porter une charge de 7125 liv., au lieu que, par les regles de Mécanique, elles n'auroient dû porter que 6450 liv.

XIV. EXPÉRIENCE.

De deux ſolives de dix-huit pieds de longueur, ſur cinq pouces d'équarriſſage, la premiere peſant 232 l., ſupporte pendant onze minutes une charge de 3750 l., & baiſſe de dix-ſept pouces. La ſeconde peſant 231 l., ſupporte une charge de 3650 liv. pendant dix minutes, & ne rompt qu'après avoir baiſſé de quinze pouces.

XV. EXPÉRIENCE.

De trois ſolives de neuf pieds de longueur, ſur cinq pouces d'équarriſſage, la premiere peſant 118 l., porte pendant cinquante-huit minutes une charge de 8400 liv., après avoir ployé dans ſon milieu de ſix pouces. La ſeconde peſant 116 liv., ſupporte pendant quarante-ſix minutes une charge de 8325 liv., après avoir ployé dans ſon milieu de cinq pouces quatre lignes. La troiſieme peſant 115 liv., ſupporte pendant

quarante minutes une charge de 8200 liv. , & ploye
dans son milieu de cinq pouces.

Par la comparaison de cette expérience avec la précédente , on voit que les pieces de dix-huit pieds de
longueur , sur cinq pouces d'équarrissage , portent
3700 liv. , & que celles de neuf pieds , de même
équarrissage , portent 8308 liv. $\frac{1}{7}$, au lieu qu'elles
n'auroient dû porter , selon les regles , que 7400 liv.

XVI. Expérience.

De deux solives de seize pieds de longueur , sur
les mêmes cinq pouces d'équarrissage, la premiere pesant 209 liv. , porte pendant dix-sept minutes une
charge de 4425 liv., & rompt après avoir baissé de
seize pouces. La seconde pesant 205 liv. , porte pendant quinze minutes une charge de 4275 liv., &
rompt après avoir baissé de douze pouces & demi.

XVII. Expérience.

De deux solives de huit pieds de longueur sur le
même équarrissage, la premiere pesant 104 liv., porte
pendant quarante minutes une charge de 9900 liv.,
& rompt après avoir baissé de cinq pouces. La seconde
pesant 102 liv., porte pendant trente-neuf minutes
une charge de 9675 liv., & rompt après avoir baissé
de quatre pouces sept lignes.

Ces deux dernieres expériences comparées, on voit

que la charge moyenne des pieces de seize pieds de
longueur, fur cinq pouces d'équatriffage eft 4350 l.,
& que celle des pieces de huit pieds & du même
équarriffage, eft de 9787 liv. $\frac{1}{2}$, au lieu que, par la
regle du levier, elle devroit être de 8700 liv.

XVIII. EXPÉRIENCE.

De deux folives de vingt-pieds de longueur, fur fix
pouces d'équarriffage, l'une pefant 577 liv., & l'autre
375 liv., la plus pefante rompt au bout de douze minutes, fous la charge de 5025 liv., après avoir ployé
de dix-fept pouces. La feconde, qui étoit la moins
pefante, rompt en onze minutes fous la charge de
4875 liv., après avoir ployé de quatorze pouces.

De deux folives de dix pieds de longueur fur le
même équarriffage de fix pouces, la premiere, qui
pefoit 188 liv., a fupporté pendant quarante-fix minutes une charge de 11475 liv., & n'a rompu qu'en
fe fendant jufqu'à une de fes extrémités, & en
ployant de huit pouces. La feconde qui pefoit 188 l.,
a fupporté pendant quarante-quatre minutes une
charge de 11025 liv., & a ployé de fix pouces avant
que de fe rompre.

XIX. EXPÉRIENCE.

De deux folives de dix-huit pieds de longueur, fur
fix pouces d'équarriffage, la premiere pefant 331 liv.,

supporte pendant quatorze minutes la charge de 5500 liv. , & rompt après avoir ployé de dix pouces. La seconde pesant 334 liv. , porte pendant seize minutes une charge de 5625 liv. ; elle avoit éclaté déjà , mais on ne pouvoit s'appercevoir de rupture dans les fibres : au bout de deux heures & demi elle étoit toujours au même point ; elle ne baissoit plus dans son milieu , où elle avoit ployé de deux pouces trois lignes.

On voulut voir si elle pourroit se redresser. On ôta peu à peu tous les poids ; & quand ils furent tous enlevés , elle ne demeura courbe que de deux pouces. Le lendemain elle s'étoit redressée , au point qu'il n'y avoit plus que cinq lignes de courbure dans son milieu. On la fit recharger tout de suite , & elle rompit au bout de quinze minutes , sous une charge de 5475 l. , tandis qu'elle avoit résisté le jour précédent à une charge plus forte de 250 liv.

Cette expérience , qui s'accorde avec la précédente , démontre qu'une piece , qui a supporté un grand fardeau pendant quelque temps , perd de sa force , & se rompt sans avertir & sans éclater.

La même expérience prouve aussi , que le bois a un ressort qui se rétablit jusqu'à un certain point : mais que si ce ressort est bandé , autant qu'il est possible , même sans rompre , il ne peut plus alors se rétablir parfaitement.

De deux solives de neuf pieds de longueur , sur le

même équarriſſage de ſix pouces , la premiere peſant 166 liv., ſupporte pendant cinquante-ſix minutes la charge de 13450 liv., & rompt après avoir ployé de cinq pouces. La ſeconde peſant 164 liv., ſupporte pendant cinquante-deux minutes la charge de 13425 liv., & rompt après avoir ployé de cinq pouces ſix lignes.

XX. EXPÉRIENCE.

De deux ſolives de onze pieds de longueur, ſur ſix pouces d'équarriſſage, la premiere peſant 294 liv., ſupporte pendant vingt-ſix minutes une charge de 6250 liv., & rompt après avoir ployé de huit pouces. La ſeconde peſant 293 liv., ſupporte pendant vingt-deux minutes une charge de 6475 liv., & rompt après avoir ployé de dix pouces.

De deux ſolives de huit pieds de longueur & du même équarriſſage de ſix pouces, la premiere peſant 194 liv., ſupporte pendant une heure vingt minutes, une charge de 15700 liv., & rompt après avoir baiſſé de trois pouces ſept lignes. La ſeconde peſant 146 l., porte pendant deux heures cinq minutes une charge de 15350 liv., & rompt après avoir ployé dans le milieu de quatre pouces deux lignes.

XXI. EXPÉRIENCE.

De deux ſolives de quatorze pieds de longueur, ſur ſix pouces d'équarriſſage , la premiere peſant 255 l., supporte pendant quarante-six minutes la charge de 7450 liv., & rompt après avoir baissé de dix pouces dans son milieu. La seconde pesant 254 liv., supporte pendant une heure quatorze minutes la charge de 7500 liv., & rompt après avoir ployé de once pouces quatre lignes.

De deux solives de sept pieds de longueur & de six pouces d'équarrissage, la premiere pesant 128 liv., supporte pendant deux heures dix minutes une charge de 19250 liv., & rompt après avoir ployé dans son milieu de deux pouces huit lignes. La seconde pesant 126 liv., supporte pendant une heure quarante-huit minutes une charge de 18650 liv., & rompt après avoir ployé de deux pouces.

XXII. EXPÉRIENCE.

De deux solives de douze pieds de longueur & du même équarrissage de six pouces, la premiere pesant 224 liv., a supporté pendant quarante-six minutes une charge de 9200 liv., & a rompu après avoir ployé de sept pouces. La seconde pesant 221 liv., a supporté pendant cinquante-trois minutes la charge de 9000 l. & a rompu après avoir ployé de cinq pouces dix lignes.

XXIII. EXPÉRIENCE.

De deux solives de vingt pieds de longueur, sur sept pouces d'équarrissage, la premiere pesant 505 l.,

supporte pendant vingt minutes une charge de 8000 l.,
& rompt après avoir baissé de douze pouces sept
lignes. La seconde pesant 500 liv., supporte pendant
vingt minutes une charge de 8000 liv., & rompt
après avoir baissé de douze pouces.

De deux solives de dix pieds de longueur, sur sept
pouces d'équarrissage, la premiere pesant 254 liv.,
supporte pendant deux heures six minutes une charge
de 19650 liv., baisse de deux pouces sept lignes avant
que d'éclater, & de treize pouces avant que de rompre absolument.

XXIV. E X P É R I E N C E.

De deux solives de dix-huit pieds de longueur, sur
sept pouces d'équarrissage, la premiere pesant 454 l.,
supporte pendant une heure huit minutes une charge
de 9450 liv., & ploye de cinq pouces six lignes avant
que de rompre. La seconde pesant 450 liv., supporte
pendant cinquante - quatre minutes une charge de
9400 liv., & ploye de cinq pouces dix lignes avant
que d'éclater, & de neuf pouces six lignes avant que
de rompre absolument.

De deux solives de neuf pieds de longueur, sur le
même équarrissage de sept pouces, la premiere pesant
227 liv., supporte pendant deux heures quarante-cinq
minutes une charge de 22800 liv., & ploye de trois

pouces une ligne avant que d'éclater, & de cinq pouces six lignes avant que de rompre abfolument. La
feconde pefant 225 liv., fupporte pendant deux heures dix-huit minutes une charge de 21900 liv., a
ployé de deux pouces onze lignes avant que d'éclater,
& de cinq pouces deux lignes avant que de rompre
abfolument.

XXV. EXPÉRIENCE.

De deux folives de feize pieds de longueur, fur fept
pouces d'équarriffage, la premiere pefant 406 liv.,
fupporte pendant quarante-fept minutes une charge
de 11100 liv., ploye de quatre pouces dix lignes
avant que d'éclater, & de dix pouces avant que de
rompre abfolument. La feconde pefant 403 liv., fupporte pendant cinquante-cinq minutes une charge de
10900 liv., ploye de cinq pouces trois lignes avant
que d'éclater, & de onze pouces cinq lignes avant que
de rompre abfolument.

De deux folives de huit pieds de longueur, fur le
même équarriffage de fept pouces, la premiere pefant
204 liv., fupporte pendant trois heures dix minutes
une charge de 26150 liv., ploye de deux pouces neuf
lignes avant que d'éclater, & de quatre pouces avant
que de rompre. La feconde pefant 201 liv. $\frac{1}{2}$, fupporte pendant trois heures quatre minutes une charge

de

de 25950 liv., & ploye de deux pouces six lignes, avant que d'éclater, & de trois pouces neuf lignes, avant que de rompre entierement.

XXVI. EXPÉRIENCE.

De deux solives de quatorze pieds de longueur, sur sept pouces d'équarrissage, la premiere pesant 351 liv., supporte pendant quarante-une minutes une charge de 13600 liv., ploye de quatre pouces deux lignes avant que d'éclater, & de sept pouces trois lignes avant que de rompre absolument. La deuxieme pesant 351 liv., supporte pendant cinquante-huit minutes une charge de 12850 liv., ploye de trois pouces neuf lignes, avant que d'éclater, & de huit pouces une ligne avant que de rompre.

XXVII. EXPÉRIENCE.

De deux solives de douze pieds de longueur, sur sept pouces d'équarrissage, la premiere pesant 302 l., supporte pendant une heure deux minutes la charge de 16800 liv., & ploye de deux pouces onze lignes, avant que d'éclater, & de sept pouces six lignes, avant que de rompre totalement. La seconde pesant 301 liv., supporte pendant cinquante-cinq minutes une charge de 15550 liv., ploye de trois pouces quatre lignes avant que d'éclater, & de sept pouces avant que de rompre entierement.

O

XXVIII. EXPÉRIENCE.

De deux solives de vingt pieds de longueur sur huit pouces d'équarrissage, la premiere pesant 664 liv., supporte pendant quarante-sept minutes une charge de 11775 liv. ploie de six pouces & demi avant que d'éclater, & de onze pouces avant que de rompre La seconde pesant 660 livres $\frac{1}{2}$, supporte pendant quarante-quatre minutes une charge de 11200 livres, ploye de six pouces avant que d'éclater, & de neuf pouces trois lignes avant que de se casser absolument.

De deux solives de dix pieds de longueur, sur huit pouces d'équarrissage, la premiere pesant 331 l., supporte pendant trois heures vingt minutes la charge énorme de 27800 l. ploye de trois pouces avant que d'é-clater, & de cinq pouces neuf lignes avant que de rompre absolument. La seconde pesant 330 l. supporte pendant quatre heures cinq à six minutes la charge de 27700 liv. ploye de deux pouces trois lignes avant que d'éclater, & de quatre pouces cinq lignes avant que de rompre.

On observa que ces deux pieces firent un bruit terrible en rompant, & que c'étoit comme autant de coups de pistolets à chaque éclat qu'elles faisoient. Pour être plus sûr de l'expérience sous un fardeau aussi considérable, & être certain de tous les alentours qui pouvoient contribuer à sa perfection, on mesura la hauteur de la boucle de fer avant & après la charge : elle ne s'étoit aucunement allongée, ayant douze pouces & demi de longueur comme auparavant, & les angles toujours également droits.

XXIX. EXPÉRIENCE.

De deux solives de dix-huit pieds de longueur sur huit pouces d'équarrissage, la premiere, pesant 594 livres, supporte pendant cinquante-quatre minutes la charge de 13600 livres, & ploye de quatre pouces & demi avant que d'éclater, & de dix pouces deux lignes avant que de rompre. La seconde, pesant 593 livres, supporte pendant quarante-huit minutes la charge de 12900 livres, & ploye de quatre pouces une ligne avant que d'éclater, & de sept pouces neuf lignes avant que de rompre absolument.

XXX. EXPÉRIENCE.

De deux solives de seize pieds de longueur sur huit pouces d'équarrissage, la premiere, pesant 528 livres, supporte pendant une heure huit minute la charge de 16800 livres, ploye de cinq pouces deux lignes avant que d'éclater, & de dix pouces avant que de rompre. La seconde, pesant 524 livres, supporte pendant quarante-huit minutes une charge de 15950 livres, ploye de trois pouces neuf lignes avant que d'éclater, & de

sept pouces trois lignes avant que de se casser totalement.

XXXI. EXPÉRIENCE.

De deux solives de quatre pieds de longueur sur
huit pouces déquarrissage. La premiere, pesant 461
livres, supporte pendant une heure vingt-six minutes
une charge de 20050 livres, ploie de trois pouces
dix lignes avant que d'éclater, & de huit pouces &
demi avant que de rompre absolument : la seconde,
pesant 439 livres, supporte pendant une heure &
demie la charge de 19500 livres, ploie de trois pouces deux lignes avant que d'éclater, & de huit pouces
avant que de rompre entiérement.

XXXII. EXPÉRIENCE.

De deux solives de douze pieds de longueur sur
huit pouces d'équarrissage. La premiere, pesant 397
livres, supporte pendant deux heures cinq minutes la
charge de 23900 livres, ploie de trois pouces justes
avant que d'éclater, & de six pouces trois lignes avant
que de rompre : la seconde, pesant 395 livres $\frac{1}{2}$, supporte pendant deux heures quarante-neuf minutes la
charge de 23000 livres, & ploie de deux pouces onze
lignes avant que d'éclater, & de six pouces huit lignes
avant que de rompre absolument.

Il est à présumer qu'une piece de sept pieds de lon-

gueur fur huit pouces d'équarriffage, auroit porté plus
de quarante-cinq milliers.

M. de Buffon ne s'eft pas contenté de chercher
ainfi quel fardeau peut faire rompre telle ou telle
piece, il a encore voulu connoître la diminution de
force caufée par les nœuds, & il a trouvé le moyen
ingénieux d'eftimer, à peu de chofe près, la diminution de force occafionnée par ces nœuds. Il remarque
qu'un nœud eft une efpece de cheville adhérente à
l'intérieur du bois, & qu'on peut, par le nombre des
cercles annuels qu'il contient, connoître à peu près la
profondeur à laquelle il pénetre.

En conféquence, il a fait percer des trous en forme
de cônes & de même profondeur dans des pieces fans
nœuds, dont il avoit éprouvé la force auparavant;
il a rempli ces trous avec des chevilles de même figure, & a fait rompre enfuite ces mêmes pieces.
C'eft ainfi qu'il eft parvenu à connoître combien les
nœuds ôtent de force au bois; ce qui eft beaucoup
au-delà de ce qu'on peut imaginer. Un nœud qui fe
trouve ou une cheville qu'on met à la face inférieure,
& fur-tout à une des arrêtes, diminue quelquefois
d'un quart la force de la piece.

Le vuide de la mortoife peut être affimilé à la
place occupée par le nœud dans le corps d'une piece;
& l'on peut inférer de-là, & remarquer en paffant,

qu'une mortoife doit affoiblir de beaucoup la force
d'un linçoir ou d'un chevêtre.

Notre illuftre Académicien a étendu fes recherches jufqu'à reconnoître, par plufieurs expériences,
la diminution de force caufée par le fil tranché du bois.
Il a encore été plus loin : il a étudié le rapport de la
cohérence longitudinale du bois avec la force de fon
union, ou la cohérence tranfverfale ; ou, pour mieux
dire, quelle force il faut pour rompre, & quelle force
il faut pour fendre une piece de bois.

Parcourons les raifons phyfiques de ces rapports.
Un gros arbre eft compofé d'un grand nombre de
cônes ligneux qui s'enveloppent & fe recouvrent fuc-
ceffivement à mefure que l'arbre croît & groffit.

En effet, dès la premiere année le jet tendre &
herbacé, venu du gland jetté en terre, contient déjà
un petit cône de fubftance ligneufe. A l'extrémité de
ce petit jet ou arbre eft un bouton qui s'épanouit
l'année fuivante : il en fort alors un fecond jet tout
femblable au premier, mais plus vigoureux, qui fe
groffit, s'étend davantage, durcit dans le même
temps, & produit à fon extrémité un autre bouton,
origine du jet de la troifieme année, & ainfi de
fuite, jufqu'à ce que l'arbre foit parvenu à toute fa
hauteur.

C'eft ainfi qu'il croît en hauteur, & que fe forme

en même temps son accroissement en grosseur. C'est d'après ces principes, ainsi que de la texture du bois, que M. de Buffon fait voir que la cohérence longitudinale doit être plus considérable que la cohérence transversale.

A l'exemple de Parent, il a étendu ses expériences sur les trois manieres de poser une piece de charpente, ou retenue par les deux bouts, ou seulement par un bout, ou posée sur deux points d'appui.

Il paroît même avoir épuisé dans toutes ses branches la question des bois, en faisant entrer aussi dans ses observations les effets du temps sur leur résistance, & combien on peut estimer qu'il diminue de leur force.

Il résulte de ses expériences, que de six pieces de bois pareilles, les deux premieres chargées d'un certain poids, ont cassé au bout d'une heure ; que les deux autres, chargées seulement des deux tiers de ce poids, ont été environ six mois à se casser ; enfin que les deux dernieres, chargées de la moitié du premier poids, ont resté deux ans sous la charge, & qu'elles n'ont fait que ployer sans se casser.

Quelques réflexious serviront à autoriser les expériences faites avant cet habile Physicien. Comme elles n'ont été pratiquées que sur des barreaux de bois, ou échalats proprement dits, qu'il est aisé d'assurer & de retenir fixement par les deux bouts, leur lon-

gueur & grosseur n'étant pas considérable, il en doit
résulter des effets totalement différens dans les grandes pieces. En effet, une piece de vingt-quatre pieds
de longueur, qui baissera de six pouces dans son milieu (ce qui est plus qu'il ne faut pour la rompre),
ne hausse que d'un demi pouce à chaque bout : fort
souvent même elle ne hausse que de trois lignes. La
charge entraîne plutôt le bout de la piece hors le mur
qu'elle ne la fait hausser. Enfin cette charge, qui fait
rompre les poutres ou les oblige de ployer dans leur
milieu, est cent fois plus considérable que celle des
plâtres & des mortiers, qui cedent & se dégradent aisément.

M. de Buffon assure en même tems avoir éprouvé
la différence d'une piece posée sur deux points d'appui & libre par les deux bouts, de celle qui est arrêtée
par ces mêmes bouts dans un mur bâti à l'ordinaire,
& il avance que cette différence est si petite, qu'elle
ne mérite pas qu'on y fasse attention.

Il ajoute cependant, qu'en retenant une piece par
des ancres de fer, en la posant sur des pierres & la
chargeant par-dessus d'autres pierres de taille, la pesanteur de cette charge supérieure augmenteroit considérablement sa force.

De plus, si une piece étoit invinciblement retenue
& inébranlablement contenue par des encastremens
d'une matiere inflexible & parfaitement dure, il fau-

droit une force presqu'infinie pour la rompre.

Enfin, dans nos constructions ordinaires, les pieces de charpente sont chargées dans toute leur longueur & en différens points ; au lieu que, dans toutes les expériences qui ont été faites, soit par M. de Buffon, soit par les autres Savans, la charge est réunie dans une seule partie & au milieu.

Concluons donc, avec M. de Buffon & tous les autres Physiciens & Géometres, qu'il ne faut prudemment donner aux pieces de charpente que la moitié de la charge qui peut les faire rompre ; que le bois verd rompt plus difficilement que le bois sec ; qu'un bois jeune est moins fort qu'un plus âgé ; que la force du bois n'est pas proportionnelle à son volume, mais bien à sa pesanteur ; que, relativement à cette pesanteur, une pièce de bois de même grosseur & longueur, mais plus pesante qu'une autre pièce, sera aussi plus forte à proportion ; qu'à l'égard de la grosseur sur même longueur, une pièce double ou quadruple en grosseur portera plus du double ou du quadruple ; que pour la longueur sur même grosseur, celle qui a moitié de longueur portera plus du double de celle qui est plus longue. Relativement à la refente, après avoir semblé la proscrire en termes très-précis, il ajoute que toute pièce menue, comme batreaux, échalats & petites solives, tirée d'un gros arbre, est plus foible que les pieces d'un plus gros

équarriſſage priſes dans le même arbre ; que les portions des cônes ligneux ſont plus entre-coupées dans
les échalats & petites ſolives, relativement au ſciage ;
que toutefois il y a deux manieres de les poſer, ou
de façon que leurs plans ſoient dans une poſition horiſontale, & alors la piece eſt foible ; ou de façon
que ces plans ſoient dans une poſition verticale, &
alors la piece conſerve toute ſa force. En effet, ſi
l'on veut rompre pluſieurs planches à la fois, on en
viendra facilement à bout en poſition horiſontale,
au lieu que, ſi l'on cherche à les rompre en poſition verticale, elles ne ſe rompront que très-diffici-
lement.

Toutes ces obſervations peuvent être aiſément appliquées aux bois de refente ; car il faut diſtinguer
deux ſortes de réſiſtances : la réſiſtance abſolue du
bois avant la premiere refente ; ſa réſiſtance relative
après la refente.

Il eſt certain que plus ou moins de fibres tranchées par la refente peuvent altérer plus ou moins la
réſiſtance de la piece. Mais, dans la conſtruction,
nous n'avons beſoin que de la réſiſtance aux fardeaux ou aux chocs : que cette réſiſtance ſoit une
fois trouvée dans la piece entiere ou dans la piece
refendue, on aura atteint le but propoſé. C'eſt de
cette quotité de réſiſtance que nous allons déduire des
principes.

Nous ne pouvons nous difpenfer de rapporter avant ce que nous dit à ce fujet Mufchenbroeck, Profeffeur de Mathématiques à Utrecht. Son Ouvrage, compofé en hollandois, a été traduit en françois en 1751. Cet Auteur fait la defcription de différentes expériences fur la réfiftance des bois dans le chapitre XIX, où il traite de l'adhérence & de la cohéfion des corps.

Il diftingue deux fortes d'adhérences : l'adhérence abfolue, & l'adhérence relative. Il appelle adhérence abfolue, la réfiftance que fait à fa rupture un corps forcé par un poids fur fa longueur ; & adhérence relative, la réfiftance que fait à fa rupture un corps forcé par un poids qui agit perpendiculairement contre la direction de fes fibres.

La force avec laquelle une planche réfifte au poids agiffant perpendiculairement contre la direction de fes fibres, confifte dans l'adhérence relative ; & la force avec laquelle cette même planche réfifte au fardeau agiffant fur elle dans la direction de fes fibres, eft l'adhérence abfolue.

Il cite des expériences faites fur les bois le plus en ufage dans fon pays, comme tilleul, aune, chêne, fapin à réfine, fapin rougeâtre, orme, hêtre, frêne, noyer, olivier, peuplier, pommier, & même fur d'autres bois rares & extraordinaires, comme cedre, bois de Bréfil, bois de vinaigre, bois madré, &c.

Il établit fes principes, & rapporte les expériences qu'il a faites, ainfi que nos autres Obfervateurs, fur des pieces de bois, ou fufpendues par un bout feulement, ou pofées par les deux bouts librement fur deux points d'appui, ou enclavées par les deux extrémités dans les murs.

Les pieces fur lefquelles ont été faites les expériences étoient toutes de bois refendu, de forte que tous leurs côtés fe trouvoient de droit fil ; mais notre Auteur obferve que, fi l'on fe fert de bois de qualité inférieure, les pieces ne doivent pas être auffi chargées que celles de fes expériences.

Il avertit en outre, qu'il n'eft pas poffible de déterminer au jufte la valeur des réfiftances, parce que la force du bois differe fuivant la qualité du terrein, la température de l'air, le pays où l'arbre prend fa croiffance & fa nourriture, & de plus, felon le temps auquel il aura été coupé.

Comme l'uniformité regne entre fes principes, fes expériences, & les principes & les expériences de nos autres Obfervateurs & Académiciens, nous avons jugé inutile d'en faire un extrait plus ample.

Paffons aux expériences de M. du Hamel, Académicien auffi infatigable dans fes recherches que M. de

Buffon. Chacun fait les fommes exorbitantes qu'il a
confacrées à fes épreuves fur les bois, combien ces
mêmes épreuves & recherches font précieufes, & quel
avantage étonnant il en doit réfulter pour le bien des
Conftructeurs.

Dans fon Mémoire de 1742, il fait précéder
quelques réflexions avant que de rapporter fes expériences.

Il regarde d'abord une piece de bois compofée de
deux parallélépipedes unis au droit de la rupture : il
fuppofe que fi les deux extrémités viennent à baiffer
par les poids appliqués en deffus, les bafes des
parallélépipedes refteront toujours unies par le deffous
au droit du point d'appui qui fe trouve dans le milieu.

Il fuppofe enfuite ces deux parallélépipedes extrêmement durs & un lien inextenfible qui les unit en
deffus. Alors les poids appliqués aux deux extrémités
tendront, fuivant lui, à rompre ce lien, pendant que
les bafes des parallélépipedes feront exactement appliquées l'une fur l'autre ; &, attendu leur dureté, le
point d'appui effectif fera au-deffus du point d'appui
qui fupporte nos deux parallélépipedes.

Il remarque auffi que les fibres ligneufes font exten-
fibles ; & il paffe de-là à une autre fuppofition. Il
confidere ces deux mêmes parallélépipes comme rete-

nus par une multitude de liens ou reſſorts, tous également dilatables. Il en conclud que lorſque les puiſſances ou poids viendront à agir, tous les reſſorts entre-
ront en dilatation ; que ceux qui ſeront les plus éloignés du point d'appui, ſeront les plus dilatés ; que
ceux qui en ſeront les plus proches le ſeront beaucoup
moins : en un mot, que tous ces reſſorts ſeront dans
un degré de dilatation proportionnel à leur éloignement du point d'appui. Il dit encore que les puiſſances agiſſent ſur les reſſorts par des bras de levier dont
la longueur eſt la moitié de la longueur de la piece ;
que les baſes des parallélépipedes ſe briſent l'une ſur
l'autre au droit du point d'appui ; que les leviers de
réſiſtance ſont la hauteur de la piece ; qu'ainſi les reſſorts agiront d'autant plus, qu'ils ſeront plus éloignés
du point d'appui, ou que leur réſiſtance augmentera
en raiſon de la hauteur de la piece.

De ce que la fibre la plus tendue eſt la plus éloi-
gnée du point d'appui, & celle par conſéquent qui eſt à
l'extrémité du levier de réſiſtance ; & de ce que les fibres
ligneuſes réſiſtent à proportion de ce qu'elles ſont plus
allongées par leur tenſion, il ſuit que le *maximum* de
cette réſiſtance eſt le point où elles ſont prêtes à
ſe rompre ; mais une fibre une fois trop tendue perd
de ſa réaction : dès-lors elle peut n'être plus dans l'é-
tat de la plus grande réſiſtance, pendant que les autres

peuvent encore jouir de leur propriété de reſſort ; & ainſi il peut être difficile de décider laquelle des fibres ſeroit capable de la plus grande réſiſtance.

Après avoir ſuppoſé les deux parallélépipedes extrêmement durs, & en avoir tiré des corollaires & des inductions préliminaires, notre Académicien rentre dans l'hypotheſe naturelle de la qualité du bois. Il reconnoît qu'il n'eſt pas parfaitement dur, que ſes fibres ſont extenſibles & compreſſibles même, ſuivant leur longueur.

Il conſidere en conſéquence les deux parallélépipedes comme écartés l'un de l'autre ; & ſeulement joints enſemble par des reſſorts ſemblables, indifférens à ſe contracter & à ſe dilater.

D'où il conclud que, lorſque les puiſſances viendront à agir, les reſſorts qui ſont vers le point d'appui ſe contracteront ; que ceux qui en ſont les plus éloignés ſe dilateront. Il en trouve l'exemple dans un bâton de cire molle que l'on courbe. Il y voit ſe développer l'effet de la condenſation à l'intérieur de la couche par le bourſouflement de la cire, & celui de la dilatation à l'extérieur, par l'applatiſſement de cette même cire.

Comme Il y a des fibres en condenſation & des fibres en dilatation, la quantité des fibres qui ſont en condenſation ou en dilatation dans un morceau de bois que l'on charge, doit varier, ſuivant que les fibres sont plus dilatables que compressibles, ou plus compressibles que dilatables : de sorte que si les fibres étoient plus contractibles qu'extensibles, il y auroit beaucoup de fibres en condensation & peu en dilatation ; & au contraire si les fibres étoient plus extensibles que contractibles, il y auroit beaucoup de fibres en dilatation, & peu en condensation.

Notre Académicien appuie sur une circonstance essentielle. Lorsque les puissances agissent, les ressorts qui sont vers le point d'appui, entrent en condensation, & ceux qui sont du côté opposé sont en dilatation. Les ressorts en condensation tendent par leur réaction à écarter lés parallélépipedes ; & ceux qui sont en dilatation tendent à les rapprocher : & si les parallélépipedes étoient divisés en deux sur leur hauteur, & avoient seulement leurs parties jointes avec quelque matiere visqueuse, ces deux portions glisseroient l'une sur l'autre.

Il en rapporte des exemples. Ce glissement est sensible dans un jeu de cartes qu'on ploye, dans des planches posées de plat qu'on charge. Ayant fait des expériences à ce sujet sur des barreaux de chêne bien durs & bien secs, il s'est trouvé que ces barreaux ont résisté long-temps sans ployer, & qu'avant que de rompre à la partie convexe, il s'est détaché à la partie concave un grand éclat qui a glissé, & que sur le champ le barreau a rompu.

Ce

Ce qui prouve 1º. qu'il y a une affez grande quantité de fibres en condenfation ; 2º. que la force de cohéfion des fibres ligneufes les unes fur les autres influe beaucoup fur la force du bois.

Auffi une piece de bois, dont les couches des cônes ligneux feroient très-fortes, mais peu adhérentes entr'elles, romproit fous un poids que fupporteroit aifément une autre piece de bois dont les mêmes couches feroient plus foibles, mais mieux unies.

En effet, le *bois roulé*, qui n'eft autre chofe que des cônes ligneux, dont toutes les couches font fans liaifon ni adhérence entr'elles, eft profcrit dans la bâtiffe pour raifon de foibleffe.

Il en réfulte une efpece de queftion, que la partie qui fouffre le plus n'eft pas celle qui eft en dilatation, mais bien celle qui eft en contraction & qui fe rompt la premiere. C'eft ce que M. du Hamel a reconnu dans toutes fes expériences, rapportées dans fes Ouvrages, au nombre de vingt-quatre.

Ayant ainfi remarqué qu'il y a une partie des fibres en condenfation, & une autre partie en dilatation, notre Académicien en a tiré une conjecture, & a fait le raifonnement fuivant.

Si, dans des barreaux d'un pouce & demi d'équarriffage & de trois pieds de longueur, la fomme des fibres en compreffion s'étendoit jufqu'au tiers de leur hauteur, on pourroit, sans diminuer leur force, en scier cette portion.

Il observe en même temps, qu'il faut avoir l'attention de remplir le trait de la scie par un morceau ou coin de bois, qui supplée à ce que l'épaisseur du trait de la scie aura emporté, & qui fournisse un point d'appui aussi solide.

L'expérience a été conforme à cette conjecture. Des barreaux sciés dans cette proportion du tiers ont porté 551 livres, & par conséquent 27 de plus que d'autres non sciés, qui n'ont supporté que 524 livres.

Il voulut ensuite essayer si les fibres qui étoient en compression n'excédoient pas le tiers de la hauteur des barreaux. Il en fit scier à moitié de leur épaisseur, & ils porterent seulement 18 livres de plus que ceux ci-dessus, qui n'avoient pas été sciés. Il poussa sa curiosité plus loin : il en fit scier d'autres aux trois quarts de leur épaisseur, & il trouva qu'ils ne portoient seulement que 6 livres de plus que ceux ci-dessus restés dens leur entier sans être sciés aucunement. Ces expériences prouvent bien clairement que les fibres qui sont en condensation occupent une grande partie de la hauteur de la piece qu'on veut rompre.

De-là un autre paradoxe aussi étonnant, & même plus encore que celui que nous venons d'exposer. Pour fortifier une piece de bois, il ne s'agit que de la fcier au tiers , à demi , ou aux trois quarts de fon épaisseur par le deſſus. C'eſt le réfultat des expériences citées , & conformes d'ailleurs à celles de Muſchenbroeck ; c'eſt enfin ce qui va être pleinement démontré par une réflexion de M. du Hamel.

L'épaiſſeur de la ſcie fait une ouverture égale dans toute la hauteur du trait. Le coin dont nous avons parlé , & qui doit remplir cette ouverture , eſt néceſſairement un peu plus large en haut qu'en bas : c'eſt à la partie ſupérieure du barreau où les fibres ſont le plus foulées ; c'eſt à cet endroit , extrémité du plus grand bras de levier de réſiſtance , que ſe trouvent placés le point d'appui & notre coin en même temps. Si l'on force le coin , on refoule d'un côté les fibres qui devoient être en compreſſion ; & l'on fait d'un autre côté tirer plus directement les fibres qui ſouffrent la dilatation. Les fibres dilatées , & qui ſont en tenſion , ſont celles qui s'oppoſent à la rupture de la piece. Elles ſont ici preſque dans le même degré de tenſion ; il y a donc augmentation de force. Le barreau eſt donc capable d'une plus grande réſiſtance. Il prétend en outre que le trait de la ſcie s'élargit par le refoulement des fibres ; & pour le démontrer , il fait deux hypothèſes.

Il ſuppoſe 1°. les deux parallélépipedes parfaitement durs, un peu écartés l'un de l'autre , joints enſemble par un lien ductile de plomb : par exemple , l'eſpace entre les deux parallélélpipedes rempli par un coin re-

gardé comme incompreſſible , de même que les paral-
lélipipedes. Cela poſé , quand les puiſſances agiront , le
lien s'étendera , les parties ſupérieures de la baſe des
parallélépipedes s'écarteront du coin ; & la partie inférieure des baſes reſtera appliquée ſur le coin : & ſi l'on
rétabliſſoit enſuite les deux parallélépipedes dans leur
ſituation horiſontale , comme ils étoient avant l'effort
des puiſſances , les baſes deviendroient paralleles.

Il ſuppoſe 2°. que le lien & le coin ne peuvent prêter , mais que les parallélépipedes ſont comme preſſi-
bles. En conſéquence , les puiſſances venant à agir , la
partie ſupérieure des parallélépipedes reſtera appliquée
ſur le coin , & les parties inférieures ſe contracteront ;
& ſi l'on rétablit les parallélépipedes dans la ſituation
horiſontale , les parties ſupérieures n'auront pas abandonné le coin , & les parties inférieures en reſteront
écartées.

C'eſt ce qui eſt arrivé dans toutes les expériences
qu'il a faites là-deſſus , & ce qui eſt conforme en même
temps aux expériences de Muſchenbroeck à ce même
ſujet. Il s'enſuit que les fibres ligneuſes ſont contractibles , & que l'élargiſſement du trait de ſcie vient de
la contraction des fibres : d'où l'on doit conclure que ,
par le ſciage , toutes les fibres ligneuſes ſont contractées , & que cette contraction doit donner une ſolidité
au parement de ſciage.

M. du Hamel a fait encore quantité d'expériences

sur les poutres, & tous les autres bois généralement quelconques. Il en a fait aussi beaucoup d'autres , comme M. de Buffon , pour reconnoître la pesanteur & la densité du bois du pied des arbres & de celui de la cime , du bois du cœur & de celui de la circonférence. Ces épreuves sont rapportées dans le premier volume de son Ouvrage sur l'*Exploitation des Bois* , & s'y trouvent détaillées au nombre de deux cents quarante six, toutes suivies avec exactitude & intelligence. Comme nous en avons déjà rapporté un grand nombre , & les succès étant toujours les mêmes , nous nous contenterons d'en faire l'exposé, & nous en déduirons seulement les conséquences suivantes.

1°. Si les bois sont parfaitement sains , ils sont plus pesans au centre qu'à la circonférence.

2°. Le contraire arrive, lorsque les bois sout sur le retour.

3°. Les plaies recouvertes , ainsi que les nœuds , rendent les bois plus pesans.

4°. Au contraire les gelivures rendent les bois plus légers.

5°. Le bois du pied des arbres qui est en pleine crue est meilleur que celui de la circonférence.

6°. C'est pécher contre les vues économiques, que d'abattre un arbre encore jeune , & avant qu'il ait acquis sa perfection ; non-seulement parce que cet arbre pourroit croître, mais encore parce qu'il ne sera pas d'un aussi bon usage qu'il pourroit être par la suite, ayant acquis son degré de maturité.

7°. On ne peut trop économiser les bois dans nos constructions, & ménager l'espece dans nos forêts.

Ce sont les avis unanimes des vrais Scrutateurs de la Nature, de ces Etres privilégiés qui se sont voués au bien public.

Tant d'expériences répétées & réitérées par différentes personnes, & en différens pays, ne peuvent être suspectes. Cherchons donc à les mettre à profit.

Nous venons de rapporter les soins & les précautions prises par MM. de Buffon, du Hamel, Parent & Muschenbroeck. L'Europe savante & policée a toujours reconnu l'intelligence & l'exactitude de ces estimables indagateurs des faits physiques & des vérités arithmétiques.

Mais Parent, du Hamel, Buffon, Muschenbroeck, Bélidor ne sont ni les seuls ni les premiers que cet objet ait occupés. D'autres Mathématiciens y avoient travaillé avant eux. Cette matiere, il est vrai, fut d'abord traitée d'une maniere générale, & on ne pensa qu'à chercher la résistance des solides quelconques. Mais ce ne sont pas ici, disent les Mémoires de l'Académie, de vaines spéculations, qui ne servent qu'à exercer la subtilité des Géometres. Il est aisé de voir que la Méchanique-Pratique, l'Architecture, ainsi que tous les autres Arts ont été enrichis par ces découvertes.

Réſiſtance des Solides.

C'eſt à Galilée, qui vivoit dans le ſiecle dernier, que l'on doit la naiſſance de ces belles & utiles recherches ſur la réſiſtance des ſolides. Peut-être ne ſera-t-on pas fâché de ſçavoir ce qui le détermina à ce travail : le voici.

Il avoit remarqué que fort ſouvent une machine qui réuſſit en petit, n'a pas des ſuccès auſſi heureux étant exécutée en grand. Il avoit obſervé auſſi que les épreuves donnent toute la ſatisfaction poſſible dans le modèle d'une machine où il eſt queſtion de la réſiſtance qu'apporteroient à leur fracture des pièces poſées horiſontalement, ou bien de la force qu'il leur faudroit pour ſoutenir un certain poids : mais que ces mêmes pièces ſe trouvent plus foibles dans la machine finie, quoique très-exactement proportionnée au modèle, il avoit enfin reconnu qu'il y avoit dans la pratique, des inconvéniens & des imperfections qui paroiſſoient démentir la théorie.

Il ſe mit donc à chercher; il y réfléchit pluſieurs années : enfin, de méditation en méditation, il eut le dénouement qu'il déſiroit, & il établit le ſyſtême de la réſiſtance des ſolides, inconnu juſqu'alors.

Il conſidéra toutes les fibres des corps qui ſe rompent comme couſues & liées enſemble. Il regarda ces fibres comme ſe caſſant toutes à-la-fois; il chercha en même temps quelle force étoit néceſſaire pour rompre un corps ſolide , en tirant ſes fibres directement ſur ſa longueur , & quelle force il falloit pour les rompre transverſalement. Selon lui , ce corps réſiſte de toute ſa force abſolue , c'eſt-à-dire , de la force entiere de la ſomme des fibres à l'endroit où il doit ſe rompre de quelque maniere qu'on s'y prenne.

Sur ce ſyſtème de Galilée , Mariotte étendit ſes ré-flexions ; il remarqua que , dans un corps ſuſpendu ver-ticalement , les fibres ſe caſſoient bien toutes au même inſtant ; mais que dans la poſition horiſontale ces mêmes fibres étoient capables de ſe prêter & de s'é-tendre juſqu'à un certain point ; que celles qui ſont plus près de l'axe d'équilibre s'étendent moins que celles qui en ſont plus éloignées ; qu'ainſi il y avoit une différence entre la ſuſpenſion verticale & la poſi-tion horiſontale.

Leibnitz , dans les actes de Leipſik (en Juillet 1684 , pag. 223 & 325) ſe joignit à Mariotte , & ils pouſſerent plus loin cette ſpéculation. En retenant la même hypothèſe de levier , ils conçurent dans les ſo-lides une infinité de fibres , leſquelles , avant que ces corps ploient ou rompent transverſalement , doivent être tendues plus ou moins ; & ils conſiderent en outre ces fibres comme capables de prêter peu-à-peu , & comme autant de petits reſſorts & filets ridés qui ne ſe caſſent qu'après s'être extrêmement déployés. C'étoit déjà un moyen de décider par les expériences laquelle de ces deux hypothèses, celle de Galilée, ou celle de Mariotte, étoit la plus conforme à la nature. C'est ce que fit particulierement ce dernier, & ce qu'il nous détaille depuis la page 348 jusqu'à la page 376, dans son Traité du *Mouvement des Eaux*, à l'édition duquel la Hire a donné tous ses soins.

Il y entame cette question à l'occasion des tuyaux de conduite, & relativement à la force & à l'épaisseur qui leur sont nécessaires pour résister à la charge de l'eau. Il y distingue deux sortes de corps solides ; les uns rigides comme le bois sec, le verre, le marbre, le fer, &c. : & les autres souples, comme le fer blanc, les cordes, les papiers, &c. Il rapporte une multitude d'expériences sur les uns & sur les autres de ces corps, réitérées en présence de Carcawy, Roberval, Huyghens.

Il reconnoît 1°. que le bois entr'autres est composé de fibres & de parties rameuses qui ne peuvent se séparer que par une certaine force, & dont le composé total est la fermeté & la résistance de ces corps ; 2°. que ces fibres & parties rameuses peuvent être étendues plus ou moins par différens poids ; qu'enfin il y a une exension qu'elles ne peuvent supporter sans se rompre, que par conséquent il faut qu'une fibre soit tendue de deux lignes pour être tendue, & qu'un poids de cinq cents livres produise cette tension Un poids moindre de moitié ne la fera étendre que

d'une ligne ; & un encore plus foible, & en même raison, ne la fera étendre que d'un quart de ligne.

Varignon vient ensuite : ce Géometre réunit les
deux hypothèses de Galilée & de Mariotte. Il trouva
que celle de Mariotte ajoutoit à l'hypothèse de Galilée, & il découvrit dans celle de Mariotte ce que
Mariotte lui-même n'y avoit pas vu.

Il vit dans l'hypothèse de Galilée les centres de
gravité & les centres de percussion. Il reconnut que,
dans l'une comme dans l'autre de ces hypothèses, le
plan de la section, par lequel le corps se rompt, est
mû sur un axe d'équilibre ; que cependant dans la seconde, les fibres de cette base de fraction vont toujours en s'étendant de plus en plus. Il convient en outre avec M. Blondel de l'Académie des Sciences, que
ces extensions inégales devoient avoir, comme toutes
les autres forces, un centre où elles se réunissoient, &
que le centre d'extension de la section par laquelle le
corps se rompt ou tend à se rompre, doit être le même
que le centre de percussion.

Cette formule que Varignon avoit donnée sur la
résistance des solides, étoit générale ; mais Bernouilli
laissa de côté cette généralité vaste, & s'attacha à une
hypothèse particuliere, qu'il regarda comme conforme
à la nature.

Il nous dit que les fibres d'une poutre posée horisontalement, avec point d'appui dans le milieu &

puiſſances aux extrémités, s'étendent & ſe rompent vers le haut & ſe compriment vers le bas ; qu'il y a un point milieu qui ne ſouffre ni extenſion ni compreſſion, & que de ce point les extenſions & les compreſſions vont toujours en augmentant de part & d'autre, ce qui lui donne un centre d'une nouvelle eſpece, & qui n'avoit pas encore été conſidéré.

Enfin, il fait entrer dans ſon hypothèſe toutes les conditions que la plus exacte phyſique puiſſe deſirer, & il paſſe enſuite au calcul algébrique, dont il avoit établi, comme nous venons de le dire, la baſe & les principes, ce que nous ſupprimerons, ainſi que les calculs de Parent, de Coupel, de du Hamel & autres Mathématiciens, pour n'être pas trop prolixes, & de peur d'être à charge à quelqu'un de nos Lecteurs.

L'on voit dans le travail de ces Géometres, par quel art, quels ſoins & quelle méthode ils ont approfondi la queſtion de la réſiſtance des ſolides, qui renferme en elle-même une étendue conſidérable de connoiſſances. On reconnoît dans leurs ouvrages qu'ils ont traité cette queſtion ſi univerſellement & ſi particulierement qu'aucun détail & aucun cas n'eſt échappé à leur vue générale. Ce ne ſont pas, diſent les Mémoires de l'Académie, les routes les plus commodes pour tout le monde : mais il faut, ajoutent ces Mémoires, être placé bien haut pour découvrir tout à la-fois une grande étendue.

Nous avons cité tous ces Savants avec plaisir : peut-être ces autorités & ces lumieres, peut-être cette suite non interrompue de recherches , d'expériences & de découvertes, de raisonnements , de calculs & de démonstrations pourront-ils réduire (s'il y en avoit encore) des personnes qui auroient une prédilection marquée pour tout ce qui est gros bois , qui tiendroient plus au préjugé qu'aux connoissances physiques & mathématiques , qui se rejetteroient toujours sur la prétendue insuffisance du calcul, le regardant comme incompatible avec l'exécution , qui prodigueroient encore avec profusion le nom de calcul à tout ce qu'ils rencontreroient sous leur main , jusqu'aux expériences même, qui ne font autre chose que des faits totalement étrangers à l'opération des calculs , & qui enfin regarderoient comme systême tout ce qui vient contredire une routine dont ils ne peuvent donner aucune raison quelle qu'elle soit : car ce n'est pas une raison de dire qu'une piece est foible parce qu'elle est foible.

Il est vrai que ces personnes pourront encore nous objecter qu'une partie de ces épreuves ont été faites en petit ; qu'il y a bien de la différence du petit au grand : que tout réussit dans le petit , & qu'il n'en est pas de même dans les volumes un peu considérables.

A de pareilles réflexions , nous ne pouvons nous empêcher de dire que ces personnes oublient bien promptement les expériences de M. de Buffon , que nous

venons de rapporter. En effet, les épreuves font faites
fur des pieces de charpente de 10, 12, 14, 16, 18,
20, 22, 24, 26 & 28 pieds de long, depuis quatre
pouces jufqu'à huit pouces d'équariffage, & chargées
de 20, 25, & même vingt-fept & vingt-huit milliers. Mais, de la difficulté propofée, naît la folution,
ce qui met ces perfonnes (à qui les expériences de M. de
de Buffon & celles de M. du Hamel étoient fans doute
inconnues) dans le foupçon de folidité pour les grands
volumes, c'est que les fibres ne s'allignent prefque jamais dans toute la longueur d'une piece de bois, qu'en
conféquence ces fibres doivent être tranchées par la
refente, ce qui leur ôte leur réfiftance ; & par cette
raifon, plus la piece de bois eft rendue méplate par la
refente, plus elle devient foible, & moins elle a de
folidité.

En fuppofant (ce qui n'eft pas comme on vient
de le voir) que les expériences n'ont été faites que
fur de petits volumes : voyons ce qu'on en doit conclure.

Du propre aveu de ces perfonnes, il s'enfuit que
plus le bois fera débité mince, plus il y aura de fibres
tranchées, & moins il y aura de folidité.

Il s'enfuivra en même temps que nos petites folives d'expériences font des plus minces poffibles, qu'elles
ont le plus de fibres tranchées poffible, & qu'elles ont
le moins de folidité poffible. C'eft ce que M. de

Buffon nous a si bien fait connoître par le détail physique de la texture de l'arbre.

Cependant, quoique les plus minces, quoique avec
le plus de fibres tranchées, & le moins de solidité,
elles ont résisté à un fardeau rapporté dans nos expériences : à plus forte raison un plus grand volume
ayant moins de fibres tranchées, & par conséquent
plus de solidité, portera-t-il aisément le poids proportionnel à celui résultant de nos expériences, s'il
n'en porte pas un plus fort.

C'est ce que nous dit encore M. de Buffon. Il a reconnu par ses expériences, qu'à l'égard de la grosseur sur même longueur, une piece double ou quadruple en grosseur porte plus du double ou quadruple.

Indépendamment des expériences en grand de M.
de Buffon, nous avons encore à opposer d'autres expériences en grand de construction entiere.

Les charpentes, de beaucoup plus légeres que celles
que nous employons aujourd'hui, & qui sont en
usage depuis des siecles dans toutes nos Provinces(1),
déposent unanimement contre ces craintes, fondées
moins sur des principes que sur le préjugé. Si toutes

---

(1) Entr'autres, dans le pays Chartrain, dans la Beauce,
dans le Blaisois, la Touraine, l'Anjou, la Picardie, la Flandre,
le Brabant, l'Allemagne, l'Italie, la ville d'Avignon & le
Comtat Venaissin.

ces charpentes euſſent été contre l'art & la ſolidité, ſi cette conſtruction eût été caduque, auroient-elles ſubſiſté juſqu'à nos jours, & ne ſe feroient-elles pas écroulées ſucceſſivement? Ce qui fait bien voir que la pratique ne démentira jamais les calculs d'une ſage théorie appuyée ſur les expériences.

Par les extraits que nous venons de rapporter de la théorie de nos Géometres, par l'expoſé que nous avons fait des expériences de nos Phyſiciens les plus célébres, & par les différentes branches de Géométrie, de Phyſique & de Méchanique, auxquelles nous ferons encore obligés d'avoir recours par la ſuite, on conviendra aiſément, avec les Mémoires de l'Académie, que la connoiſſance de la réſiſtance des ſolides eſt une ſcience qui en renferme beaucoup d'autres, il eſt vrai: mais il ne faut pas l'abandonner pour cette raiſon; elle influe trop ſur le bien de la ſociété & ſur l'utilité journaliere : nous devons redoubler nos efforts.

On a dû reconnoître que toutes ces expériences faites en différens temps, en différens pays, & par différens Savans, ne ſe font aucunement démenties ni les unes ni les autres.

Les dernieres en petit comme en grand ſont venues à l'appui des ſecondes, comme les ſecondes étoient venues à l'appui des premiers; & le ſuccès a toujours été égal.

La généralité des réſiſtances s'eſt toujours trouvée

à peu près dans la raison inverse des longueurs, dans la raison des largeurs & des quarrés des hauteurs, & les pieces non scellées ont toujours perdu le tiers de la résistance qu'elles avoient étant scellées & arrêtées par les bouts.

Cette étude précieuse avoit été malheureusement négligée presque jusqu'à nos jours. Nous le répétons encore : ce n'est que dans le siecle dernier, que nos Savans ont jetté les yeux sur cette partie de leur domaine négligée avant eux ; & il leur a fallu plus d'un siecle pour l'amener à un point de perfection.

La Nature est toujours assise à nos côtés : mais capricieuse, elle prend plaisir à nous échapper. Ce n'est que par degrés qu'on parvient à la connoître, & qu'à force d'assiduité qu'on peut espérer de la saisir.

Nos premiers Géometres ont frayé le chemin ; d'autres, en leur succédant, ont profité de leurs lumieres, & les derniers ont mis le sceau à leurs découvertes.

Les premiers calculerent théoriquement, & commencerent à tenter certains genres d'expériences. Les seconds particulariserent un peu plus leur travail, & le firent d'une maniere plus utile, du moins relativement à l'objet qui nous occupe ici, qui sont les bois de construction.

Cependant ni les uns ni les autres ne firent leurs épreuves sur des volumes assez grands. Ils se borne-

rent,

rent, pour plus de facilité sans doute, à n'opérer que
sur des morceaux de 5 à 6 & 12 à 13 lignes de groffeur, & d'une longueur auffi peu confidérable en proportion : il y en eut néanmoins quelques-uns qui,
dans les derniers temps, mirent en œuvre des barreaux de bois de groffeur & de longueur plus forte.
Enfin, après eux M. de Buffon tenta l'impoffible,
pour ainfi dire, mit les grands volumes en œuvre,
& les affujettit à des poids énormes. Il fentoit, d'un
côté, combien des expériences faites fur des volumes
confidérables étoient néceffaires pour tariffer les réfiftances des différentes pieces ; & d'un autre côté, il
connoiffoit toute l'étendue & la force du préjugé. Il
favoit que fon Partifan eft autant attentif à fe roidir
contre tout ce qui peut lui être défavorable, qu'il eft
intelligent & fubtil à profiter de tout ce qu'il croit
trouver infuffifant à pouvoir le combattre. Il voulut
donc le mettre dans l'impoffibilité de la réplique.

Ces expériences effentielles nous ont en même-
temps procuré des connoiffances particulieres échap-
pées aux premiers Obfervateurs, connoiffances d'autant plus exactes, qu'elles font conformes au génie de
la nature & aux effets phyfiques.

La nature réguliere dans fa marche eft fujette
dans cette même marche à des irrégularités régulieres
dans leur genre. C'eft ce qu'on a fi bien remarqué
dans toutes les parties qui compofent ce vafte uni-

vers ; c'est ce qu'on voit entr'autres dans le système céleste : les révolutions journalieres des astres, quoiqu'assujetties à des regles constantes, géométriques & méchaniques, souffrent cependant des irrégularités, & ces mêmes irrégularités ont aussi leurs regles constantes.

Ce sont ces irrégularités dans les proportions de la résistance des bois, que M. de Buffon a découvertes par ces grandes & fameuses expériences, & qui sont d'une conséquence bien avantageuse pour la pratique.

Il a trouvé une augmentation ou diminution de poids & de résistance en progression arithmétique entre les parties du bois avoisinant le centre, celles avoisinant la circonférence, & celles entre le centre & la circonférence. Il a trouvé cette même augmentation ou diminution progressionnelle dans les différentes longueurs, & encore cette même diminution ou augmentation, suivant le plus ou le moins de grosseur du volume. En un mot, il suit encore de ses expériences, que dans les pieces de même grosseur la regle de la résistance n'est pas tout-à-fait en raison inverse des longueurs, & que cette résistance n'est pas non plus exactement en raison directe de la largeur & du quarré de la hauteur. Bernouilli, dans les Mémoires de l'Académie de 1705, établit ces principes.

En effet, la regle adoptée, que la réſiſtance des ſolides eſt en raiſon inverſe de la longueur, en raiſon directe de la largeur, & en raiſon double de la hauteur, a toujours lieu dans les corps à parties inflexibles; mais elle ne peut avoir lieu dans les corps à parties élaſtiques, & cela d'autant plus, que ces corps auront plus de longueur & plus de groſſeur.

Plus la piece aura d'épaiſſeur, plus les centres d'extenſion & de compreſſion, qui ſont les mêmes au premier abord que les centres de gravité, ſeront éloignés de la circonférence; & alors les diſtances des centres augmenteront en même raiſon. Ces diſtances doivent être regardées comme autant de leviers de réſiſtance; dans ce cas, ces leviers de réſiſtance augmentent en conſéquence.

Comme auſſi plus la piece aura de longueur, plus les fibres auront d'étendue. Ces fibres étant conſidérées comme compoſées d'une multitude de reſſorts ou filets ridés: plus alors ces parties de reſſorts ou filets ridés auront de foibleſſe pour la reſtitution, plus s'allongent auſſi les leviers des puiſſances deſtructives, & plus par conſéquent ſont favoriſés l'action & l'effort de ces puiſſances.

On voit en effet par les expériences de M. de Buffon, que la réſiſtance du bois décroît très-conſidérablement à meſure que la longueur des pieces augmente, & que cette réſiſtance augmente conſidérablement aussi à mesure que la longueur des piéces diminue.

Cet illustre Académicien se fait une objection, & suppose qu'on vienne à lui dire que cette regle de l'augmentation de résistance, qui croît de plus en plus à mesure que les pieces sont moins longues, ne s'observe pas au-delà de la longueur de vingt pieds, & que les expériences rapportées ci-dessus sur des pieces de vingt-quatre & vingt-huit pieds paroîtroient prouver que la résistance du bois augmente plus dans une piece de quatorze pieds comparée avec une piece de vingt-huit pieds, que dans une piece de sept pieds comparée avec une de quatorze pieds.

Il trouve qu'il n'y a rien là qui se contrarie; que cela n'arrive que par un effet bien naturel ; que les pieces de vingt-huit & de vingt-quatre pieds, de cinq pouces d'équarrissage, ont des dimensions trop disproportionnées avec les pieces de moindre longueur, & que le poids seul de ces longues pieces est une partie considérable de la charge qui les fait rompre. Il en donne pour exemple la piece de vingt-huit pieds qui casse sous 1775 livres, & fait remarquer qu'elle pese 362 livres, qui est environ le $\frac{1}{4}$ & $\frac{2}{19}$ de 1775 livres. Il dit que ces longues pieces ployent beaucoup avant que de rompre, & que les plus petits défauts du bois, & sur-tout les fibres tranchées, contribuent infiniment à leur rupture. Il ajoute, qu'il est aisé de faire voir qu'une piece peut rompre par son propre poids, & que la longueur qu'on pourroit donner à une piece proportionnellement à sa grosseur, n'est pas à beaucoup près aussi grande qu'on se l'imagine. Il part à cet effet de la connoissance acquise par ses expériences ; & fait voir qu'on se tromperoit lourdement, si de ce que la charge d'une piece de sept pieds de longueur & de cinq pouces d'équarrissage est de 11525 liv., on concluoit que celle d'une piece de vingt-huit pieds devroit être 2881 liv., & celle d'une piece de cinquante-six pieds de 1440 liv. Il résulte au contraire des expériences, que la résistance d'une piece de quatorze pieds n'est que de 5300 liv., celle d'une piece de vingt-huit pieds n'est que de 1775 ; & il présume que la piece de cinquante - six pieds romproit sous ce fardeau.

C'est ici l'endroit d'exposer le tableau des variations dans les résistances des pieces, d'après ses expériences.

PIECES de cinq pouces d'équarrissage portent.

Sur 7 pouces...............................	11525 l.
Sur 14.......................................	5100
Sur 28.......................................	1775
Sur 8...	9787 l. $\frac{1}{2}$
Sur 16.......................................	4350

Sur 9. . . . . 8308 l. ½
Sur 18. 3700

Sur 10. . . . . 7125 l.
Sur 20. 3225

Sur 12. . . . . 6075 l.
Sur 24. . . . . 2162 l. ½

PIECES de *six pouces d'équarrissage portent.*

Sur 7 pouces. . . . . 18950 l.
Sur 14. 7475

Sur 8. . . . . 15525 l.
Sur 16. . . . . 6362 l. ½

Sur 9. . . . . 13150 l.
Sur 18. . . . . 5562 l. ½

Sur 10. . . . . 11250 l.
Sur 20. 4950

PIECES de *sept pouces d'équarrissage portent.*

Sur 7 pouces. . . . . 32200 l.
Sur 14. 13225

Sur 8. . . . . 26050 l.
Sur 16. 11000

Sur 9. . . . . 22350 l.
Sur 18. 9425

Sur 10. . . . . 19475 l.
Sur 20. 8275

PIECES *de huit pouces d'équarriffage portent.*

Sur 7 pouces......................	48100 l.
Sur 14...........................	19775
Sur 8...........................	39750 l.
Sur 16...........................	16375
Sur 9...........................	32800 l.
Sur 18...........................	23200
Sur 10...........................	27750 l.
Sur 20...........................	11487 $\frac{1}{3}$

On voit par cette Table, que

Dans l'é-quarriffage de 5 pouces.

La charge d'une piece de 10 pieds eft double, & $\frac{1}{9}$ de celle de 20 pieds.

Celle d'une piece de 9 p. eft double & environ $\frac{1}{8}$ de celle de 18 p.

Celle d'une piece de 8 p. eft double & $\frac{1}{3}$ prefque jufte de celle de 15 p.

Celle d'une piece de 7 p. eft le double & beaucoup plus de $\frac{1}{8}$ de celle de 14 p.

Dans l'é-quarriffage de 6 pouces.

La charge d'une piece de 10 p. eft le double & $\frac{1}{3}$ de plus de celle de 20 p.

Celle d'une piece de 9 p. eft le double & beaucoup plus de $\frac{1}{7}$ de celle de 18 p.

Celle d'une piece de 8 p. eft le double & beaucoup plus de $\frac{1}{7}$ de celle de 16 p.

Celle d'une piece de 7 p. est le double & beaucoup plus de $\frac{1}{4}$ de celle de 14 p.

Dans l'équarrissage de 7 pouces.

La charge d'une piece de 10 p. est le double & $\frac{1}{8}$ de plus de celle de 20 p.

Celle d'une piece de 9 p. est le double, & près de $\frac{1}{7}$ de celle de 18 p.

Celle d'une piece de 8 p. est le double, & beaucoup plus de $\frac{1}{7}$ de celle de 16 p.

Celle d'une piece de 7 pouces est le double & près d'$\frac{1}{4}$ de celle de 14 p.

Dans l'équarrissage de 8 pouces.

La charge d'une piece de 10 p. est le double, & presque $\frac{1}{5}$ de celle de 20 p.

Celle d'une piece de 9 p. est le double & $\frac{1}{3}$ environ de celle de 18 p.

Celle d'une piece de 8 p. est le double & $\frac{1}{7}$ à peu près de celle de 16 p.

Celle d'une piece de 7 p. est le double & un peu plus d'$\frac{1}{3}$ de celle de 14 p.

Notre Académicien a aussi reconnu que plus les pieces sont courtes, & plus elles approchent de la regle que nous venons d'exposer ; qu'elles s'en éloignent

étant plus longues, comme dans celles de 18 & 20 p.;
que cependant cela ne doit pas empêcher de se servir
de la regle générale, pour calculer la résistance des
pieces de bois plus longues & plus grosses que celles
dont il a éprouvé la résistance ; qu'il y a toujours un
grand accord entre les expériences , la regle & les variations pour les différentes grosseurs, & qu'il regne
un ordre assez constant , par rapport aux longueurs &
aux grosseurs, pour juger de la modification à apporter à la regle.

Il ajoute que les pieces de cinq pouces d'équarrissage
sont celles sur lesquelles il a fait le plus d'expériences ;
qu'ainsi toutes les fois qu'on aura à chercher la résistance d'une piece de bois de grosseur & de longueur
donnée , l'on établira le calcul de comparaison sur les
pieces de cinq pouces d'équarrissage ; & suivant les
longueurs & les grosseurs , on y fera les modifications
relatives aux variations trouvées extrêmement essentielles pour la pratique, & dont il a si bien mis à portée
de profiter.

Telle est la résistance que la nature a mis dans
des pieces de bois déterminées sous des fardeaux déter-
minés. Telles sont les obligations que nous avons à la
sagacité & aux louables recherches de ces hommes
animés du vrai zele patriotique.

Nous pourrions placer ici la Table que Parent a
calculée des poids sous lesquels différentes pieces de

bois retenues par les deux bouts viendroient à se casser ; mais nous ne ferons que renvoyer aux Mémoires de l'Académie les personnes qui en seroient curieuses, notre intention n'étant pas de charger inutilement ce volume. Cette Table ne regarde que les pieces dont les grosseurs & longueurs sont d'usage ordinaire. Il commence par celles de 10 pouces d'équarrissage, & finit par celles de quinze & vingt-un pouces.

Il parcourt toutes les longueurs possibles, depuis six pieds jusqu'à trente pieds, par progression de deux pieds en deux pieds.

De semblables détails ; de pareilles recherches font bien voir que le but des vrais Savants est d'être utiles à leur patrie, & qu'ils quittent avec autant de plaisir la plus sublime théorie, qu'ils savent descendre avec satisfaction dans les moindres détails, dès qu'ils peuvent contribuer au bien-être de leurs concitoyens.

Quelles obligations ne leur avons-nous pas ! Qu'il seroit à souhaiter que de tels hommes eussent souvent des semblables : si l'on eût eu dans tous les siecles le pareil soin & la même délicatesse, nous nous verrions délivrés des malheureux préjugés si contraires à l'économie qu'un bon Gouvernement doit toujours rechercher dans la police des Etats. L'Architecture doit être particuliérement jalouse de cette économie, & voir avec peine les frais immenses, & la grande consommation de bois de charpente qu'entraîne avec elle les constructions mêmes les plus ordinaires. Sans doute elle auroit ouvert les yeux , elle auroit abandonné une vieille coutume, & cherché les moyens de tirer avantage de découvertes aussi précieuses ; elle auroit déchiré le voile dans lequel s'enveloppe la cupidité ; elle auroit arrêté & donné des loix , elle les auroit prescrites à ces ames viles & intéressées d'une partie des constructeurs qui n'ont d'autres buts que de s'enrichir aux dépens de ceux qui les emploient. C'est la cupidité qui se sert du manteau du préjugé , il n'y a pas de doute : pourquoi donc ne pas chercher à mettre un frein à pareil vice ? Si comme nouveau Prothée il prend différentes formes, tel qu'Aristée , resserrons les liens, ne nous laissons pas surprendre par ses Métamorphoses : ne lâchons pas prise ; il ne faut que du courage , & nous en viendrons à bout. L'avantage public en est le terme, & la gloire en est réservée au siecle de Louis XVI. le Bienfaisant , le véritable ami de son peuple. Le chemin nous en est ouvert par tous les Savants du premier ordre ; nous avons vu leurs expériences intéressantes : nous sommes pénétrés de la vérité de leurs calculs sur la résistance des bois ; nous en reconnoissons tout l'avantage , soit du côté de la plus grande durée de nos édifices , soit du côté de l'économie particuliere , soit enfin pour l'intérêt général & le bien public. Pourquoi donc ne profiterions-

nous pas de découvertes auffi précieufes ? Pourquoi ne
les mettrions-nous pas en ufage ? Tout nous y invite ;
l'efpece de bois pourroit fouffrir & peut-être même manquer en France, fi l'on ne remédie aux abus de la trop
groffe charpente : dans ce cas, la marine, nos bâtiments,
notre chauffage que deviendroient-ils? N'y fommes-nous
pas intéreffés d'ailleurs par les vices & les inconvénients
qu'entraîne avec elle la conftruction, telle que nous
la pratiquons depuis une foixantaine d'années ? Pour
nous en convaincre, comparons-la, ainfi que nous l'a-
vons déjà obfervé avec celle des Peuples nos voifins ;
mettons-la en parallele avec ce qui fe pratique dans
nos Provinces, & nous verrons dans nos charpentes une
prodigalité finguliere qui ne tend qu'à écrafer les murs
qui les portent. Comment y remédier ? Pour difcuter
cette queftion, voyons les avantages & les défagréments
de l'une & de l'autre maniere : établiffons des principes. Voyons fi nous ne pouvons pas éviter les inconvénients, & profiter toutefois des avantages. Reffouve-
nons-nous à cet effet de ce que nous avons dit fur l'emploi des bois dans leur plus grande force, avec le plus
d'économie : établiffons les moyens d'une conftruction
plus favorable, & moins coûteufe que celle que nous
pratiquons ordinairement ; pour y parvenir voyons les
principes, cherchons-les dans la nature de la chofe
même : confidérons deux poutres ; & d'après ce que
nous avons déjà démontré, difons que fi les bafes de

ces deux poutres font égales en longueur & en largeur horifontales, & qu'il n'y ait de différence que dans les hauteurs, leur réfiftance fous le fardeau fera dans la raifon des quarrés de ces hauteurs.

Il eft certain auffi que deux poutres d'un cube égal peuvent avoir des différences fans nombre, tant qu'on pourra varier les rapports de leurs hauteurs verticales, & de leurs bafes horifontales.

Par fuite des mêmes principes, fi dans une poutre la largeur horifontale étoit infiniment petite, & qu'elle pût avoir une hauteur infinie; & que, dans une autre la largeur horifontale pût être infinie, & la hauteur verticale infiniment petite, la réfiftance de la premiere feroit infiniment plus grande que celle de la feconde.

Avançons, & difons en conféquence, pour rendre la chofe plus palpable, qne, comme il n'y a guere de piece de bois au-deffus de trente pouces d'équarriffage, nous prendrons ce terme pour le *maximum*, le plus grand poffible d'un des côtés de l'équarriffage. A l'égard de l'autre côté, on voit aifément qu'on ne peut prendre au-deffous de l'épaiffeur ordinaire d'une planche.

Suppofons donc une piece de bois d'un pouce de bafe & de trente pouces de hauteur, & une autre de trente pouces de bafe fur un pouce de hauteur, nous aurons, pour la réfiftance de la premiere, 30 multiplié par 30, & encore par 1; & pour la réfiftance de la seconde, 1 muliplié par 1 & encore par 30, ce qui donnera 900 livres pour l'expression de la résistance de la premiere , & 30 pour l'expression de la résistance de la seconde. Ainsi la résistance de la premiere posée de champ sera à la résistance de la seconde posée à plat, comme 900 livres sont à 30. On aura 870 degrés de force de plus : d'où il suit qu'une piece avec le même cube peut avoir la résistance 29 fois plus considérable.

Plus les pieces de charpente sont quarrées, moins elles ont de résistance relativement à leur cube ; dans ce cas alors, plus elles coûtent, & moins elles valent pour les bâtiments. Il est donc plus avantageux de n'employer que des bois méplats, & de les poser de champ ; puisque, sans en augmenter le cube & le prix , on augmente leur force dans le rapport de la largeur à la hauteur : il faut cependant en tout une sage modération. Les extrêmes sont dangereux , & tendent au vice.

Parent fait à ce sujet une remarque fort importante pour la société. Les marchands de bois , dit-il , coupent les poutres les plus quarrées qu'ils peuvent dans un arbre. Ils n'ont d'autre intention, que de bénéficier dans leurs coupes ; & le bien public qu'ils feignent de ne pas connoître , n'est aucunement le principe qui les conduit ; par conséquent il y a plus de cube & moins de résistance dans leur maniere de débiter : inconvénient qui va doublement contre l'utilité publique.

Il ajoute , par exclamation , qu'il est fâcheux que ces inconvéniens ne foient encore connus que des Géomètres , & qu'ils ne foient pas arrêtés par des réglements & des ordonnances.

Pour y remédier , il voudroit que les marchands vendiffent leurs poutres à raifon de leurs réfiftances , & non à raifon de leurs cubes , & il finit par engager ceux qui font bâtir à profiter de fon avis & de fon confeil.

Nous avons trouvé fur cette derniere queftion une feconde Table qu'il a donnée dans les Mémoires de l'Académie de 1708 , & qui a été inférée depuis dans le *Traité de Charpenterie* de Meffangers. Nous croyons à propos de la rapporter ici : il y fait voir la différence des réfiftances & des cubes des différentes pieces de bois. Il difpofe les côtés de leurs équarriffages , de façon que la fomme de ces côtés donne toujours le même nombre.

Nous y joindrons une autre Table calculée fur les mêmes principes , avec cette différence que les produits de ces mêmes côtés donneront toujours le même cube.

On verra dans celle de notre Académicien la différence des côtés & des réfiftances avec variété dans les cubes ; & dans la nôtre la différence des côtés & des

résistances, les cubes restant toujours les mêmes. Enfin on trouvera dans toutes les deux la médiocrité du
cube avec l'augmentation des résistances.

TABLE DE M. PARENT.

A raison de l'égalité de la somme.

Dimension des côtés.	Superficie de l'équarrissage répondant aux cubes.	Résistance en raison des superficies, abstraction faite des longueurs.
12 sur 12	144	1728
11 sur 13	143	1859
10 sur 14	140	1960
9 sur 15	135	2025
8 sur 16	128	2048
7 sur 17	119	2023
6 sur 18	108	1944
5 sur 19	95	1805
4 sur 20	80	1600
3 sur 21	63	1323
2 sur 22	44	968
1 sur 23	23	529

TABLE que nous avons calculée, à raison de l'égalité des cubes dans le produit des côtés de l'équarrissage, abstraction des différences reconnues par M. de Buffon.

Dimension des côtés.	Superficie de l'équarrissage répondant aux cubes.	Résistance en raison des superficies, abstraction faite des longueurs.
12 sur 12	144	1728
11 sur 13 $\frac{1}{4}$	144	1885 $\frac{1}{4}$
10 sur 14 $\frac{2}{5}$	144	2073 $\frac{3}{5}$
9 sur 16	144	2304
8 sur 18	144	2592
7 sur 20 $\frac{4}{7}$	144	2614 $\frac{26}{49}$
6 sur 24	144	3456
5 sur 28 $\frac{4}{5}$	144	4147 $\frac{1}{25}$

Nous observerons que nous n'avons pas descendu au-dessous de l'équarrissage de 5 sur 28 $\frac{4}{5}$, étant très-rare de trouver une piece de 36 pouces sur 36 pouces, nous donnant 144, ainsi que nous donnent tous les côtés des autres pieces.

On voit ici par la confrontation des deux Tables, que dans celle de Parent les résistances commencent ordinairement à l'équarrissage de 7 & 17, & que dans la nôtre les résistances vont toujours en augmentant, jusqu'au dernier équarriffage ordinaire de 5 à 18 ½.

En faifant réflexion fur l'avantage des deux Tables précédentes, nous avons conçu le projet d'en calculer par la fuite une complette dans la forme de la premiere de Parent, que nous n'avons fait qu'indiquer, & dans le goût de celle dont nous venons de donner une efquiffe, d'après les lumieres des Buffon, des du Hamel, &c. mais les bornes que nous nous fommes prefcrites nous arrêtent. Ce fera la matiere d'un autre Ouvrage : contentons-nous, pour le préfent, d'obferver que nous y fuivrons la progreffion des longueurs de deux pieds en deux pieds, depuis fix jufqu'à trente pieds : elle feroit conféquemment plus étendue que la fienne ; elle doit l'être, fon utilité le demande : on y trouveroit le cube & le poids de toutes pieces d'équarriffage quelconques, fuivant les rapports de notre Table, & les longueurs de celle de Parent : on y verroit les termes de la derniere réfiftance de chaque piece de bois, & fa réfiftance d'affurance. Enfin l'on auroit très-aifément, par ce moyen, la force & la réfiftance de toutes les pieces de bois poffible fous différens fardeaux ; & en jettant un fimple coup-d'œil fur cette table, on y reconnoîtroit la vraie folidité économique praticable dans la feule refente méplate des bois de conftruction. On va peut-être nous demander pourquoi, paroiffant n'admettre que des bois méplats, nous donnerions cette Table calculée fur tout équarriffage quelconque ? L'on verra plus bas qu'il peut y avoir des cas qui donnent lieu à quelques variétés.

De plus, jufqu'à ce qu'on ait fixé une méthode de conftruction plus parfaite, l'on fera toujours dans la pofition d'approcher à peu près de la conftruction actuelle. Dans ce cas, nos Tables ferviront à connoître directement, felon leur différent équarriffage, la force des pieces à employer.

Mais revenons à la folidité des bois de conftruction que nous avons établie jufqu'ici, folidité qui a fait toujours notre point de vue, ainfi que l'économie & le bien public. Il nous refte à faire voir l'application de ces principes à l'ufage & à l'accord parfait de la pratique éclairée par une théorie prudente dans fes corollaires.

Cette derniere ne regarde les chofes que fpéculativement : elle tire fes inductions tant des vérités géométriquement démontrées, que des expériences dans le genre phyfique. Après avoir fixé généralement le rapport qu'ont entr'elles les forces deftructives & les forces réfiftantes, elle détermine, par les expériences en grand & en petit volume, la quotité de réfiftances que l'Auteur de la nature a mife dans les corps folides.

Par-là elle éclaire la pratique, appuie fes démarches, & calcule les réfiftances & les mouvemens :

elle laisse cependant encore à cette pratique l'application de certaines observations qui sont particuliérement de son ressort. C'est ce que nous allons voir.

S'il ne s'agissoit dans les constructions que d'avoir des pieces de charpente les plus capables de résister à de grandes charges, & qui eussent en même temps le moins de cube possible, il est évident, par toutes les démonstrations qui ont précédé, & par toutes les observations & expériences que nous avons rapportées, que les poutres & les solives devroient être posées de champ, & minces comme des ais ou des planches.

Néanmoins il faut, pour la perfection de la solidité que ces pieces aient une certaine assiette pour pouvoir reposer sur leurs bases. C'est ici où l'Architecte & le Praticien éclairés doivent prévenir & modérer les excès. La théorie & la pratique doivent donc s'entr'aider & se prêter des lumieres & des secours réciproques. On ne peut être trop prudent pour déterminer la base des pieces de charpente. En effet, faute de cette précaution, les bois méplats peuvent ou voiler ou se courber en différens sens. Alors, comme l'observent tous nos Auteurs, les fibres longitudinales perdroient de leur force; & Muschenbroeck, entr'autres, a établi par ses expériences le déchet & la résistance d'une piece de charpente en raison des côtés qui se courbent & de ceux qui ne se courbent pas. En partant des principes de ce Sçavant, il faut donner aux pieces de charpente depuis trois jufqu'à fix pieds de longueur, environ deux pouces de bafe, environ trois pouces depuis fix pieds jufqu'à douze, environ quatre pouces depuis douze pieds jufqu'à dix-huit, environ cinq pouces depuis dix-huit pieds jufqu'à vingt-quatre, environ fix pouces depuis vingt-quatre pieds jufqu'à vingt-fept, & enfin environ fept pouces depuis vingt-fept jufqu'à trente ; de telle façon qu'elles aient environ le tiers de la hauteur. Car il eft à propos d'obferver que ces dimenfions générales ne font pas tellement invariables, qu'on ne puiffe y changer. L'occurence feule & la deftination de l'édifice en doivent décider.

En général nos planchers font deftinés ou à recevoir le fimple poids des meubles & des locataires, ou à fuppprter des fardeaux extrêmement pefans, tels que grains ou marchandifes.

Alors nos mefures varieront néceffairement, foit pour les poutres & lambourdes, foit pour les folives. Dans la premiere pofition & la plus ordinaire, les bafes que nous venons d'énoncer feront plus que fuffifantes. Dans la feconde pofition, 1°. les folives qui compofent le plancher peuvent aifément recevoir encore fur la largeur des bafes déterminées ci-deffus, telles hauteurs qu'on voudra, fi ce n'eft dans des cas de charges totalement extraordinaires ; 2°. les fortes pieces portant elles seules le fardeau des solives, sont ou isolées ou appliquées contre un mur.

Celles qui sont appliquées contre un mur, comme sont nos lambourdes, peuvent aussi, sur les dimensions de base énoncées, recevoir telle ou telle hauteur ; elles sont retenues par le point de contact d'un de leurs côtés.

A l'égard de celles qui sont isolées, comme nos poutres, elles demandent plus d'attention. Peut-être pourroit-il arriver, dans le cas d'un fardeau énorme, qu'en leur donnant toute la hauteur possible, on n'eût pas cependant encore toute la résistance desirée. Dans cette position on pourroit donner à leur base jusqu'à un tiers de la hauteur de la piece. Si même la hauteur la plus considérable qu'il fût possible de donner n'étoit pas jugée suffisante, il vaudroit mieux adapter ensemble deux pieces méplates, que d'augmenter la largeur de la piece, nous en avons suffisamment déduit les raisons, pour nous faire ressouvenir que plus l'on augmente la base d'une piece aux dépens de sa hauteur, plus sa force diminue de valeur en même temps que son cube augmente. En outre, les bois méplats & refendus ont l'avantage de parer à tous inconvéniens de carie & de pourriture intérieure.

Avant de passer plus loin, nous dirons aussi que quoique nous ayions prouvé dans tout ce Traité l'avantage & même la nécessité d'employer des bois méplats dans la construction, & que nous ayions fait connoître leur préférence sur ceux qui sont exactement quarrés, cependant nous sommes bien aifes de réfuter deux objections que pourroient peut-être nous faire encore quelques personnes, accordant plutôt au préjugé qu'à la lumiere des démonstrations.

Premiere objection. Le bois de refente est trop foible pour la construction.

Seconde objection. Il est plus aifé à se pourrir.

Nous avons déjà fait voir le faux de la premiere objection, en rapportant les expériences & les principes de M. de Buffon. Il est par conféquent inutile de répéter ce qui a été dit à ce sujet.

Pour la seconde objection, rien n'est plus futile. Les exemples autant que les raisonnemens vont se réunir ensemble pour déposer contre cette terreur panique.

Nos anciens pans de bois étoient tous de bois de sciage : ils réfistent cependant à découvert depuis trois à quatre cents ans ; ils sont cependant expofés à toutes les intempéries des saifons, du chaud, du froid, de la sécherefle, de l'humidité. Nous ne les trouvons altérés en aucune façon, & nous voyons au contraire tous les jours nos pans de bois modernes conftruits avec poteaux ou bois de brin se carier très-promptement.

La raifon de cette différence de durée est bien sensible, pour peu qu'on veuille faire attention à la cause d'effets si opposés.

Le bois de brin, pour la majeure partie, est mal équarri & porte des flaches considérables ; une partie des arrêtes, bien loin d'être un bois vif, se trouve encore formée de tout l'aubier de l'arbre. De plus, la partie ligneuse qui est à la derniere superficie, est toujours d'un âge extrêmement tendre, & par conséquent d'une contexture moins parfaite ; M. de Buffon l'a très-bien remarqué.

Aucun de ces désavantages ne se trouve dans nos bois de sciage. Aujourd'hui chacun sait, sans avoir fait une étude particuliere de la physique, que la seve du bois, cette humeur grasse & visqueuse, que nous voyons quelquefois couler du tronc de nos arbres, & qui est répandue dans toute leur partie, dont elle est la nourriture & l'aliment, est nécessairement échauffée & fondue par le mouvement du sciage. Les fibres ligneuses se trouvent serrées & réunies par le frottement de l'allée & du retour de la scie, & sont en même temps imbibées particuliérement de cette humeur échauffée & devenue plus pénétrante par la chaleur. Nous ne parlerons pas de la graisse que porte avec elle la lame de la scie, qui est toujours enduite de suif : peut-être toutefois devroit-on la compter pour quelque chose. De plus, nous avons vu par les expériences réitérées des Muschenbroeck & des du Hamel que par le sciage toutes les fibres ligneuses sont contractées , & il n'y a pas lieu de croire que cette contraction puisse exister sans donner plus de solidité au parement de sciage.

C'est sans doute la raison pour laquelle résistent si long-temps les anciens pans de bois en poteaux de sciage ; & c'est aussi ce qui acheve de démontrer que le parement de sciage a une supériorité de durée sur le parement de bois de brin. De-là aussi nos anciens planchers en bois de sciage durent depuis plusieurs siecles ; de-là ne les voit-on pas endommagés de carie comme les bois de brin de nos planchers modernes qui en sont attaqués en des laps de temps bien plus courts.

Quelques raisonnemens vont militer encore en faveur du peu de crainte qu'on doit avoir d'une plus prompte pourriture dans les solives de sciage.

D'un côté, pourquoi pourriroient-elles plus promptement ? Seroit-ce parce qu'elles ont une trop mince épaisseur ? Le tenon d'un pouce & demi , ou la lame solide qui fait le dessous de la mortoise de nos chevetres ou linçoirs se pourrissent-ils jamais ? Ils sont cependant plus allégés , plus appauvris & plus minces encore , ou du moins autant que des solives qui n'auroient que deux pouces d'épaisseur.

D'un autre côté , est-ce l'humidité qui doit les endommager ? Mais il faut distinguer ici deux chofes, l'humide qui refte ordinairement dans le bois, & l'humidité nouvelle dont on l'environne dans la conftruction.

Il eft démontré que la refente eft le feul expédient pour extirper l'humide qui eft refté dans l'intérieur du bois, & qui en avance la diffolution.

En effet, plus un corps a d'epaiffeur, a de cube, & eft pénétré d'un humide intérieur, moins aifément il eft débarraffé de cet humide. Que l'on ait une piece d'étoffe à faire fécher, on fe gardera bien de la laiffer amoncelée en un tas ou repliée à plufieurs fois fur elle-même ; elle fe piqueroit ou s'échaufferoit bien promptement : au contraire on la développera en fon entier, & on l'étendra pour la faire fécher. Le bois quarré eft cette étoffe amoncelée en un tas. Le bois de refente eft ce cube d'étoffe dépliée & étendue en fon entier pour fe déffecher plus promptement.

Ce fentiment eft adopté généralement ; c'eft le feul adopté par les Académies, & c'eft auffi (1) celui de la Compagnie des Architectes-Experts, dont j'ai l'honneur d'être un des Membres.

A l'égard de l'humidité que les bois d'un plancher peuvent recevoir extérieurement des plâtres environnants, elle eft auffi peu de chofe en réalité

____

(1) Voyez la Differtation fur les Bois de Charpente.

qu'une imagination préoccupée l'amplifie. En effet, les solives portent de quatre pouces sur des lambourdes ; le vuide entre chacune s'appelle *solin*, qui se maçonne en plâtre avec platras secs par eux-mêmes, puisqu'ils proviennent presque toujours d'anciens tuyaux de cheminées. Les solives, d'ailleurs, reçoivent par-dessus un couchis de lattes & un aire de plâtre de deux pouces d'épaisseur à peu près. Par le dessous de ces solives est un autre lattis pour recevoir les plâtres du plafond, dont l'épaisseur est d'un pouce ou environ. Quelquefois au dessus de ce lattis inférieur on fait entre les solives une maçonnerie, appellée *auget*, cercée de deux pouces & demi environ ; mais au plus d'un demi-pouce d'épaisseur réduite.

Que peut produire d'humidité une pareille maçonnerie ?

Ce n'est presque qu'une superficie très-mince, qui est totalement exposée à l'action desséchante de l'air en dessus ou en dessous. Encore faut-il observer que presque toujours les plafonds du dessous & les aires du dessus se font en des temps fort éloignés les uns des autres, ce qui donne doublement lieu à toute l'action de l'air.

De plus, ceux qui pratiquent le bâtiment, ne peuvent s'empêcher de convenir que ce qu'ils ont trouvé endommagé par la carie à l'extérieur de quelques solives, n'ait été occasionné que par deux causes étrangeres, telles que l'aubier resté sur les faces extérieures des solives, ou l'humidité du lieu.

La premiere de ces causes ne devroit jamais exister, puisque ces sortes de bois sont proscrits par tous les devis : à l'égard de la seconde, on n'en peut rien conclure pour le général. C'est un de ces cas particuliers qui doivent entrer dans les exceptions, relativement aux grosseurs dont nous avons parlé.

Maniere de procéder au Sciage de refente des Bois.

Nous avons traité il y a un instant de la solidité, relativement à l'assiete & à la largeur des bases des poutres & des solives. Il nous reste actuellement à parler de la maniere dont on doit procéder dans le sciage de refente, à l'emploi de ce bois refendu, & à l'espece de résistance qu'on doit lui conserver.

Il est manifeste, d'après les observations de nos Naturalistes, & d'après la contexture de l'arbre, telle que nous l'avons rapportée au commencement de cet Ouvrage, qu'il y a nécessairement des précautions à prendre dans la refente, pour que cette refente n'ôte pas à une piece la solidité qu'on en doit tirer, & pour qu'elle en soit plus utile sous le fardeau.

Il ne peut qu'être extrêmement avantageux de refendre par le milieu les bois équarris. On peut même les refendre en plusieurs tranches, ainsi qu'on débite les bois françois ; mais on aura attention de n'employer jamais en solives la partie du centre ou du cœur de l'arbre.

La résistance des bois refendus dépend de deux choses; de la direction des fibres ligneuses, & de ce qu'on embrasse plus ou moins de circonférence de cônes ligneux, dont le cercle entier forme le corps de l'arbre. La tranche du milieu n'embrasse que des portions très-petites de la circonférence de ces cônes ligneux. Ces portions sont toutes dans le sens horisontal de la piece & paralleles à sa base ; & en outre elles renferment dans leur milieu le corps médullaire qui est toujours spongieux, & par conséquent est une matiere tendre & imparfaite. Aussi est-ce une raison pour laquelle elle doit être rebutée. Les autres tranches intermédiaires sont toutes de bois vif, & embrassent plus de circonférence de nos cônes ligneux. Ces portions de circonférence sont toutes dans le sens vertical & à angles droits sur la base de la piece. On doit donc les considérer comme parfaites sous le fardeau, en apportant les précautions dont nous venons de parler, & qui sont une suite des expériences de M. de Buffon.

Quoique les tranches extérieures aient leur utilité, soit en planches, soit en fourures, on peut cependant en faire emploi en solives, en faisant attention qu'elles soient bien équarries, & que tout l'aubier ou le bois jeune avoisinant l'aubier de trop près, en soit supprimé totalement.

Il est encore à observer qu'il ne faut jamais employer de pieces refendues en deux sur la hauteur, & en même temps en deux sur la largeur. Si l'on a besoin d'une piece de six pouces de hauteur, il faut la choisir dans une piece de six pouces d'équarriffage. Si l'on a besoin d'une piece de douze pouces de hauteur, il faut la prendre dans une piece de douze pouces de haut, & non dans une piece de vingt-quatre.

C'est une suite des principes que nous venons de voir il y a un instant. La piece de six pouces de hauteur, débitée dans une piece de six pouces d'équarriffage, & celle de douze pouces de hauteur prise dans celle de douze pouces d'équarriffage, contiennent le demi cercle entier des cônes ligneux dont toutes les couches s'entretiennent ; au lieu que dans les pieces refendues en tous sens on n'embraffe que des quarts de cercles des couches ligneufes, qui ne font pas capables d'avoir la réfiftance requife.

Il feroit à fouhaiter que l'on n'employât en folives que du fix, du neuf, du douze, & même du quinze pieds ; par ce moyen on éviteroit le défaut d'allignement dans la direction des fibres : ce défaut préjudiciant toujours à la force des bois.

A ce fujet il y a une diftinction à faire entre tortuofité dans le tronc de l'arbre, & tortuofité dans les fibres.

La tortuofité dans le tronc de l'arbre (néceffaire parfois dans nos bâtiments, & prefque toujours dans la marine) feroit fauvée, en n'employant que les longueurs ci-deffus, n'étant pas fenfible dans d'auffi petites étendues ; & où elle feroit plus confidérable, elle doit être rebutée, ainfi qu'elle l'eft par les devis & marchés. On a le foin d'y fpécifier qu'il ne fera employé aucun bois tranché, qui n'eft autre chofe qu'une piece de bois dreffée, & équarrie fans foin fur fes faces par un Bucheron mal adroit.

A l'égard de la tortuofité des fibres, ou défaut de direction dans leur allignement, défaut qu'on ne peut parer, & qui fe trouve dans toutes les pieces de bois quelconques du plus au moins, elle fera encore moins fenfible dans les petites que dans les grandes longueurs.

D'après ce que nous venons de dire fur la réfiftance des bois, & d'après les remarques que nous avons faites au commencement de cet Ouvrage, fur la foibleffe des tenons & des lames folides du deffous de nos linçoirs & chevêtres, qui font les feules parties chargées, ne nous feroit-il pas permis de defirer qu'on rectifiât cette forte de conftruction, qui ne date que d'une foixantaine d'années, qui eft dangereufe & contraire à la folidité par fa pefanteur démefurée, qui eft d'ailleurs fujette à nombre d'inconvénients, & qui enfin eft tout-à-fait oppofée à la bâtiffe fage & raifonnée des anciens édifices, dont la durée eft le figne certain d'une bonne conftruction? N'y auroit-il pas des moyens de nous rapprocher de l'ancien ufage? Prenons le bon de l'une & de l'autre pratique; combinons le tout avec les expériences dont nous venons de voir les réfultats : nous ne pouvons qu'y gagner. Abandonnons tous préjugés, toute routine; partons de principes, & nos murs ne feront ni écrafés ni déverfés par les longueurs démefurées des travées d'autant plus pefantes, qu'elles ne partagent pas le poids, & que tout le fardeau fe trouve en un point; il ne peut être autrement dans ce genre d'opérer. Les grandes longueurs de linçoirs entraînent cet inconvénient : heureux encore quand il n'y a pas de porte-à-faux fouvent caché par les différents planchers qui font au-deffous; on n'y fait pas affez d'attention. Tous les jours nous voyons des crevaffes & des lézards dans des murs de face, de pignon, de refend ; la maçonnerie en eft bonne, ils font bien conftruits : nous fommes étonnés de ces effets, n'en cherchons pas d'autres caufes que dans celle de nos charpentes. Les parties de maçonnerie qui les foutiennent, s'affaiffent fous le poids, tandis que les voifines qui n'ont que leur propre pefanteur à fupporter, fe foutiennent fans aucun taffement. L'équilibre eft perdu, il ne peut être autrement; toute la charge fe trouve fur un même point. C'eft un vice de conftruction premiere,

miere, il n'y a pas de remede : il n'est pas de moyen pour vraiment réparer ce mal sans qu'il y paroisse. Les soins, les dépenses sont superflus, on ne peut que le masquer ; la cause subsistante, l'effet subsiste. Le seul expédient, c'est de fournir de nouveaux points d'appui, tels que des poteaux, des chaînes en pierre : mais, quelle opération ! Que des poteaux sont désagréables à voir !

Cherchons donc des moyens pour éviter un genre de bâtisse qui entraîne de si grands inconvénients : on ne les connoissoit pas autrefois ; la raison en est simple, c'est qu'on n'employoit pas ces longues pieces d'enchevêtrure, dans lesquelles se rassemble tout le poids immense d'une travée considérable de planches qui ne porte que sur un seul point. Nos anciens ne mettoient en œuvre que des solives d'un cube moitié moins considérable que celles que nous employons, encore avoient-ils le soin que le fardeau se trouvât partagé : aussi leurs édifices étoient-ils beaucoup plus solides & bien moins sujets aux accidents du fardeau que les nôtres. Pourquoi ne les imiterions-nous pas ? Pourquoi ne pas chercher des expédients qui puissent au moins compenser leur pratique dans la maniere de construire leurs planchers, en évitant cependant la difformité des poutres en contre-bas ? Le bien de la société nous y engage, en cherchant à ne nous servir que de solives de neuf, douze & quinze pieds de longueur,

S

peut-être pourrions nous y parvenir. Les grosseurs seroient analogues aux longueurs; & relativement aux principes que nous avons reconnus, elles seroient moitié plus
foibles, de la moitié moins de dépense, & il y auroit
moitié moins de charge sur les murs. Les baliveaux seront
mieux conservés; on en abattra beaucoup moins par
suite d'abondance. La marine sera mieux servie ; on
aura plus facilement de beaux & forts arbres pour nos
bâtiments : on trouvera plus aisément des bois de qualité, ils seront moins rares ; les poutres ne seront plus
portées par les suites à des prix fous & exorbitans,
tels que ceux de quatorze cents livres, au lieu de six
à sept cents francs qu'elles valoient. Nos forêts, par
défaut de consommation de moitié, se repeupleront,
& le chauffage qui nous est essentiel, sera plus certain & à bien meilleur marché. L'autorité des Magistrats
sera nécessaire ; elle n'est jamais refusée quand la justice y a recours : c'est le bien commun, c'est celui de
l'Etat qu'on se propose. Pourquoi se refuseroit-on à sa
défense? Cherchons donc avec avidité les détails de
ces moyens; &, pour y parvenir, commençons par nous
pénétrer & à bien connoître la résistance qu'on doit supposer & qui se trouve réellement dans les bois que nous
pouvons employer : ce premier pas est d'une conséquence infinie pour la pratique ; procédons-y avec cir-
conspection, & cherchons à nous en procurer la certitude en combinant nos découvertes, & en faisant

l'application des épreuves que nous venons de voir. En effet, la résistance sous laquelle nos pieces d'expériences ont cédé, doit nous servir de guide, & nous diriger dans l'emploi de nos bois. On ne pose pas de la charpente pour la voir casser sous le fardeau, soit dans le temps de la pose, soit même quelques années après. Les expériences nous ont fait connoître le terme ; c'est à notre prudence à faire le reste. Nous savons que les épreuves ont été faites & sur solives retenues par les deux bouts, & sur solives posées seulement sur deux points d'appui. Il en résulte qu'une solive posée seulement sur ces deux points d'appui, a un tiers moins de force qu'une solive retenue par ses deux extrémités.

Mais nous observerons en même temps, avec M. de Buffon, qu'il ne faut pas regarder nos pieces encastrées & scellées dans nos murs, comme y étant aussi strictement attachées que les pieces de bois de nos expériences. Notre maçonnerie n'étant pas aussi indissoluble, & ne retenant pas aussi fixement nos solives dans notre construction, que les valets qui serrent les abouts des pieces dans nos expériences ; qu'ainsi il faut ranger dans la même classe toutes nos pieces, soit qu'elles soient posées simplement sur des lambourdes, soit qu'elles soient scellées dans les murs, & par conséquent les regarder toutes comme seulement appuyées.

A cet effet, nous établirons, avec nos Obſervateurs, la réſiſtance derniere, ſous laquelle nos pieces doivent céder, pour premier terme de comparaiſon.

Nous obſerverons avec eux; & en profitant de leurs lumieres :

1°. Qu'il ne faut prendre que la moitié de ce premier terme, à cauſe de la difficulté à trouver des bois d'une ténacité égale, non-ſeulement relativement aux différents terreins, mais encore dans le même ſol, à cauſe de l'impoſſibilité d'avoir des pieces, dont les fibres non-tortueuſes ſoient exactement dirigées en ligne droite dans leur longueur ; & enfin à raiſon de ce qu'elles ont plus ou moins de réſiſtance, ſelon que les pieces de charpente auroient été priſes dans le pied de l'arbre, ou dans la partie ſupérieure du tronc, ſelon que ces piéces proviendront d'un arbre fait, ou d'un arbre ſur le retour, ou d'un arbre dont le bois trop jeune n'auroit pas encore atteint ſa maturité.

2°. Que de cette moitié du premier terme, il ne faut prendre que les deux tiers, d'autant qu'il faut regarder toutes nos pieces de charpente comme non arrêtées, étant impoſſible de les ſceller invinciblement.

3°. Qu'il faut encore prendre la moitié de ces deux tiers, à raiſon du laps de temps qui, ſuivant les expériences, affoiblit les réſiſtances de moitié.

4°. Qu'il faut enfin prendre pour le véritable terme d'assurance les trois quarts de cette derniere moitié , c'est-à-dire le huitieme de la charge totale sous laquelle nos pieces de charpente devroient céder relativement aux expériences , attendu que l'affoiblissement produit par le laps de temps ne met pas, il est vrai , nos pieces dans le cas d'être rompues, mais bien dans le cas de ployer , dernier inconvénient qu'il faut encore éviter.

Le terme d'assurance que nous avons cru devoir prendre , est bien plus considérable que celui dont on s'est servi jusqu'au moment. Les uns le porterent à moitié ; les autres au quart, & nous , nous le portons au huitieme.

Cette force que nous avons prise pour terme d'assurance , paroîtra peut-être surabondante , & l'effet d'une crainte mal fondée ; point du tout. Nous nous imaginons qu'on pensera comme nous , lorsqu'on fera attention que nous proposons de n'employer que des bois de refente , afin de gagner les résistances du côté du quarré des hauteurs , sans employer des cubes plus forts, & qu'il est nécessaire , en outre des précautions relatives aux directions des fibres , aux longueurs des pieces & à la différente ténacité de leurs bois , de parer encore l'affoiblissement de ces mêmes fibres coupées ou tranchées par le sciage.

Il nous reste deux articles essentiels à discuter ; le premier est de faire voir la maniere de calculer les

charges éparfes dans l'action abfolue, & répandues dans
la fuperficie totale d'un plancher , en réuniffant les
différentes actions relatives de ces charges au point
milieu de la piece de charpente qui doit y réfifter; le
fecond eft de démontrer l'économie de la charpente
méplate , en la comparant avec nos planchers actuels
de bois de brin employés dans leurs quarrés. Sur ce
dernier article nous choifirons deux exemples ; l'un
dans un plancher d'une étendue ordinaire, comme
font nos chambres ; l'autre, dans de grands planchers ,
tels que font ceux de nos grands fallons.

La méchanique nous donnera les moyens de calculer
les charges du plancher, & de les réunir au milieu de la
piece dont on veut connoître la réfiftance ; l'opération
eft auffi curieufe qu'elle eft importante.

Elle nous fait connoître :

1°. Que deux puiffances ou deux poids font en équilibre aux deux extrémités des bras de levier , toutes
les fois que les poids ou bras de levier font égaux entre eux. Ainfi 10 l. fufpendues à l'extrémité d'un bras de
levier de fix pieds de long , font en équilibre avec dix
livres fufpendues auffi à l'extrémité d'un autre bras de
levier auffi de fix pieds de long. C'eft ce que nous
voyons tous les jours dans les balances , où les bras de
levier & les poids font égaux entr'eux.

2°. Que fi les bras de levier font inégaux, il faut,
pour avoir ce même équilibre, que les poids foient

en raison réciproque de la longueur de leurs bras de levier. Ainsi une livre suspendue à un bras de levier de six pieds de long, sera en équilibre avec un poids de six livres, suspendu à un bras de levier d'un pied de long. C'est ce qu'on remarque aisément dans nos pesons ou romaines.

3°. Que quoique la valeur absolue d'un poids reste toujours la même, cependant cette valeur absolue est égale à une autre valeur appellée *relative*, qui est proportionnée au plus ou au moins de longueur du bras de levier auquel il est suspendu, & qu'on nomme *moment de la puissance* dans une machine.

D'après ces exemples on ne peut se refuser d'avouer que quoique le poids d'une livre & celui de six liv. soient extrêmement différens entr'eux, cependant le poids d'une livre, sans devenir plus pesant, & celui de six livres, sans devenir plus léger, se trouvent néanmoins en équilibre, relativement aux diverses longueurs des bras de levier, à l'extrémité desquels ils étoient appuiés.

4°. On conviendra encore qu'à poids égaux, si un bras de levier est double d'un autre, le même poids aura une valeur relative double ; si le bras de levier est triple, sa force relative sera triple ; si le bras de levier est quadruple, sa force relative sera quadruple, & ainsi de suite. C'est une conséquence de la proposition précédente.

5°. Que par raison inverse, si, à poids égaux, un bras de levier est le quart de la longueur d'un autre, la valeur relative du poids sera plus foible d'un quart; si le bras du levier est d'un tiers plus court, la valeur sera du tiers: s'il est de moitié, elle sera aussi de moitié plus foible qu'elle ne seroit à l'extrémité du bras de levier entier qui lui est comparé.

6°. Qu'au-lieu d'avoir des bras de levier de différentes longueurs, ce sera la même chose de prendre un seul bras de levier, de faire plusieurs divisions sur sa longueur, & d'appliquer successivement le même poids à chacune de ces divisions.

Supposons une longueur de bras de levier divisée en six parties égales, de pied en pied par exemple : nous aurons alors six longueurs différentes de bras de levier, d'un pied, de deux pieds, de trois pieds, de quatre pieds, de cinq pieds & de six pieds.

Le poids qui sera suspendu à cinq pieds, aura, à cette distance, un sixieme moins de pesanteur relative que s'il étoit suspendu à l'extrémité du bras de levier entier de six pieds; le même poids aura deux sixiemes ou un tiers moins de pesanteur relative à quatre pieds qu'à l'extrémité de six pieds; il aura trois sixiemes ou moitié moins de valeur à trois pieds; & enfin il perdra à un pied les cinq sixiemes de la valeur absolue qu'il auroit à l'extrémité de six pieds, & nous aurons cette progression arithmétique pour les bras de levier : $\frac{0}{6}$, 1 ,

2, 3, 4, 5, 6 ; & cette autre pour les expressions de valeurs relatives : $\frac{0}{0}$, $\frac{1}{6}$, $\frac{2}{6}$, $\frac{3}{6}$, $\frac{4}{6}$, $\frac{5}{6}$, $\frac{6}{6}$.

Ces principes auront leur application dans un instant, lorsque nous étudierons la charge de chaque travée de plancher sur le morceau de bois qui le supporte. Il faut d'abord trouver le fardeau dont un plancher peut être chargé, & dont chaque solive peut être chargée en particulier, chacune dans son milieu, qui est l'endroit où les pieces de charpente ploient & se cassent ordinairement.

Pour sçavoir la charge qui peut fatiguer ou cette poutre ou cette solive, il faut connoître dans les charges ordinaires les poids de chaque piece de charpente, le poids de l'aire de maçonnerie, celui du carreau, enfin le poids des personnes qui peuvent charger un plancher ou des cloisons portant des charges supérieures ; & dans les charges extraordinaires, comme grains & marchandises, on cherchera en outre leur pesanteur, relativement à cette destination particuliere de planchers, & à leur application en magasins ou en distribution de cloisons.

Nous fixerons, d'après les expériences les plus répétées, le pied cube de bois sec à. . . . . 60 ℔

celui de la maçonnerie à. 86

celui du carreau à. 127

En conséquence le pied superficiel de maçonnerie,

supposé à cinq pouces d'épaisseur, y compris aire, plafond, auget, clous, lattes ou bardeaux, sera estimé. . . . . 36 ℔

Le pied superficiel de carreaux, supposé de neuf lignes d'épaisseur, sera estimé. 8

Totalité de la masse. . . . 44

Nous estimerons, pour la charge des personnes, le pied superficiel, charge de. . . 17

Total de la charge. 61

Nous ne dirons rien du poids des cloisons portant charge supérieure. Il sera aisé de l'apprécier à quiconque voudra s'en donner la peine.

Nous n'avons pas encore parlé du poids de la charpente, parce que ce poids ne peut être évalué en pied superficiel d'une maniere générale. Il dépend de ce que les pieces sont plus ou moins fortes d'équarrissage; & elles sont plus ou moins fortes d'équarrissage, à raison de ce qu'elles ont plus ou moins de longueur. Ainsi il faut en calculer le cube à part, fixer les poids de ce cube, & diviser la totalité du poids qui en proviendra par la superficie du plancher qu'elles composent.

Pour bénéfice de sûreté dans la pratique, nous avons jugé à propos de forcer un peu le poids. En effet la charpente peut peser quelquefois moins de soixante

livres le pied cube. La maçonnerie que nous comptons
pour aire, auget, plafond, clous, lattes ou bardeaux
de cinq pouces d'épaiſſeur, peut fort ſouvent n'aller
qu'à quatre pouces. Nous avons donné au carreau le
même poids que la tuile : il peſe moins certainement.
Enfin en établiſſant le poids d'une perſonne à dix-ſept
livres par pied ſuperficiel, nous avons ſuppoſé toutes
perſonnes, l'une dans l'autre, peſer cent cinquante-
trois livres, & occuper trois pieds ſur trois pieds, (neuf
pieds ſuperficiels par conſéquent) charges chacune de
dix-ſept livres, neuvieme partie de cent cinquante-
trois livres.

Par ſuite de ces excédens de peſanteur, on peut fort
bien être diſpenſé de calculer le poids ordinaire des
meubles. En effet, la ſuperficie de plancher étant
cenſée chargée de perſonnes les unes à côté des autres, autant qu'il peut en contenir, ce qui ne peut arriver ; une telle compenſation eſt fort au-deſſus de la
peſanteur des meubles ; auſſi ſera-ce le calcul à obſerver lorſqu'on n'aura pas à appréhender de choc. Mais
toutes les fois que ce même plancher ſe trouvera encore attaqué par le choc d'un corps tombant, il conviendra employer des regles particulieres & plus étendues dans leurs principes. Nous diſtinguerons en conſéquence les charges gravitantes ſur un plancher. Les
unes n'agiſſent directement que par leur poids ; nous
les nommerons à cet effet forces mortes, & les for-

ces des corps tombant sur ces mêmes planchers, nous
leur donnerons le nom de forces vives. Cherchons
pour l'instant à connoître ces valeurs.

Les forces de choc ou de percussion sont plus ou
moins agissantes, & augmentent en conséquence le
poids absolu d'un corps quelconque. Elles sont de deux
sortes : tel 1°. que le choc des fardeaux qu'on peut décharger d'une certaine hauteur, ainsi que sont des balots, des sacs de marchandises qu'on culbute du haut
d'une pile en bas, ou qu'un homme de faix jette de
ses épaules sur un plancher ; tel 2° que le choc d'un
homme qui, après s'être élancé en l'air à une certaine
hauteur, retombe en bas, comme font les danseurs
& sauteurs. Cet article de choc est intéressant sans
doute, mais en même-temps il est des plus difficiles
à éclaircir. Il nous engagera dans une longue discussion, qui d'abord paroîtra étrangere à notre objet,
& peut-être même un peu trop étendue ; mais on
sera dédommagé de cet écart nécessaire, lorsqu'on verra
l'utilité & l'application des principes, & l'impossibi-
lité de parvenir autrement à la solution de la question.
Les chocs sont directs ou obliques. Nous ne parlerons que des chocs directs, ce sont les seuls dont nous
avons besoin.

Dans le choc il y a trois choses à considérer : la
résistance réciproque des corps, la communication du
mouvement & la force du choc.

Il ne faut pas d'explication pour entendre ce qu'eſt la réſiſtance d'un corps. Cette réſiſtance eſt le repos où il reſte juſqu'à ce qu'il ait reçu la quantité de mouvement qui lui eſt néceſſaire pour ſe mouvoir.

Lorſqu'un corps en choque un autre en repos, la force du choc fait des impreſſions égales ſur l'un & l'autre en ſens contraire. Cette réſiſtance ne détruit pas le mouvement ; elle eſt ſeulement le moyen de ſa communication.

Cette communication de mouvement varie ſuivant la nature des corps. Ils ſont ou fluides, ou durs, ou mols, ou élaſtiques ; & ces derniers ſont ou à reſſorts parfaits, ou à reſſorts imparfaits.

On appelle reſſort dans un corps la force avec laquelle il ſe rétablit dans ſa premiere forme, après qu'elle a été comprimée ou chargée par une force extérieure. Ainſi ſont nos reſſorts de montres & de pendules, ces ballons dont s'amuſent nos jeunes écoliers, &c.

Commençons par examiner comment, dans les corps durs & non-élaſtiques, la communication de mouvement s'opere. Dans les corps durs & non-élaſtiques, la quantité de mouvement du corps choquant ſe partage avec le corps choqué & en repos, en raiſon des maſſes. Si les maſſes des deux corps ſont égales, le corps choquant perd moitié de ſon mouvement. Si le corps choqué eſt double du corps choquant, ce dernier perd les deux tiers de sa quantité de mouvement.

Dans les corps à ressort parfait, voici comme s'établit la communication de mouvement. Il se distribue & se partage de maniere que non-seulement les parties d'attouchement sont dérangées, mais même la totalité des deux corps en est affectée, étonnée, ébranlée.

Les parties par lesquelles les corps se sont touchés s'approchent du centre : celles qui y sont opposées reviennent sur le corps, au-lieu d'en suivre la direction, & celles qui sont à droite & à gauche s'écartent chacune de leur côté, de sorte que si le corps est sphérique, il prend dans cet instant de compression la figure d'un sphéroïde ou d'un œuf. C'est ce que Mariotte prouve par ses expériences, dans son *Traité de la Percussion*. Partie I, propos. 27.

Pour parvenir à connoître la force du choc & l'estimer suivant les loix de la méchanique, nous supposerons deux corps à ressort parfait, l'un en repos & l'autre en mouvement, placés tous les deux sur un plan horisontal.

1°. La force que le corps en mouvement perd dans le choc est en raison des masses des deux corps. Nous l'avons dit.

2°. La force appliquée au ressort est celle que le corps choquant a perdue dans le choc.

3°. Le ressort se comprime avec la force qui lui est appliquée.

4°. Lorsque le ressort se rétablit , il communique aux deux corps une quantité de mouvement égale à celle que le corps en mouvement a perdue dans le choc.

5°. Après le choc , la quantité de mouvement restante dans le corps choqué est composée , tant de la force du choc que de celle du ressort.

6°. Cette quantité de mouvement est double de celle que le corps choquant a perdue dans le choc , les masses supposées égales.

7°. Les deux quantités de mouvement que reçoit le corps choqué , sont dans le même sens , & celle que le corps choquant reçoit des ressorts est contraire à son mouvement primitif. Voilà pourquoi les ballons rebondissent à plusieurs fois sur un plancher , & pourquoi un danseur s'éleve plus aisément sur des planches libres que par-tout ailleurs ; en effet ces corps sont renvoyés en sens contraire de leurs directions par le ressort du plancher.

Ces propositions bien senties & bien vues , observons ce qui doit arriver dans notre hypothèse, qui est celle des solives ou poutres , soit appuiées , soit retenues par les deux extrémités. La résistance de leurs points d'appui facilite leur ressort. Ainsi les deux chevalets sur lesquels est montée la corde d'un luth ou d'un clavecin en favorisent la vibration.

Si les pieces de charpente dont il s'agit étoient libres, elles descendroient avec le fardeau, après avoir répondu à son choc par la restitution de leur ressort. Elles sont retenues par les deux points d'appui ; leur ressort doit donc se bander sur leurs deux extrémités avec plus de roideur : elles doivent donc repousser le corps tombant avec une force supérieure à celle qui a comprimé leurs ressorts, ou à celle que le corps tombant a dû perdre en raison des masses.

Aussi tous les Savans qui ont fait des expériences sur les bois, ont trouvé unanimement que la piece de bois scellée par les deux bouts a un tiers plus de force, comme nous l'avons dit, que celle qui n'est posée simplement que sur deux points d'appui.

Nous ne chercherons point la différence du ressort d'un corps élastique libre & d'un corps élastique retenu par ses deux extrémités dans le temps du choc. Cette discussion demande un trop grand détail, & seroit étrangere à notre objet.

Il nous suffit, dans notre hypothèse présente, de savoir qu'il ne nous faut pas employer ici, pour le choc du corps heurtant sur nos solives, le double de la force qu'il a dû perdre par le choc ; mais simplement une fois & demie, lorsqu'il sera question de

balots

balots tombants , & un sixieme seulement lorsqu'il s'agira de danseurs , d'autant que , dans nos démonstrations , nous avons considéré les corps comme parfaitement élastiques , & que nous savons qu'il n'y en a aucun qui le soit parfaitement.

Mais il n'y en a aussi aucun qui n'ait quelque élasticité plus ou moins : il ne s'agit donc que du plus ou du moins de ressort ; & plus il y en aura , plus la force du choc diminuera. C'est ce qui suit clairement des principes que nous venons d'établir.

Par conséquent , de ce que nous avons supposé l'élasticité parfaite dans nos deux corps , il en résultera encore un bénéfice pour notre calcul relativement à la solidité , les forces acquises par le choc étant moins fortes que nous ne les avons appréciées.

D'après cet exposé , pour connoître cette force de choc, il n'y a plus que trois choses à déterminer : le poids absolu du corps qui tombe, l'accélération des vîtesses acquises , ou les espaces parcourus pendant la durée de sa chûte, enfin son poids relatif, ou la force qu'il a acquise à la fin de cette même chûte.

Il n'y a pas de difficulté à connoître le poids absolu d'un corps, puisqu'avant sa chûte il y a un poids déterminé.

A l'égard de l'accélération de vîtesse acquise pendant les instans de la chûte du corps , il faut savoir d'abord que la vîtesse d'un corps est le plus ou moins

T

d'espaces parcourus pendant la durée de son mouvement; que les espaces parcourus, ou les hauteurs desquelles tombent les corps, sont entr'eux comme les
quarrés des temps ou des vîtesses, & que ces vîtesses
ou ces temps sont entr'eux comme les racines quarrées des hauteurs ou des espaces parcourus.

Il faut donc chercher en conséquence de combien
de hauteurs & en combien de temps un corps pesant
peut tomber depuis le commencement de sa chûte,
pour avoir le rapport déterminé des espaces parcourus,
ou des vîtesses ou des temps avec lesquels ces espaces
auront été parcourus.

Nous allons rapporter le travail des Physiciens &
des Géometres à ce sujet, d'autant plus que cela nous
servira à lever une difficulté qu'on pourroit nous opposer.

Ils ont répété là-dessus des expériences sans nombre. Galilée a trouvé qu'une bale de plomb parcourt
douze pieds dans la premiere seconde de la chûte.
Le Pere Sébastien & Mariotte ont trouvé que cette
bale parcourt treize pieds; de la Hire, par les expériences qu'il a faites, a trouvé qu'elle en parcouroit
quatorze; Huyghens prétend par les siennes, que cette
bale parcouroit quinze pieds dans cette premiere seconde de la chûte.

C'est aussi le résultat des expériences de Newton,
& ce qui s'est trouvé le plus conforme avec toutes

celles qui ont été faites à ce sujet : elles ont été suivies avec la plus grande précision imaginable, réitérées & vérifiées sur les pendules qui battent les secondes en différentes parties de notre globe, en Europe, dans l'Afrique, dans l'Amérique, à la Cayenne & à l'Isle de Gorée.

A la Cayenne, les corps parcourent pendant la premiere seconde de leur chûte quinze pieds neuf lignes ; à l'Isle de Gorée, pendant le même temps, quatorze pieds quatre pouces trois lignes ; & à l'Observatoire de Paris quinze pieds.

On a remarqué que ces différences ne provenoient que de ce que les pays sont plus ou moins proches de l'Equateur ; & plusieurs Mathématiciens ont trouvé dans une profonde physique la cause de ces variétés.

Enfin, l'opinion qui donne quinze pieds de hauteur de chûte pendant la premiere seconde est assez conforme à la théorie des Cycloïdes, qui nous donne par le calcul quinze pieds trois lignes, & qui confirme la validité de ces expressions qu'on auroit pu regarder comme douteuses.

La plupart de ceux qui ne jugent que par les sens croiroient nous arrêter ici, & pourroient nous faire une objection (c'est cette objection que nous avions prévue il y a un instant) ; ils s'imaginent que deux corps inégaux & de pesanteur différente doivent tomber, l'un avec plus, l'autre avec moins de vîteſſe, à raiſon de ce qu'ils ſont plus ou moins peſans.

Ils nous diront en conféquence, qu'inutilement nous aurons trouvé la vîteſſe d'un corps de poids connu ; que la vîteſſe d'un autre poids infiniment ſupérieur nous ſera toujours inconnue, & que tous les corps étant de poids plus ou moins forts, nous ne pouvons rien déterminer de fixe à ce ſujet.

Ils ne ſavent pas que la force accélératrice des corps graves dans leur chûte eſt toujours la même ; que les corps ſoient plus ou moins peſans, ſuivant toutes les expériences qui ont été faites dans la machine du vuide, les corps les plus légers comme les plus peſans ſont tous tombés en même temps.

Des expériences faites avec le plus grand ſoin par le fameux Newton, font voir que le moindre brin de duvet ſe précipite de haut en bas dans un long récipient avec autant de vîteſſe qu'une bale de plomb.

Il eſt vrai que l'expérience nous apprend qu'il y a des cas où les corps que nous jettons en bas ſe précipitent dans des temps différens. Qu'on laiſſe effectivement tomber un globe de liege & un globe de plomb de même diametre, de hauteur conſidérable, on trouvera qu'ils ne tomberont pas à terre ſenſiblement dans le même temps ; mais il n'eſt pas moins conſtant auſſi que dans l'air, les corps légers & les corps peſans qui deſcendent de hauteur peu conſidérable ont la même vîteſſe, du moins en certain temps.

Galilée dit que les deux globes en queſtion tombent avec une égale vîteſſe de deux pieds de hauteur, & qu'enſuite le globe de plomb devance beaucoup le globe de liége. Mariotte a fait pareille expérience : il laiſſa tomber de quatre-vingt pieds de hauteur une boule de mail & un boulet de canon de même groſſeur : il remarqua qu'ils deſcendirent juſqu'à 85 pieds également vîte ; qu'à cinquante pieds le boulet de canon dépaſſa de deux pieds la boule de mail, & qu'au bas de la chûte il la dépaſſa de plus de quatre pieds.

Il réſulte en général de toutes les expériences faites à ce ſujet, que ces différences dans la chûte des corps graves ne commencent à être ſenſibles que dans de grandes hauteurs. C'eſt ce que prétend particuliérement le Docteur Déſaguliers : il a fait ſes expériences dans l'Egliſe de ſaint Paul de Londres, où il a laiſſé tomber des corps de deux cents ſoixante-douze pieds de hauteur. C'eſt à cette diſtance qu'il nous rapporte avoir commencé à appercevoir des différences ſenſibles ; & beaucoup de Savans diſent avoir éprouvé nombre de fois qu'à ſoixante-douze pieds une bale de fuſil & un boulet de canon de vingt-quatre livres tomboient à terre ſenſiblement dans le même temps.

Auſſi dans l'hypothèſe préſente, où les hauteurs de

chûte font bien au deſſous de celles que nous venons de rapporter, nous regarderons les corps quelconques comme tombant à terre en même temps.

Obſervons cependant que dans les grandes hauteurs où ces corps deſcendent avec plus ou moins de rapidité, ce n'eſt pas à raiſon de leurs peſanteurs, mais à raiſon de leurs ſurfaces.

Tout corps ſolide qui traverſe un milieu, ou un fluide quelconque, y éprouve une réſiſtance. Que l'on mette ſa main dans l'eau, & qu'on la faſſe mouvoir, on éprouvera une réſiſtance qu'on ne ſentira pas en la faiſant mouvoir dans l'air.

Cette réſiſtance ne ſe fait qu'à raiſon des ſurfaces & non des peſanteurs. Si l'on met une planche dans l'eau & qu'on la faſſe mouvoir ſur ſa largeur, on ſentira beaucoup plus de réſiſtance, que lorſqu'on la fait mouvoir ſur ſon épaiſſeur. C'eſt ce que nos Mariniers appellent faire nager une rame : il faut l'élever de champ pour la faire ſortir de l'eau, & la rabattre ſur le plat pour appuyer ſur l'eau avec force, & faire de cette ſorte avancer le bateau.

Cependant cette planche & cette rame ſont toujours les mêmes, & n'augmentent point de poids dans une poſition plus que dans l'autre, étant toujours également ſoutenues par la main ou le bord du bateau.

Walis eſt le premier qui ait entrepris de réduire au calcul la réſiſtance de l'air au mouvement des corps.

Il a trouvé que ces réfistances font entr'elles comme le quarré de vîteffe de ces corps. Sa démonftration a été adoptée par Newton, & par tous les autres Géometres après lui.

En effet, que le corps en mouvement choque le fluide, ou que le fluide choque un corps en repos, la force du choc eft toujours la même. Cette force dépend des vîteffes, & les vîteffes font toujours les mêmes, foit que le fluide choque le corps, foit que le corps choque le fluide. Les chocs des fluides fur les corps folides oppofés font en raifon des quarrés des vîteffes de ces fluides; donc les chocs des corps fur les fluides font en raifon des quarrés des vîteffes de ces corps.

Les chocs d'un corps fur un fluide ou la réfiftance qu'il éprouve de la part du fluide, font une feule & même chofe : donc les réfiftances du fluide font pareillement en raifon des quarrés des vîteffes de ce même corps.

Les réfiftances des fluides ne font en même temps qu'en raifon des furfaces des corps. Newton (dans fes principes, prop. 6, liv. 2;) rapporte à ce fujet une expérience qui fert à prouver que tous les corps reçoivent de la pefanteur une même vîteffe ; que cette vîteffe feroit toujours confervée égale dans tous les corps fans la réfiftance de l'air, & que cette réfiftance ne provient que des furfaces.

T 4

Il fit faire deux boîtes de bois rondes & égales ; il mit dans l'une un morceau d'or , & dans l'autre successivement un poids égal d'eau , de froment , de sable, &c. , toutes matieres moins pesantes que l'or. Il suspendit ces boîtes à des fils d'égales longueurs : ces boîtes ainsi suspendues formoient des pendules de onze pieds de long. Ces pendules furent également éloignées du point de repos ; il trouva qu'elles alloient & revenoient ensemble pendant un temps considérable, & qu'elles faisoient leurs vibrations pareilles ; que les matieres qu'on y renferma , quoique fort inégales en volume , ne changerent pas dans l'expérience l'égalité des vibrations , parce qu'elles ne changeoient pas l'égalité des surfaces de ces boîtes.

Il en conclut que , si ces matieres étoient mues seules en pendules dans un milieu sans résistance , elles iroient & retourneroient ensemble. En effet , par la préparation de l'expérience , il avoit écarté cette résistance , ou du moins il avoit fait ensorte que la résistance de l'air fût égale pour toutes les matieres. C'est pour cela que les boîtes alloient & revenoient de même, & que leurs vibrations étoient égales. Ce qui démontre bien clairement que la pesanteur imprime à tous les corps la même vîtesse ; & que , sans la résistance de l'air & la différence des volumes , ils tomberoient tous avec une vîtesse égale.

La différence que nous avons rapportée entre la

chûte du globe de liége & celle du globe de plomb, du même diametre, ne vient que de la réſiſtance que les ſurfaces de leurs volumes éprouvent dans l'air. Il eſt effectivement certain que le globe de liége a plus de volume & de ſurface par conséquent, que le globe de plomb, relativement à la maſſe.

Car il ne faut pas confondre le volume d'un corps avec la maſſe. Le volume eſt l'eſpace qu'il occupe en longueur, largeur & épaiſſeur ; & la maſſe eſt la quanrité de matiere ou de poids que le volume contient en plus ou en moins. C'eſt à quoi Newton a bien fait attention dans ſon expérience. Par l'expédient de ces boules creuſes, il a rendu les volumes extérieurs égaux entre eux, quoique les volumes des maſſes renfermées fuſſent extrêmement inégaux, relativement aux matieres plus ou moins légeres qu'il avoit renfermées dans la capacité intérieure de ces boules.

Nous connoiſſons actuellement quelle eſt l'accélération des viteſſes, ou quels ſont les eſpaces parcourus pendant les inſtans de chûte. Nous avons vu qu'un corps ou un poids quelconque parcourt quinze pieds pendant la premiere ſeconde de ſa chûte, que les eſpaces parcourus ſont entr'eux comme les quarrés des temps ou des viteſſes ; & que ces viteſſes ſont entre elles comme les racines quarrées des hauteurs de chûte ou des eſpaces parcourus.

Nous avons donc le rapport des viteſſes entr'elles

reconnu par des poids quelconques. Nous avons auſſi le rapport déterminé des eſpaces parcourus dans un temps déterminé ; mais il nous manque encore la quotité de vîteſſe, ou les quantités des mouvements d'un corps ou d'un poids tombant d'une hauteur donnée. Le principe établi, on ſera en état de ſçavoir la proportion de ſon choc avec celui d'un poids ou d'un corps tombant d'une hauteur différente, & nous aurons la force de percuſſion de tout corps au bas de ſa chûte. Nous avons à ce ſujet tenté une expérience, pour nous mettre en état d'opérer d'une maniere certaine.

Nous avons fait préparer une barre de fer de quatre pieds de longueur & de douze lignes de groſſeur. Nous l'avons établie en équilibre ſur un fer rond de ſix lignes de diametre, afin qu'il y eût moins de frottement, & que le balancement de la barre fût plus libre dans ſon mouvement.

Le fer rond ſervoit d'appui au point milieu de notre barre. Il a été poſé ſur un quartier de pierre dure, pour qu'il n'y eût aucun reſſort dans le corps ſolide qui devoit le ſupporter. Il y a été encaſtré environ du quart de ſa groſſeur, afin qu'il ne pût, dans le temps du choc, ſe dévoyer d'un côté ou d'un autre.

Nous n'avons pas voulu encaſtrer ce morceau de fer rond dans la barre de quatre pieds. Il y auroit eu

un frottement à craindre entre cette barre & son point
d'appui, ce qu'il falloit éviter ; le poids d'un choc
étant très-différent d'un poids mis dans une balance
ou à l'extrémité d'un peson. Le frottement du point
de suspension n'y fait pas un obstacle assez considérable pour préjudicier à la connoissance des pesanteurs
qu'on cherche par leur moyen , sur-tout dans les
grands poids. Mais, en fait d'expérience, il faut plus
de précision, d'autant qu'il s'agit ici de la valeur du
choc ou de la percussion.

Nous avons ensuite successivement suspendu différens poids à la hauteur de deux pieds & demi du
dessus d'une des extrémités de la barre. Cette barre étant
parfaitement en équilibre, a été toujours , dans ce
même état, appuyée à l'autre extrémité, pour que
les poids qui devoient y être attachés n'enlevassent
pas l'extrémité de la barre qui étoit du côté du poids
suspendu au-dessus.

Ce poids suspendu , qui devoit tomber de la hauteur de deux pieds & demi, a été retenu à cette hauteur par une ficelle ; ensuite on a mis le feu à cette
ficelle avec une bougie , afin qu'aucun mouvement
étranger ne se communiquât au poids qui devoit
tomber.

Pendant qu'une personne mettoit le feu à la ficelle ,
j'observois quand l'extrémité de la barre où étoient les
poids commenceroit à se lever par le choc du corps

tombant , & un ami prenoit garde que la barre ne
se dérangeât dans son milieu sur le point d'appui de
fer rond.

Les poids à enlever étoient arrêtés, à l'extrémité
de la barre de fer & sur son arrête, avec une ficelle
très-mince. Ceux qui devoient tomber étoient d'une
livre, de deux livres, quatre livres & huit livres. Nous
les avons pris ainsi en progreſſion géométrique, afin
que les quantités de mouvemens étant toujours égales
aux maſſes, nos expériences puſſent se servir de preuves
les unes aux autres.

Elles ont été répétées nombre de fois sur le même
corps, & nous avons toujours trouvé que le choc du
poids d'une livre, avoit soulevé 10 liv. $\frac{1}{2}$, que celui
de 2 liv. avoit soulevé 21 liv. ; que celui de 4 liv.
avoit soulevé 42 liv., & que celui du poids de 8 liv.
avoit soulevé 84 liv.

Nous disons soulevé, parce que, dans l'inſtant du
choc, le poids tombant ne faisoit que soulever d'une
ligne à une ligne & demie l'extrèmité de la barre de
fer où étoient attachés les poids.

D'un côté le corps tombant n'a pu produire ce soulevement qu'à raison d'une force prépondérante ; &
d'un autre côté cette force prépondérante ne peut
être que peu de chose au-delà des poids soulevés,
ne produisant pas un enlevement entier, mais un
simple soulevement d'une ligne à une ligne & demie.

C'est pourquoi le choc du poids d'une livre soulevant 10 liv. $\frac{1}{2}$ sera censé être de 10 liv. $\frac{2}{3}$, celui du poids de 2 liv. soulevant 21 liv. sera censé être de 21 liv. $\frac{1}{3}$, celui du poids de 4 liv. soulevant 42 liv. sera censé être de 42 liv. $\frac{2}{3}$, & celui du poids de 8 liv. soulevant 84 liv. sera censé être de 85 liv. $\frac{1}{3}$. Ces chocs des poids de 1, 2, 4, 8, tombant de deux pieds & demi de hauteur, seront donc, en valeur de livres, 10 $\frac{2}{3}$, 21 $\frac{1}{3}$, 42 $\frac{2}{3}$, 85 $\frac{1}{3}$. Nous ne nous arrêterons pas à faire remarquer que ces grandeurs fractionnaires sont le résultat d'une force uniformément accélérée, & que chacun de ces poids parcourt d'un mouvement uniforme avec la vîtesse acquise au dernier instant de sa chûte, le double de l'espace qu'il a parcouru depuis le premier instant de sa même chûte. Cela est étranger à notre question. Cependant cette réflexion nous servira dans la comparaison que nous allons essayer d'établir dans un instant entre les forces vives & les forces mortes. Résumons, & disons que, d'un côté, ces grandeurs étant la quantité de mouvement qui existe dans chacun de ces corps au dernier instant de sa chûte, & l'expression du choc produit par cette quantité de mouvement ; &, d'un autre côté, la quantité de mouvement d'un corps étant le produit de sa masse par sa vîtesse, nous diviserons cette quantité par la masse, & nous aurons la vîtesse cherchée.

Ainsi, dans le premier cas, la quantité de mouve-ment $10\frac{2}{3}$, divisée par 1 livre, donnera au quotient 10 liv. $\frac{2}{3}$, pour la vîtesse de ce poids tombant de deux pieds & demi de hauteur.

Dans le second cas, la quantité de mouvement $21\frac{1}{3}$, divisée par 2, masse du poids de 2 liv., donnera au quotient 10 liv. $\frac{2}{3}$ pour la vîtesse de ce poids tombé de la hauteur énoncée.

Dans le troisieme cas la quantité de mouvement $42\frac{2}{3}$, divisée par 4, masse du poids de 4 liv., donnera au quotient 10 liv. $\frac{2}{3}$, pour la vîtesse de ce poids tombé de la même hauteur.

Et dans le quatrieme cas, la quantité de mouve-ment 85 liv. $\frac{1}{3}$, divisée par 8, masse du poids de 8 liv., donnera encore au quotient 10 liv. $\frac{2}{3}$, pour la vîtesse de ce poids tombé pareillement de deux pieds & demi de haut.

D'où il suit que la quotité de vîtesse, ou la quan-tité de mouvement d'un corps tombant de deux pieds & demi de haut, est 10 fois & $\frac{2}{3}$ la valeur du poids absolu qu'il avoit avant sa chûte. Cela ne suffit pas encore pour fixer la valeur du choc, que nous ran-geons, ainsi que tous nos Géometres, dans la classe des forces vives.

Il y a une autre difficulté à surmonter. Chacun sait qu'on ne peut comparer ensemble des grandeurs hé-térogenes; qu'il ne peut y avoir d'analogie entre la distance d'une Ville à une autre, & la distance d'un jour à un autre ; qu'il n'est pas aisé par conséquent de comparer entr'elles l'action des forces vives & celle des forces mortes, la différence étant aussi grande entr'elles qu'entre les lieux & les jours.

Nous demanderons cependant qu'il nous soit permis d'examiner en quoi consiste l'essence de ces forces, de chercher quels sont leurs effets différens, & d'emprunter, s'il est possible, dans la physique & dans la méchanique les secours nécessaires pour essayer une comparaison aussi difficile.

Supposons que l'essence de la force morte du corps grave avant sa chûte soit une gravitation sans vîtesse, & que l'essence de la force vive de ce corps tombant soit une gravitation avec vîtesse.

Cette hypothèse admise, la valeur des forces mortes ne sera autre chose que la pesanteur ; & celle des forces vives sera la quotité de vîtesse de la fin de la chûte, ou la quantité de mouvement communiqué à cette pesanteur, aussi à la fin de la chûte.

La valeur des forces vives du corps tombant se mesurera donc par le rapport qu'il y aura entre l'expression de son poids avant sa chûte, & l'expression du poids de choc après la chûte. Que le corps pese 8 liv. avant la chûte, ce sera sa force morte, & en même temps sa force absolue. Que ce corps frappe à la fin d'une chûte de deux pieds & demi, avec 8 ç

liv. $\frac{1}{7}$ de force ; ces 85 liv. $\frac{1}{7}$ feront fa force vive &
en même temps fa force relative.

Ce n'eft que cette force relative, produit des vîteffes
acquifes par la chûte, qui fait celle du choc. Un clou
chargé de deux à trois milliers ne pourra prefque
pas s'infinuer dans une planche, pendant que le moindre coup d'un marteau bien léger le fera enfoncer fen-
fiblement. C'eft que la force de gravitation des deux
ou trois milliers eft fans vîteffe, & que dans la percuffion du marteau il y a une vîteffe quelconque.

Ce même clou de matiere dure & de forme poin-
tue, quoique chaffé par le plus fort marteau, ne
pourra pénétrer une planche ni fi promptement ni fi facilement, qu'une chandelle chaffée par un fufil à
vent, quoique cette chandelle foit d'une matiere tendre & de figure émouffée : c'eft qu'il y a beaucoup plus
de vîteffe communiquée ici au corps choquant par le
fufil à vent, & beaucoup moins par le coup de marteau.

D'où il fuit que cette force n'eft autre chofe que le
produit d'une maffe quelconque, & que ce n'eft que
la quotité de vîteffe acquife à la fin de la chûte, &
comptée au dernier inftant de cette chûte, qui conftitue l'effence des forces vives de nos corps tombants.

Nous venons de confidérer ces forces en elles-mê-
mes : confidérons-les encore quant à leurs effets.

Les forces mortes, ou les charges qui gravitent
fur

fur un plancher, ne forcent pas également les fibres
de nos pieces de charpente. Ce n'eſt que dans un nombre d'inſtants ſucceſſifs, & après que les premieres
ont cédé, que les ſuivantes ſe trouvent bandées avec
la même force que celles-là l'ont été. Auſſi nos Géometres ont reconnu & admis dans ce cas des centres
de gravité & de percuſſion, d'extenſion & de compreſſion. Aucun d'entr'eux, excepté Galilée, n'a jamais
regardé les fibres comme également tendues, & comme devant ſe rompre à-la-fois : nous avons fait
l'expoſé de leurs différentes hypothèſes.

Au contraire, les forces vives du corps tombant ſur
un plancher forcent preſque également ces mêmes fibres, & preſque tout-à-la-fois, du moins ſenſiblement, vû la vivacité de leur action & la brieveté du
temps de ſa durée. Elles attaquent alors la totalité
des fibres du corps choqué, ébranlent toute ſa contexture, & cauſent un tel ravage en une portion de temps
ſi courte, qu'on ne peut pour ainſi dire en aſſigner la
différentielle, du moins dans la pratique. Ainſi, quant
aux effets, il y a dans l'action des forces vives deux
excès d'action ſur les forces mortes; l'un dans la brié-
veté du temps de l'ébranlement, & l'autre dans une
violence faite également, & preſque en même temps
à toutes les fibres.

Par conſéquent, toutes les fois qu'on voudra aſſi-
miler en quelque ſorte la force vive du corps tombant

V

à la force morte des corps gravitants fur nos planchers, on demandera avec toute sûreté, pour la pratique, qu'il foit permis de fe contenter des réflexions fuivantes.

Il ne s'agit que de fe reffouvenir que la figure qui a fervi à notre démonftration de l'action des forces mortes, nous repréfente par un triangle la progreffion arithmétique du plus ou moins de tenfion de nos fibres; que la bafe de ce triangle exprime le degré ou la force de tenfion de celle qui eft la premiere force; que cette force de tenfion diminue jufqu'au fommet du triangle où elle eft zéro; que dans l'action des forces vives, les fibres peuvent être confidérées comme ayant la même tenfion que celle qui eft à la bafe de notre triangle; qu'ainfi, au lieu de zéro, expreffion de celle qui eft au fommet du triangle, on aura une ligne égale à celle de la bafe du triangle; qu'alors on aura un parallélogramme fubftitué au triangle; que le parallélogramme eft double du triangle renfermé entre fa bafe & fa hauteur; qu'ainfi l'action de la force vive pourra être regardée comme double de l'action de la force morte; &, par une fuite néceffaire, en doublant la valeur de la quotité de vîteffe de la force vive, on aura à peu près une approximation de fon action fur les fibres longitudinales du bois.

Voilà déjà un acheminement vers la comparaifon de nos deux forces. Faifons enfin un dernier effort, afin d'être en état de faire cette comparaison le moins imparfaitement qu'il sera possible. Voyons à cet effet la marche que nous avons tenue en cherchant le terme d'assurance pour les forces mortes ; & tenons la même marche à l'égard des forces vives.

Pour les forces mortes, nous avons pris; 1°. la moitié du terme de la derniere résistance de nos pieces de bois, pour parer l'inégalité de la contexture & de la direction de leurs fibres ; 2°. les deux tiers de cette moitié, ou le tiers de la dernière résistance, attendu que, dans notre bâtisse, nos pieces ne sont pas, comme dans les expériences, exactement retenues par les deux extrémités; 3°. le sixieme de la derniere résistance, ou la moitié du tiers ci-dessus, à raison du laps de temps qui diminue la résistance des pieces de moitié; 4°. le huitieme de la derniere résistance, ou les trois quarts du sixieme ci-dessus, pour empêcher même les pieces de ployer, ce qui nous avoit fixé pour terme d'assurance le huitieme de la derniere résistance : & c'est de-là que nous avons calculé les charges ou les forces qui gravitent sur un plancher.

Mais dans les forces vives il n'y a aucun laps de temps à apprécier. Nous venons de voir que tout se fait dans un seul & même instant : ainsi, dans l'action des forces vives, la raison du laps de temps ne doit entrer pour quoi que ce soit, & il ne faut prendre que le tiers de la derniere résistance.

V 2

Dans le cas simple des forces mortes, nous avons eu égard au temps, & nous avons employé en entier la valeur de ces forces, & cette valeur pour le terme d'assurance au huitieme du terme de la derniere résistance : au contraire, nous venons de voir que dans le cas des forces vives le temps ne doit pas entrer en considération ; donc en employant la force vive en entier pour le huitieme du terme de la derniere résistance, nous emploierons une somme trop forte, puisqu'en faisant abstraction du temps, elle ne doit être que le tiers du terme de derniere résistance ; donc il faut la diminuer de ce que dans cette comparaison elle auroit de trop sur la force morte : par ce moyen on sera en état de les faire entrer toutes les deux dans une seule & même comparaison.

Nous avons ici deux expressions différentes pour le terme d'assurance ; un huitieme du terme de la derniere résistance dans le cas des forces mortes, & un tiers de ce même terme dans le cas des forces vives. L'un de ces termes a excès sur l'autre ; connoissons cet excès : réduisons ce huitieme & ce tiers à la même dénomination ; nous découvrirons alors l'excès, & nous aurons ces deux raisons $\frac{3}{24}$ & $\frac{5}{24}$, dont $\frac{2}{24}$ sera l'excès de l'une sur l'autre.

Pour les rendre égales, diminuons cet excès $\frac{1}{24}$ de l'expression du choc ; & l'expression d'assurance contre la force du choc sera $\frac{5}{24}$ grandeur négative, c'est-à-dire, que la grandeur ou le nombre qui exprime la valeur du choc, fera trop forte de $\frac{1}{24}$, & doit être diminuée defdits $\frac{1}{24}$. Nous avons trouvé $10 \frac{2}{3}$ pour la valeur abfolue du choc en lui-même d'un corps tombant de deux pieds & demi de hauteur, dont le double $21 \frac{1}{3}$ eft fa valeur relative fur les fibres de la piece. Donc de $21 \frac{1}{3}$, ôtant $\frac{4}{24}$, ou bien ce qui eft la même chofe $\frac{1}{6}$ & le $\frac{1}{4}$ du $\frac{1}{6}$, il nous viendra $16 \frac{8}{9}$ pour l'expreffion de la force vive du choc, non abfolument en elle-même, & eu égard à fes effets, mais comparativement au terme d'affurance que nous avons pris pour les forces mortes.

L'on pourra même prendre 17 au lieu de $16 \frac{8}{9}$. On évitera par ce moyen l'embarras des calculs des fractions : il y aura en outre un petit bénéfice d'affurance de plus pour la folidité.

C'eft la méthode que nous comptons qu'on voudra bien nous permettre de fuivre, jufqu'à ce que nos Savans nous aient donné un code d'expériences complet fur cette matiere. Nos Phyficiens n'ayant jufqu'ici fait leurs expériences que fur les forces mortes, & ne nous en ayant donné aucune fur les forces vives parfaitement convainquante & généralement avouées de tous les Géometres : ce qui eft cependant à defirer, pour fixer par les expériences la quotité exacte de ces deux forces dans notre hypothéfe.

V 5

L'expérience que nous venons de rapporter , peut avoir des applications plus étendues : elle peut être d'une grande utilité dans le jet de nos bombes. On en fait souvent usage pour enfoncer des magasins à poudre , briser des ponts de communication , ou rompre des piles d'éclufes. On s'eft quelquefois fervi en conféquence de bombes appellées *comminges*, de feize à dix - huit pouces de diametre ; mais on pouvoit avec le même fuccès, employer des bombes de moindre diametre , étant affuré de la force du choc avec laquelle elles iroient frapper les maffes fur lefquelles elles feroient dirigées. Laiffons cet article ; & difons que nous voilà parvenus au point de pouvoir fixer la valeur du choc d'un corps quelconque tombant fur un plancher de hauteur quelconque. Voyons donc quelle eft la force de percuffion que peut recevoir un plancher dans les deux hypothèfes, ou de gens qui fautent & danfent , ou de fardeaux qu'on décharge d'une hauteur quelconque.

Les fardeaux qu'on peut jetter de hauteur ne font que pour les planchers deftinés à des charges extraordinaires. Nous n'en pourrons eftimer l'action en général : cela dépend des circonftances & des deftinations particulieres , qui varient fuivant le poids , l'efpece de marchandifes , & la différente maniere de décharger les fardeaux à hauteur d'homme ou à hauteur

de pile. Ainſi l'on ne peut établir d'une maniere générale & la peſanteur de ces marchandiſes & la
hauteur d'où elles peuvent tomber.

Cependant nous ne pouvons nous diſpenſer de dire
un mot ſur la méthode générale d'y parvenir.

Nous ferons reſſouvenir auparavant 1°. que la force
du choc, ou, ce qui revient au même, la force perdue
dans le choc eſt en raiſon des maſſes; 2°. que la force
appliquée au reſſort, eſt celle perdue dans le choc;
3°. que dans un corps parfaitement élaſtique, la quantité du mouvement qui reſte après le choc dans le
corps choqué, eſt compoſée & de la force du choc &
de celle du reſſort; 4°. qu'en conſéquence la quantité
de mouvement du corps choqué, eſt le double de
celle que le corps tombant a perdue dans le choc, les
maſſes ſuppoſées égales; 5°. que moins les corps ſont
élaſtiques, plus la force du reſſort eſt affoiblie; 6°. qu'il
n'y a aucun corps parfaitement élaſtique parmi ceux
qui nous environnent; 7°. qu'on peut en conſéquence
les regarder tout au plus comme demi-élaſtiques, &
preſque toujours au-deſſous; 8°. que par une ſuite néceſſaire, on doit, dans l'hypotheſe préſente, au lieu
du double, n'employer qu'une fois & demie la force
perdue dans les corps tombans, pour tous les balots,
& un ſixieme pour tous danſeurs; 9°. qu'il faut apprécier les maſſes de part & d'autre, pour faire entr'elles
le partage de la quantité de mouvement du corps

V 4

tombant ; 10°. que pour cela, il faut connoître le poids absolu tant du corps tombant que des parties de plancher correspondant au choc, & diviser leur somme par les vîtesses proportionnellement aux masses ; 11°. que notre expérience nous a donné 10 degrés $\frac{2}{3}$ de vîtesse pour un corps tombant de deux pieds & demi de hauteur ; 12°. qu'il faut doubler cette vîtesse, en souftraire $\frac{1}{24}$ pour avoir la force relative du choc, quant à ses effets sur une piece de Charpente ; 13°. qu'il est aisé en conséquence de faire l'application du principe reconnu, que les vîtesses des corps graves dans leur chute font entr'elles comme les racines quarrées des hauteurs, ou bien, pour éviter les extractions des racines sur petites parties incommensurables, que les hauteurs font entr'elles comme les quarrés des vîtesses.

Procédons actuellement à l'opération. Supposons un corps de cent livres pesant, tombant de cinq pieds de hauteur : nous établirons la proportion suivante : $10 \frac{2}{3}$. $\sqrt{2 \frac{1}{2}} :: 7 . \sqrt{5^o}$, ou bien, en faisant évanouir les signes radicàux, en quarrant les grandeurs qui ne font pas fous les fignes $\overline{10 \frac{2}{3}}^2 . 2 \frac{1}{2} :: \overline{x}^2 . 5$. prenant le produit des extrêmes & des moyens $\overline{10 \frac{2}{3}}^2 \times 5 == 2 \frac{1}{8} \times x^2$. Faisant passer l'inconnu d'un seul côté $\dfrac{\overline{10 \frac{2}{3}}^2 \times 5}{2 \frac{1}{2}}$

$== x^2 == 227 \frac{1}{9}$ quarré de la vîtesse cherchée.

En extrayant la racine quarrée, nous aurons $15\frac{1}{12}$ environ, pour la vîtesse d'un corps de cent livres ‚ tombant de cinq pieds de haut ; mais il faut doubler lesdits $15\frac{1}{12}$, pour les raisons alléguées ci-dessus, & en ôter les $\frac{1}{4}$. Il nous restera $23\frac{11}{40}$, par lesquels il faudra multiplier 100 liv., poids absolu du corps ; & nous aurons 2400 liv. pour la quantité de mouvement de ce corps qui reste à partager entre les masses.

Cherchons à connoître ces masses. Le corps tombant frappe ou sur le milieu d'une solive ou entre deux solives. S'il frappe entre deux, elles supportent ce choc à elles deux. S'il frappe sur le milieu d'une solive, elle supportera le choc à elle seule, du moins plus particulierement que les autres. C'est ce qui va être agité à l'instant. Pour bénéfice de solidité, nous supposerons une solive seule frappée dans son milieu.

Sur quoi il faut remarquer, que quoique cette solive porte la partie la plus considérable du fardeau, elle est cependant soulagée par les solives circonvoisines, & même par presque tout le plancher en entier. C'est ce que nous voyons tous les jours ; & nous nous appercevons que, par des chocs pareils, la commotion se fait ressentir dans toute l'étendue d'un plancher, même de celui dont les solives sont scellées dans les murs, & ne portent pas sur les poutres ; ce qui ne peut arriver sans communication de mouvement, & par conséquent sans partage de mouvement primitif.

Il n'y a rien au surplus d'étonnant. La maçonnerie des plafonds, celle des aires, celle des augets cintrés entre les solives, les lattis clouées des plafonds & des aires partagent la commotion : tout se bande & se contrebande ensemble.

Avant de parvenir à démontrer le partage de cette commotion dans les différentes parties du plancher, il faut faire quelques réflexions. La quantité de mouvement ou la commotion ne peut se partager qu'à raison des masses.

Un plancher est supposé ordinairement de douze pouces d'épaisseur, y compris les épaisseurs des aires, augets & plafonds. On a vu que nous avons pris quatre pouces pour cette épaisseur ; d'où l'on peut conclure, qu'il doit rester deux tiers de la force de choc dans la solive attaquée, & que l'autre tiers est celui qui se communique & se partage à droite & à gauche entre les solives circonvoisines.

Ce qui nous donne lieu d'établir avec vraisemblance, & ainsi qu'il suit, la proportion de communication de mouvement de proche en proche, de chaque côté de la solive qui reçoit le choc : la solive attaquée $\frac{2}{3}$, les deux suivantes ensemble $\frac{2}{9}$, & de suite pour les autres $\frac{2}{7}$, $\frac{2}{81}$, $\frac{2}{243}$, $\frac{2}{729}$, $\frac{2}{2187}$, $\frac{2}{6561}$, & à chacune en particulier $\frac{1}{3}$, $\frac{1}{27}$, $\frac{1}{243}$, $\frac{1}{729}$, $\frac{1}{2187}$, $\frac{1}{6561}$, & nous aurons cette suite ·.· 8748. 1458. 486. 162. 54. 18. 6. 2.

13122.

Le premier nombre de la suite exprime la valeur dont est chargée la solive choquée, & les autres la valeur de la charge de sept solives voisines.

Cette supposition peut être légitimement admise d'après de nouvelles réflexions, qui feront voir, que les solives circonvoisines soutiennent par leur ressort la solive attaquée. C'est ce qu'il est aisé de déterminer, en discutant la nature des chocs & des corps qui en sont ébranlés. Ils sont légers ou violens.

Dans un choc léger, chaque fibre élastique jouit de tous ses droits, oppose la vivacité de son ressort à la violence qui lui est faite, repousse le corps qui veut la subjuguer, avec une force au moins égale à celle que ce corps déploie contre son élasticité; & cette force de répulsion est même d'autant supérieure, que le corps tombant est moins élastique.

Les solives voisines de celles qui sont attaquées, ne reçoivent jamais qu'un choc très-léger. Elles sont dans le cas d'aider par leur élasticité la solive du milieu, & de la soutenir contre la force du choc. Cette solive ne se trouve plus supporter à elle seule le poids d'un choc violent, où toutes les fibres sont ployées au-delà de leur ressort, sans pouvoir se restituer.

En examinant cette nature de chocs, nous avons vu qu'il y a en même temps deux différences dans les effets du ressort sous le choc; & ces différences sont à considérer avec attention. Une expérience va nous en faire appercevoir toutes les nuances.

Que l'on casse une larme batavique dans un verre plein d'eau, la larme se réduit en poussiere ; à l'instant le verre est brisé. Que l'on casse cette même larme dans un verre vuide, le verre reste sain & entier.

1°. Dans les deux cas, la violence de l'explosion du bruit de la larme écarte les parois du verre ; & sa capacité intérieure se trouve élargie.

2°. Dans le premier cas, la capacité du verre est élargie. L'eau descend par sa pesanteur, se met de niveau, ainsi que font tous les liquides. Elle occupe moins de hauteur, à raison de ce qu'elle vient de gagner en étendue, par l'élargissement de la capacité intérieure du verre : descendue une fois par sa pesanteur, elle ne peut plus remonter ; & sa gravitation devient supérieure au ressort des parties qui composent le verre ; alors le verre est cassé, le poids de l'air qui l'environne n'étant pas suffisant pour conrrebalancer le poids de l'eau qui est dans le verre. Aussi la pesanteur de l'air est à la pesanteur de l'eau, comme 1 est à 640.

3°. Dans le second cas le verre se restitue en un instant, & se remet au même état où il étoit avant l'explosion. Il n'y a aucune force étrangere qui contrebalance l'élasticité de ces parties : le poids de l'air en-

vironnant le verre, & le poids de l'air qui y est contenu, font équilibre entr'eux; & le verre se conserve
sain & entier.

Une autre expérience va nous confirmer la vérité
de ces phénomenes ; & c'est l'explication que nous
leur avons donnée. Si l'on plonge le verre plein d'eau
dans un seau d'eau, & qu'on brise dans le verre la
larme batarique, le verre ne sera pas brisé. Il y a un
liquide ambiant, qui pese avec un égal poids au-
dedans & au-dehors du verre.

Il est donc bien reconnu qu'il y a deux sortes de
forces de choc, & que chacune d'elles a un effet différent sur les corps : les unes supérieures & violentes
détruisent tous les ressorts des parties formant la contexture du corps, leur imposent un silence absolu, leur
interdisent jusqu'à la moindre apparence de résistance,
& occasionnent en conséquence leur désunion.

La septieme & la dix-neuvieme expérience de M. de
Buffon, que nous avons rapportées, nous apprennent
aussi cette vérité. Elles prouvent chacune que le ressort du bois ayant été une fois bandé, même autant
qu'il faut l'être, sans rompre, ne peut plus se rétablir
parfaitement. Les autres moins considérables & plus
légeres agissent plus doucement & moins impérieuse-
ment, laissant un jeu libre à l'élasticité vigoureuse de
ces mêmes parties : ce qui diminue l'impression du
choc, selon les loix que suivent les corps élastiques. .

Nous avons donc eu raison de supposer que la so-
live frappée, ne porte tout au plus que les $\frac{2}{3}$ du choc,
ou ne fatigue que de $\frac{2}{3}$ de la force de ce choc ; 1°. à
raison du partage qui se fait entre les solives circonvoisines ; 2°. à raison du soulagement que lui procurent,
par la réaction de leur ressort non maîtrisé du choc,
ces mêmes solives circonvoisines.

Il ne s'agit plus que de trouver les masses assujetties
au choc, pour répartir à chacune la quantité de mouvement qui a dû leur être communiquée par le choc.

Pour la masse de la Charpente prenons une solive
de neuf pieds de long, entre ses portées, & de cinq
& sept pouces d'équarrissage : c'est la grosseur que nos
Charpentiers donnent ordinairement dans cette longueur ; & nous aurons deux pieds deux pouces trois
lignes cube, qui, à raison de soixante livres le pied
cube, nous donnent 131 l. $\frac{1}{4}$. ci. . . . . 131 l. $\frac{1}{4}$.

Pour la masse de la maçonnerie, les solives espacées de pied en pied, de milieu en milieu, nous aurons
neuf pieds de long sur un pied de largeur, ce qui nous
donnera neuf pieds superficiels ; qui, à raison de 44 l.
pesant chaque pied superficiel, suivant l'évaluation
d'usage, nous donneront. . . . . . 396 l.

Totalité des poids de masse. . . 527 l. $\frac{1}{4}$.

auxquels 527 l. $\frac{1}{4}$, masse de la maçonnerie & de la
charpente (ou bien 527 l. juste, pour éviter les frac-

tions) ajoutons 100, maſſe ſuppoſée du corps tombant, nous aurons 627 pour la maſſe entiere des deux corps, le plancher & le corps tombant, entre leſquels il faut partager la quantité de mouvement 2400 l., totalité de la force du choc, ainſi que nous l'avons déjà trouvé; & nous aurons $3\frac{1}{6}$ environ de vîteſſe acquiſe à ladite ſolive, pour chacun des neuf pieds courant de ſa longueur. Cette vîteſſe multipliée par 527, nous donnera 2020 l. $\frac{1}{6}$ environ, à quoi ajoutant 189 $\frac{11}{12}$, pour demi-élaſticité du corps tombant, nous aurons 2210 l. $\frac{1}{12}$, pour la ſomme totale de la force du choc ſur la ſolive : mais, comme nous venons de dire il y a un inſtant, la ſolive ne porte que les $\frac{2}{3}$ ou $\frac{2}{3}$ du choc. Ainſi nous n'aurons que 1472 l. $\frac{7}{18}$ pour la valeur effective de ce qu'elle a à ſupporter.

Suivant notre méthode de ne prendre que le huitieme du terme de la plus grande réſiſtance d'une piece de bois, la ſolive dont il s'agit, qui eſt ſelon les groſſeurs que les Charpentiers emploient depuis une ſoixantaine d'années, porteroit avec ſûreté 3053 liv. environ ; que par conſéquent elle a 1581 liv. de plus qu'il ne faut.

Telles ſont les obſervations que nous avions à faire en général ſur le choc des fardeaux qu'on peut jetter de hauteur d'homme. Il nous reſte maintenant à traiter du choc de percuſſion que peut occaſionner le choc de nos danſeurs. C'eſt la partie la plus intéreſſante,

étant d'une usage ordinaire, d'autant plus que ce choc
peut bien être regardé comme équivalent à celui des
buches qu'on jetteroit de hauteur sur un plancher.

Pour avoir le bénéfice de la solidité, nous supposerons qu'ils s'enlevent à douze pouces du plancher,
quoique pour l'ordinaire le danseur le plus agile ne
s'éleve gueres qu'à cinq ou six pouces. Nous supposerons en outre la pesanteur d'un homme être de cent
cinquante - trois livres : c'est plus que sa pesanteur
moyenne ; un sujet d'une taille médiocre & d'une force
ordinaire, pesant communément cent - quarante liv.
& un danseur pese d'autant moins , qu'il a plus de
souplesse & de légereté : c'est même cette souplesse
qui constitue le grand danseur , & sans laquelle il ne
pourroit s'élever.

Il faut encore observer que les danses où l'on pourroit s'élever à une hauteur plus considérable , ne sont
que des danses de caractere, où une ou deux personnes
au plus dansent à la fois, & sur des planchers de planches destinées à cet usage , comme sont nos Théâtres.
Nous supposerons cependant pour bénéfice dans la
pratique, ce qui n'arrive jamais, que l'on peut s'élever
à la hauteur de douze pouces dans nos contredanses à
huit figurans. Dans ces sortes de contredanses, il faut
au moins douze pieds d'espace pour la liberté des figures. Il faut donc une chambre ou salle de quinze pieds
de largeur, attendu que dans nos pieces ordinaires il

y

y a quelques meubles le long des murs. La longueur
est indifférente. Enfin il peut y avoir deux danseurs à
la fois sur la même pièce de bois. Nous calculerons
donc notre solive, chargée de deux danseurs, à raison
de quinze pieds de longueur dans œuvre, non compris les portées, sur six à sept pouces de grosseur suivant l'usage.

Nous supposerons le poids d'un homme de cent
cinquante-trois liv. ; & la plus grande élévation du
danseur à douze pouces. Nous trouverons, en conséquence, que le corps tombant de cette hauteur aura
$10\frac{11}{16}$ de vîtesse.

Multiplions 306, poids absolu des deux danseurs,
par $10\frac{11}{16}$, ou par bénéfice 11 juste; & nous aurons
3366 pour la quantité de mouvement du poids de
306 liv. qu'il faudra partager entre les masses.

Les masses seront $\begin{cases} \text{pour la Charpente.} \quad\cdot\quad 262 \text{ l. } \frac{1}{4}. \\ \text{pour la Maçonnerie.} \quad\cdot\quad 660 \end{cases}$

$$\overline{\qquad\qquad} \quad 922 \text{ l. } \tfrac{1}{4}.$$

A quoi ajoutant le poids absolu de
deux danseurs. 306

nous aurons pour les masses entieres des

deux corps, le choquant & le choqué. 1228 l. $\frac{1}{2}$

Entre lesquels il faudra partager la quantité de
mouvement 3366; & nous aurons $2\frac{1}{4}$ environ pour
vîtesse acquise à la solive, par chacun de ses quinze

X

pieds de longueur, laquelle vîtesse étant multipliée par $922\frac{1}{2}$, nous donnera 2527 environ; & ajoutant le $\frac{1}{6}$ de l'élasticité du corps tombant, 138 environ, nous aurons $2675\frac{1}{6}$ pour somme totale de la force du choc sur la solive. Mais comme elle n'est chargée que des $\frac{2}{3}$ du choc, nous aurons en dernier lieu pour choc effectif 1784 environ.

Nous ferons encore ici la même réflexion sur le rapport de la résistance de la piece de charpente (telles que nos Charpentiers les mettent en usage aujourd'hui) au fardeau qu'elle a à supporter. Nous trouverons qu'elle porteroit à un huitieme de sa derniere résistance, le poids de 1918 liv. environ. Elle a donc sur 1918 de résistance 134 environ de trop.

Prenons encore un second exemple dans le même genre; & voyons quel effet feroit un danseur sur une solive de deux à six pouces de gros & de neuf pieds de long dans œuvre.

Les masses seront $\begin{cases} \text{pour la Charpente.} & \quad 45 \text{ l.} \\ \text{pour la Maçonnerie.} & \quad 396 \end{cases}$

$$441 \text{ l.}$$

Plus le poids du danseur. 153

Totalité des masses. . . . . . . 594 l.

Entre lesquelles il faut partager la quantité de mouvement 1683; & nous aurons environ $2\frac{4}{5}$ pour vîtesse acquise par le choc, dans chacun des neuf pieds de longueur, laquelle vitesse multipliée par 441, nous donnera 1249 $\frac{1}{2}$, à quoi ajoutant 73 environ pour $\frac{1}{6}$ d'élasticité du corps tombant, nous aurons 1322 $\frac{1}{2}$ pour somme totale de la force du choc sur cette solive. Mais comme elle n'est chargée que de $\frac{2}{3}$, nous n'aurons plus que 882 environ.

Notre calcul sur un huitieme du terme de la derniere résistance nous donnera 897. Elle a donc sur 897 de résistance 15 liv. plus qu'il ne faut.

Nous ferons remarquer que nous n'avons pris dans cet exemple qu'un seul danseur, au lieu de deux que nous avions employés dans l'exemple précédent : car il est impossible que deux danseurs puissent prendre ensemble leur essor sur une si petite longueur.

Quand même ils s'élanceroient de côté pour retomber sur cette solive, ils n'y pourroient agir que sur des points très-éloignés de son milieu ; & leurs deux actions plus foibles, à raison de leurs leviers plus courts, reviendroient à l'action d'un seul danseur, agissant sur le milieu de la solive, ainsi que nous l'avons supposé.

Récapitulons ces opérations, & disons qu'il faut :

1°. Connoître le poids ou la masse du corps tombant, & sa derniere vitesse à l'instant du choc.

2°. Doubler cette vitesse, & en soustraire les $\frac{5}{24}$.

3°. Multiplier son poids par cette derniere vitesse, ce qui donnera sa quantité de mouvement.

4°. Connoître aussi les masses ou les poids de la Charpente & de la Maçonnerie assujetties au choc.

5°. Additionner ensemble ces deux masses, & joindre leurs masses à celle du corps tombant.

6°. Diviser par cette somme des masses la derniere vîtesse du corps tombant, à l'instant du choc, pour avoir l'expression d'une vîtesse commune à toutes les masses.

7°. Multiplier seulement la somme des masses de la Charpente & de la Maçonnerie par cette vîtesse, pour avoir leur quantité de mouvement après le choc.

8°. Ajouter à ce produit, à cause du ressort des corps, le $\frac{1}{4}$ de la quantité de mouvement restée après le choc dans le corps tombant pour tous danseurs, & la moitié pour les balots, ce qui donnera la force effective du choc.

Il est à propos de remarquer ici que nous supposons le ressort à $\frac{1}{4}$ d'élasticité dans la masse de nos danseurs, qui est certainement bien éloigné de ce degré. Ce sera par conséquent un nouveau bénéfice assez considérable dans la pratique.

9°. Pour avoir la quantité de mouvement resté après le choc, dans le corps tombant, soustraire de la quantité de mouvement, qui est avant le choc dans le corps tombant, la quantité de mouvement des masses de Charpente & de Maçonnerie après le choc. Le réfidu fera cette quantité de mouvement en queſtion.

10°. Ne prendre que les ⅞ de cette ſomme pour avoir la charge effective de la ſolive.

11°. Faire attention que cette charge, on le nombre qui la repréſente, ne doit être que le huitieme de la derniere réſiſtance de la ſolive ou du poids ſous lequel elle caſſeroit.

Nous avons déjà donné la maniere de trouver cette derniere réſiſtance des ſolives.

Voyons à préſent l'article des poutres.

Nous n'avons conſidéré juſqu'alors que l'effort qui ſe fait ſur la ſolive. Voyons actuellement les efforts de toutes les ſolives ſur une poutre. A cet effet raſſemblons l'action générale de toutes les ſolives de deux travées de plancher, portant ſur une poutre; & voyons les efforts de toutes les ſolives ſur cette poutre. Réuniſſons l'action générale de toutes les ſolives des deux travées; & conſidérons leur action relative ſur la poutre.

Suppoſons un plancher de trente-huit pieds quatre pouces dans œuvre, ſur trente pieds de longueur auſſi dans œuvre. Ce plancher ſera formé de deux travées, aſſemblées ſuivant la méthode & la groſſeur uſitée par nos Charpentiers.

Il ſera compoſé d'une poutre dans le milieu de 20 à 21 pouces d'équarriſſage, & de 30 pieds dans œuvre, non compris portées de deux lambourdes de

même longueur de 8 & 24 pouces de gros couturées
sur la poutre, de huit solives d'enchevêture de 14 &
15 pouces de gros & de dix-huit pieds de long, non
compris la portée dans les murs, de vingt solives de
remplissage, de 11 & 12 pouces d'équarrissage, & de
seize pieds & demi de long; non compris aussi la portée, & de six linçoirs de 14 & 15 pouces de gros,
deux de sept pieds dix pouces, & quatre d'environ sept
pieds, le tout dans œuvre.

Supposons aussi vingt danseurs s'élevant en danses
irrégulieres, chacun à douze pouces de haut, & re-
tombant tous ensemble, & en même temps sur ce
plancher : c'est le plus grand nombre qu'on en puisse
admettre sur cette superficie, attendu qu'il leur faut
à chacun un certain espace pour prendre leur essor &
s'enlever. Les 1150 pieds de superficie que contient
notre plancher, divisés par 20, donnent au quotient
57 pouces & demi, produit de sept pieds huit pouces
par 7 pieds 6 pouces, espace destiné pour l'aisance du
mouvement de nos danseurs.

Nous diviserons en quatre parties les 30 pieds de
largeur du plancher (sens de la poutre), & en cinq
les 38 pieds quatre pouces de longueur du plancher
(sens des solives), ce qui nous donnera 20 parties
répondant à nos vingt danseurs, & ce qui formera
4 bandes, renfermant chacune cinq de ces parties.

De ces quatre bandes, il y en aura deux joignant

les murs, & deux vers le milieu de la poutre, & chacune des cinq parties compofant une des bandes, fera chargée de fon danfeur.

Prenons fur chacune de ces parties 153, poids abfolu d'un danfeur, lequel multiplié par 11, viteffe des danfeurs, tombant d'un pied de hauteur, donnera au produit 1683 pour la quantité de mouvement à divifer par les maffes.

Prenons d'abord ces maffes fur toute la fuperficie du plancher, pour plus de commodité.

Les maffes feront $\begin{cases} \text{pour la Charpente.} \dots \dots 34570 \text{ l.} \\ \text{pour la Maçonnerie.} \dots \dots 50600 \end{cases}$

$$85170 \text{ l.}$$

Divifant cette fomme par 20, nombre des parties renfermées dans nos quatre bandes, nous aurons pour la maffe de chacune de ces parties $4258\frac{1}{2}$, à quoi ajoutant 153, maffe d'un de nos danfeurs, nous aurons $4411\frac{1}{2}$, entre lefquels il faudra partager la quantité de mouvement du danfeur 1683; & nous aurons $\frac{14}{37}$ pour viteffe acquife aux maffes après le choc du danfeur, laquelle viteffe $\frac{14}{37}$, multipliée par $4258\frac{1}{2}$, maffe de la Charpente & de la Maçonnerie, donnera $1611\frac{1}{7}$ environ, à quoi ajoutant 24 pour $\frac{1}{8}$ d'élafticité du corps tombant, nous aurons $1623\frac{1}{7}$ environ, pour la fomme totale de la force du choc fur chacune des cinq parties.

X 4

Nos 4 bandes sont chargées chacune de 5 de ces parties ; la valeur du choc sur chacune est de 1623 $\frac{4}{9}$ environ, comme nous venons de le voir. Ainsi il est aisé de connoître le choc entier de la bande, en multipliant 1623 $\frac{4}{9}$ par 5, dont le produit sera 8117 $\frac{2}{9}$, & dont nous ne prendrons que la moitié 4058 $\frac{11}{17}$, attendu qu'il n'y a que la moitié de chacune des bandes qui porte sur la poutre.

Cherchons la valeur de l'action de chaque bande sur la poutre, relativement aux différens bras de levier où elle agit ; & réunissons la totalité de l'action au point milieu de la poutre.

D'après les divisions de nos bandes, il se trouve que le point milieu de chacune, sur laquelle le danseur doit tomber, sera pour les deux bandes qui joignent les murs à 3 pieds 9 pouces de distance de ces murs, & pour les deux autres ensuite, vers le milieu de la poutre, à 11 pieds trois pouces de ces mêmes murs.

Il faut remarquer que des murs au milieu de la poutre, il y a 15 pieds, valeur entiere du plus grand bras de levier ; que nous avons quatre autres bras de levier plus courts, deux de trois pieds neuf pouces, & deux de onze pieds trois pouces ; & attendu que trois pouces font le quart d'un pied, nous serons obligés, pour avoir le rapport de nos bras de levier entr'eux, de prendre quatre leviers dans un pied de longueur ; ce qui nous donnera 60 bras de levier dans les 15

pieds du milieu de la poutre aux murs; & nous aurons
les deux proportions arithmétiques suivantes.

Pour l'expression des bras de levier.

$$\underline{\overset{\cdot}{\cdot}} \cdot 1. \; 2. \; 3. \; 4. \; 5. \; 6. \; 7. \; 8. \; 9. \; 10 \ldots 20 \ldots 30 \ldots 40$$
$$\ldots 50 \ldots 60$$

*Et pour l'expression des valeurs des puissances relatives
aux bras de levier.*

$$\overset{\cdot}{\cdot} \cdot \tfrac{1}{60} \cdot \tfrac{2}{60} \; \tfrac{3}{60} \cdot \tfrac{4}{60} \cdot \tfrac{5}{60} \; \tfrac{6}{60} \; \tfrac{7}{60} \; \tfrac{8}{60} \; \tfrac{9}{60} \; \tfrac{10}{60} \cdots \tfrac{20}{60} \cdots \tfrac{30}{60} \cdots \tfrac{40}{60} \cdots \tfrac{50}{60} \cdots \tfrac{60}{60} \cdot$$

D'où il suit que la bande, le long des murs, répond aux 15 pouces, bras de levier de 3 pieds 9 pouces de longueur, & à $\frac{15}{60}$ pour l'expression de la valeur
relative de la puissance qui lui est appliquée; que par
conséquent la bande le long des murs ne charge le
milieu de la poutre que de $1014\frac{47}{72}$, qui sont le quart
de $4058\frac{11}{12}$, valeur absolue de la moitié de cette
bande, & que la bande suivante ne charge de même
le milieu de la poutre que de $3043\frac{62}{72}$, qui sont les
trois quarts de $4058\frac{11}{12}$, valeur absolue de la moitié
de cette bande. Ainsi la charge totale du choc de cette
poutre, sera pour les 4 bandes $8117\frac{1}{9}$.

Nous venons de calculer l'action relative du choc :
il nous reste à faire le calcul de celle qui est relative
aux charges gravitantes sur le plancher. Notre poutre
en effet est chargée & de la pesanteur ou gravitation

des folives choquées, & de la quantité de mouvement acquife par le choc.

Il s'agit pour cela de réunir la fomme $8117\frac{4}{7}$, quntité de mouvement acquife aux travées par le choc, avec l'action de la pefanteur de ces mêmes travées fur la poutre, ce que l'on trouvera aifément par la méthode que nous venons de donner.

La maffe de la Charpente & de la Maçonnerie eft ici de 85170 l., dont il n'y a que la moitié 42585, qui agiffe fur la poutre, l'autre charge étant totalement fupportée par les murs. Mais cette action eft dans la raifon des bras de levier. Nous avons pris trois pouces pour chaque longueur de bras de levier; nous aurons donc pour les 30 pieds, longueur totale de la poutre, 120 bras de levier, dont nous ne prendrons d'abord que 60 pour la moitié de la longueur de la poutre; & nous aurons en même temps $21292\frac{1}{7}$ pour l'action de la moitié de la pefanteur des travées fur la moitié de la poutre, lefquels $21292\frac{1}{7}$ divifés par 60, nombre des bras de levier, donneront $354\frac{7}{7}$ pour les charges fur chaque bras de levier : ces charges feront, ainfi que leurs bras de levier, en progreffion arithmétique, dont le premier terme nous donnera $5\frac{11}{13}$ environ pour fon action relative; & le dernier au droit des 15 pieds, aura fon action abfolue $354\frac{7}{7}$.

Nous avons vu ci-deffus que la fomme de toute progreffion arithmétique en nombre pair, eft le premier & le dernier terme, multipliés par la moitié du nombre des termes. Ainsi le premier terme $5\frac{11}{12}$, & le dernier terme $354\frac{7}{8}$, faisant ensemble $360\frac{12}{24}$ multipliés par 30, moitié des 60 termes de notre progression, nous aurons $10823\frac{1}{4}$ pour l'action des travées sur la moitié de la poutre; & doublant cette somme, l'on aura $21647\frac{1}{2}$ pour l'action entiere de la moitié de la pesanteur des travées sur la totalité de la longueur de la poutre : à quoi ajoutant $8117\frac{2}{3}$, action du choc sur les quatre bandes, nous aurons $29764\frac{11}{18}$ pour la charge entiere de la poutre.

La poutre, avec ses deux lambourdes, aura 126181 environ de résistance, à un huitieme du dernier terme de sa résistance. Elle n'est ici chargée que de 29764 $\frac{11}{18}$. Elle a donc dans cette sorte de construction sur 126181 de résistance 96417 de force plus qu'il ne faut, somme prodigieuse & totalement superflue.

Cet exemple suffit pour indiquer la méthode de calculer les charges répandues sur différens points d'un plancher, & les réunir au point milieu de la piece chargée.

Passons au dernier article de ce Traité.

Nous avons parlé des inconvéniens des planchers modernes, assemblés à tenons & mortoises, ce qui fait leur peu de solidité. On sait qu'aucun de ces inconvéniens ne peut se rencontrer dans un plancher à solives, portant sur les lambourdes. Quand même les lambourdes feroient entaillées, il y aura toujours dans ce cas plus de folidité que dans un fimple tenon & dans le peu de réfiftance de la lame folide qui fait le deffous de la mortoife. C'eft la premiere partie qui manque ordinairement dans ces fortes de conftruction, & à laquelle on eft le plus fouvent obligé de remédier, de l'aveu de tous les Architectes.

Ils voient journellement avec tout le monde les chevêtres & les linçoirs fe fendre & s'éclater au droit de ces mortoifes. Ce qui doit les engager à remédier à ce vice, & à n'employer, du moins jufqu'au temps de la découverte du remede & d'une meilleure conftruction, que le cube de charpente néceffaire pour les réfiftances fous le fardeau, cube que l'on peut aifément trouver d'après les principes établis.

Ainfi, relativement à la folidité, les planchers portant fur lambourdes, doivent avoir la préférence fur nos planchers, de date récente, affemblés à tenons & mortoifes. De toute façon ils font infiniment fupérieurs, eû égard à la réfiftance, au cube, à la pefanteur & à la dépenfe : c'eft déja une découverte des plus avantageufes. Pourfuivons ; mais, avant que d'entrer en matiere, qu'il nous foit permis de répéter & d'obferver, 1°. que la conftruction en gros bois quarrés, fi ufitée depuis environ foixante ans, & qui dégénere aujourd'hui en abus extrêmement dangereux & difpendieux, n'eft fondée fur aucuns principes : on n'y rencontre qu'une dépenfe exceffive, inutile, & une charge extraordinaire qui ne fait qu'écrafer nos murs; 2°. que les expériences & les épreuves fans nombre que nous avons citées, les raifonnements phyfiques que nous avons rapportés, & les principes de la plus exacte géométrie que nous avons expofés, démontrent invinciblement la maniere de connoître la réfiftance des bois & la charge des planchers. Au moins fi nous ne fommes convaincus jufqu'au moment, foyons dociles aux avis: examinons la queftion, procédons aux comparaifons. Prenons d'abord l'exemple de dernier plancher; nous en connoiffons les charges fur les folives, & nous fommes certains de celles qu'elles ont à leur tour fur la poutre.

Cherchons donc à préfent ce qui doit réfulter d'une conftruction en bois méplats fur la même dimenfion de plancher; calculons même tout bonnement d'après le fyftême d'affemblage ufité aujourd'hui. Nous ne tarderons pas à être convaincus de l'avantage réel qui s'y rencontrera peut-être: cependant y anroit il autant de folidité, pour ne rien dire de plus, fi l'on affembloit les folivaux à queue d'hironde fur les linçoirs, dans le goût du plancher de Wallis, dont parlent Mauconis & Sorbiere dans *leurs Voyages d'Angleterre.* Dans ce cas on pourroit diminuer la largeur de la bafe de la folive d'enchevetrure; & on le peut d'autant mieux qu'elle feroit moins affoiblie par la queue d'hironde, que par les mortoifes, qui obligent de lui donner plus de largeur, pour réparer par cet excédent le défaut de refouillement des mortoifes.

Peut-être pourroit-on encore fubſtituer à ces folives d'enchevêtrure, des filets méplats avec de petites lambourdes de chaque côté; & il y auroit alors beaucoup plus d'économie dans les cubes, & autant de folidité fous le fardeau : on doit le fentir fuffifamment, d'après ce que nous avons dit jufqu'alors.

On obfervera auſſi que dans l'opération propofée pour être exacte & faire connoître la marche de l'exécution ; nous nous fommes trouvés obligés de donner des bafes & des hauteurs plus confidérables aux linçoirs & aux chevêtres, en conféquence des mortoifes qui affoibliffent la piece. La raifon en eſt conforme à ce que nous avons établi, en difant que nos dimenfions générales n'étoient pas tellement invariables, qu'on ne pût y changer fuivant l'occurence, fur-tout pour les pieces d'affemblage ; car nous n'avons entendu parler dans les mefures confeillées, que des folives de rempliffage feulement, ainfi que de celles qui ne reçoivent pas des mortoifes. Remarquons encore que le cube des folives de rempliffage étant diminué, il s'enfuivra que le fardeau ou l'action de ces folives, fous la lame du deffous de la mortoife, fera bien moins confidérable, & par conféquent moins à craindre pour les effets. Ces réflexions une fois bien fenties, établiffons un plancher en bois méplats ; prenons les mêmes dimensions que nous avons déja mises en usage : la poutre aura 50 pieds dans œuvre, & seulement 7 à 21 pouces d'équarissage. Les deux lambourdes seront chacune de même longueur, & de 5 à 15 pouces d'équarrissage. Il y aura 59 solives de chaque côté, 4 solives d'enchevêtrure de 18 pieds 10 pouces de long, & de 10 à 15 pouces de gros ; 55 solives de 17 pieds 4 pouces de long, & de 3 à 9 pouces de grosseur, & 6 linçoirs de 10 à 15 pouces de gros, 2 de 7 pieds 10 pouces, & 4 de 7 pieds environ.

Les masses seront
$$\begin{cases} \text{pour la Charpente.} & \ldots & 22895 \text{ L} \\ \text{pour la Maçonnerie.} & \ldots & 50600 \end{cases}$$

$$\underline{73495 \text{ L.}}$$

Divisant cette somme par 20, comme nous l'avons dit, nous aurons $3674\frac{1}{2}$, à quoi ajoutant la masse d'un danseur 153, l'on aura $3827\frac{1}{2}$, entre lesquels il faudra partager la quantité de mouvement du danseur 1683, ce qui donnera pour vitesse $\frac{10}{23}$ environ ; qui, multipliés par $3674\frac{1}{2}$, masse de la charpente & de la maçonnerie, donneront $1397\frac{14}{23}$ environ : y ajoutant 14 environ pour $\frac{1}{9}$ d'élasticité du danseur, il viendra $1611\frac{18}{67}$ pour la somme totale du choc sur chacune des cinq parties.

Nos 4 bandes renferment chacune 5 de ces parties.

La valeur du choc sera pour chaque bande $8059\frac{14}{65}$, dont nous ne prendrons que la moitié $4089\frac{81}{130}$, attendu qu'il n'y que la moitié de chacune de ces bandes qui porte sur la poutre.

Nous avons vu par le calcul précédent que la valeur relative du choc des deux bandes, tant celle sur le mur que celle vers le milieu de la poutre, étoit, eû égard aux différentes longueurs de bras de levier, d'un quart pour celle sur le mur, & de trois quarts pour celle vers le milieu de la poutre, équivalants à un entier : ainsi nous aurons $8059\frac{14}{65}$ pour la force totale du choc sur la poutre.

Ajoutons actuellement l'action de la moitié de la pesanteur des travées sur la poutre.

Ce sera pour la masse de la charpente & de la maçonnerie 73495, dont il n'y a que la moitié $36747\frac{1}{2}$ qui agisse sur la poutre, l'autre étant totalement portée par les murs. Nous avons, ainsi qu'il est observé ci-dessus, 60 bras de levier pour moitié de la longueur de la poutre, & l'action des travées sur cette moitié est de $18373\frac{1}{4}$, qui, divisée par 60, nombre des bras de levier, nous donnera $306\frac{11}{49}$ pour les charges sur chaque bras de levier. Nous trouverons en conséquence pour l'action relative sur le premier bras de levier qui est le plus court $5\frac{5}{24}$, & $306\frac{11}{49}$ pour valeur absolue à l'extrémité du quinzieme bras de levier qui est le plus long, lesquelles étant ajoutées ensemble donneront

$311 \frac{7}{12}$; & le produit étant multiplié par 30, moitié du nombre des bras de levier, donnera la quantité de $9343 \frac{1}{8}$, ce qui fera avec $8059 \frac{14}{45}$, force totale du choc, celle de $17402 \frac{131}{552}$.

Cette poutre, avec ses deux lambourdes, à un huitieme du terme de sa derniere résistance, se trouve avoir 19959. Elle a donc, quoique avec bois méplats, sur 19954 de résistance, $2552 \frac{5}{24}$ environ de force plus qu'il ne faut; d'où l'on doit conclure que cette construction étant d'une résistance plus que suffisante, doit être préférée à celle de l'usage moderne : voilà encore une vérité connue.

Passons actuellement à la comparaison des cubes, & à celle de la dépense d'un plancher en bois quarrés avec un autre en bois méplats. Celui que nous avons cités, pour la travée de 30 pieds sur 38 pieds 4 pouces, donneroit en bois quarrés 1068 pieces cubes environ, ou 356 pieces réduit. Celui dont nous venons de faire le calcul des résistances sur la même dimension, produira 620 pieds cubes, ou 206 pieces $\frac{2}{3}$: différence en pieds cubes 448; & en pieces, 149 pieces $\frac{1}{3}$. Qu'on suppose le prix de cette charpente, eû égard au cours du temps, être de 7 liv. la piece, cela feroit pour le plancher en bois quarrés une somme de 2492; & pour le plancher en bois méplats, à 7 liv. la piece, 1446 liv. 13 f. 4 d. différence & bénéfice en bois méplats 1045 liv. 6 f. 8 d.

Y

Prenons encore pour comparaison un exemple dans un plancher d'une chambre ordinaire, sans être ni paffage, que nous suppoferons être de 12 pieds de large fur 15 pieds de long ; nous aurons en bois quarré 15 folives de 12 pieds de long, & de 6 ou 8 pouces de gros, ce qui donnera 60 pieds cubes ou 20 pieces; & en bois méplats 23 folives de 12 pieds auffi, & de 2 pouces ½ & 7 pouces de gros, ce qui produira 23 pieds cubes ou 11 pieces : différence fur un plancher d'une auffi petite étendue, 27 pieds cubes ou 9 pieces.

Si l'on fixe, comme ci-deffus, le prix de la piece de charpente du plancher en bois quarré à 7 liv., la dépenfe fera de 140 liv. Si l'on portoit le prix de la piece de Charpente du plancher en bois méplat à 7 l., la dépenfe feroit de 77 l. : différence fur de pareils planchers, 63 liv.

A l'égard des pefanteurs, nous trouverons que le grand plancher en bois quarré, pefe. . . 64080
Que le même bois méplat pefe. 37200

Différence. . . . . 26880 l.

Nous trouverons de même que le petit plancher en bois quarré, pefe. . . . . . 3600 l.
Que le même en bois méplat, pefe. . . . 1980

Différence. 1620

Un précis de ces opérations ne peut qu'être intéreffant. Formons-en donc un tableau abrégé : c'est un moyen convainquant pour faire connoître l'avantage des bois méplats refendus.

Construction en bois quarré du grand plancher.

Résistances inutiles.	Cubes.	Poids.	Dépense.
96417 $\frac{1}{2}$	356	64080	2492

Construction en bois méplat du même plancher.

Résistances superflues.	Cubes.	Poids.	Dépense.
2552 $\frac{1}{24}$	206 $\frac{1}{3}$	37200	1446 l. 13. 4.

Excès dans les bois quarrés, totalement inutile & contre l'économie.

en Résistance.	en Cubes.	en Poids.	en Dépense.
93865 $\frac{7}{24}$	149 $\frac{2}{3}$	26880	1045 l. 6. 8.

Les expériences, les combinaisons & les comparaisons d'objets sont utiles, & même essentiels, pour éviter les tâtonnemens, & opérer d'une maniere certaine. C'est un moyen de se rendre compte du projet que l'on médite. On calcule séverement la route que l'on doit parcourir pour atteindre au but qu'on peut se proposer : mais il faut avoir continuellement la plume à la main. Pour éviter cette peine, j'ai cru qu'un tableau dressé d'après la pratique, l'usage habituel & les principes émanés de la suite des expériences que nous venons de passer en revue, seroit d'un grand avantage. Je l'ai fait en conséquence pour les pieces principales qui reçoivent assemblage. Quant aux autres bois qui ne servent que de remplissage, c'est ordinairement le tiers de leur hauteur qui en donne la base. Ainsi point de difficulté de ce côté. Contentons-nous donc d'observer pour le moment, que dans les constructions ordinaires, les pieces d'assemblage portent le fardeau, & que le plus souvent elles sont fatiguées par les entailles fréquentes qu'on est obligé de faire pour les mortoises qui les traversent de part en part, surtout lorsqu'il y en a des deux côtés. Dans ce cas, qui est ordinaire, & qu'on ne peut éviter, de la façon que l'on forme aujourd'hui les planchers; il ne reste qu'une très foible épaisseur, pour résister à toute la force d'un bras de levier, d'autant plus immense, qu'il est formé par des linçoirs ou des chevêtres d'une très-grande longueur, qui supportent eux-mêmes des fardeaux considérables. C'est le cas cependant où se trouvent toutes les pieces qui portent assemblage, & servent de points d'appui, comme sont les solives d'enchevêtrure, linçoirs, &c.

Pour éviter ces difficultés, & pour abréger toute opération & calcul de ce genre, nous donnerons un

tableau pour les poutres, & un pour les solives, dans
lesquels on trouvera les grosseurs relatives aux longueurs; & nous reviendrons toujours à observer que ,
suivant les circonstances, ces bois sont susceptibles de
la refente, & se réduisent souvent pour la dimension
de leur base , au tiers de ce qu'ils portent de hauteur,
surtout s'ils ne servent que de remplissage. La prudence doit nous guider ; les principes sont établis , c'est
à nous à les mettre en usage. Considérons d'abord les
dimensions des poutres relativement à leur longueur.

POUTRES.

LONGUEUR.	LARGEUR.	HAUTEUR.
Une poutre de 12 pieds ,	*Aura 10 pou.*	*Sur 12 pou.*
15	11	13
18	12	15
21	13	16
24	14	18
27	15	19
30	16	21
33	17	22
36	18	23
39	19	24
42	20	25

En disant 12 pieds, &c. nous avons entendu parler
des termes moyens entre ce nombre & celui de 15

pieds, & ainſi des autres. Cette obſervation ſervira auſſi pour les ſolives.

SOLIVES.

LONGUEUR.	LARGEUR.	HAUTEUR.
Une ſolive de 12 pieds,	Aura 6 pou.	Sur 7 pou.
15	7	8
18	8	9
19 $\frac{1}{2}$	9	10
21	10	11
24	11	12
27	12	13

Mais encore une fois ces dimenſions ſont pour les pieces qui ſervent d'aſſemblage. On peut même, paſſé 15 pieds, leur donner un pouce de moins de groſſeur, & les rempliſſages doivent être de ces mêmes groſſeurs de bois refendus en deux.

Tel eſt le réſultat des expériences, tel eſt le fruit des épreuves des différens Auteurs qui ont écrit ſur les bois. Les principes en ſont lumineux, certains. Il ne s'agit que de les appliquer, & d'en tirer parti. En avons-nous ſu profiter juſqu'à ce moment? il s'en faut beaucoup, comme nous l'avons déjà obſervé. En effet dans tous les bâtimens, depuis une ſoixantaine d'années, nous avons employé moitié plus de bois qu'il ne convenoit; &, il faut l'avouer à notre honte, nous avons eu l'art de les rendre beaucoup moins solides, soit par le fardeau du bois inutile, soit par suite des assemblages avec mortoifes, qui détruifent entierement la force qu'on peut defirer pour un plancher.

Qu'on jette les yeux fur l'expérience de M. de Buffon, que nous avons citée *page 213*. On fera convaincu du fait, en obfervant que les pieces principales d'affemblage font percées de plufieurs mortoifes, que chaque mortoife diminue de près d'un quart la force du bois, & que dès-lors la groffeur, telle qu'elle puiffe être, eft fuperflue. Quittons donc, fans autre détail, la conftruction des planchers actuels. Tout y eft contraire à l'Art de Bâtir : mais nous en avons affez dit à cet égard ; quel eft donc le moyen d'y remédier ?

Les planchers avec poutre & lambourdes font plus dans l'ordre de la Bâtiffe raifonnée & folide : mais ils ont leur inconvénient. Le bandeau qu'ils forment en contre-bas de la poutre, eft des plus défagréables, & interrompt toute l'harmonie d'une piece couronnée d'un beau plafond, avec corniche élégante, & que l'on defireroit décorée.

On peut faire perdre ces poutres dans l'épaiffeur des planchers, me dira-t-on. Cela eft vrai : mais le moyen eft difpendieux ; & il ne peut être autrement. Il faut un faux plancher, ou au moins des fourures, une lambourde de chaque côté de la poutre refendue, les ferrures, &c. Voyez *le Guide de Ceux qui veulent*

bâtir, que j'ai donné au Public l'année derniere (1).
Vous y trouverez, *Tom. I, pag.* 215 & *suiv.*, tous les
renseignemens nécessaires pour construire les planchers
avec poutres. Vous y trouverez en général tout ce qui
concerne la Charpente, notamment les poutres, leur
emploi, la nécessité de les refendre, & les moyens
d'en tirer la plus grande force possible.

Ce n'est pas que nous voulions trop applaudir à cette
maniere de construire. Elle est d'ailleurs sujette; & elle
engage à des chaînes en pierre : mais il y a des occa-
sions où il semble qu'on ne puisse se dispenser d'employer des poutres, à cause de la grandeur des pieces.
Une salle, un sallon de 30 à 36 pieds vous y contrain-
dront. Jusqu'à présent, on n'a pas produit d'autres
moyens; au moins n'a-t-on pas osé les hasarder. Mais
ne perdons point espérance : avec le temps on y par-
viendra. Opérons avec précaution : suivons les principes que nous avons développés, & que nous tenons
des plus illustres Savans. Bientôt le voile de la prévention sera levé; & le masque de la cupidité sera arraché.
Nous refendons les bois : c'est déjà une opération inté-

---

(1) *Le Guide de Ceux qui veulent bâtir* se vend

Chez { L'Auteur, rue du Foin S. Jacques, au College
de Maître Gervais.

Benoît Morin, Imprimeur-Libraire, rue S. Jacques
à la Vérité. 1781.

reſſante & une épargne de moitié. Il y a une quinzaine
d'années qu'on regardoit ce moyen comme une chi-
mere. Nous avons oſé des premiers en faire uſage ; &
nous avons été condamnés (1) : mais la vérité a percé
heureuſement, les yeux ſe ſont défillés ; & depuis quelques années, nous voyons avec la plus grande ſatisfaction qu'on embraſſe notre ſyſtême. Encore un pas ; nous
nous paſſerons dans bien des occaſions de ces poutres
énormes en équarriſſage ; & d'une ſeule nous en ferons
deux & trois. Qu'on me pardonne ces vœux. Je ſuis
Citoyen : mon but eſt de chercher à procurer au Public le plus grand avantage poſſible ; & de lui découvrir enfin toute la magie de l'Art que j'exerce, & que
j'étudie depuis plus de quarante ans.

Animés d'un ſemblable zele, en ſuivant les principes dont nous devons être pénétrés après l'examen ré-
fléchi des épreuves & des différentes expériences des
Savans les plus illuſtres, pourquoi ne chercherions-nous
pas la maniere de former un plancher, de l'économie
duquel on n'auroit pas lieu de douter, & qu'on pourroit réputer de la plus grande ſolidité ? Pour y parvenir, évitons l'inconvénient des poutres ; fuyons le vice
dangereux des tenons & des mortoiſes qui détruiſent
la force des Bois, & dont la plupart des pieces d'en-

---

(1) *Voyez* la Préface de cet Ouvrage, *pages* 11 & 12.

chevêtrure font criblées. Faifons nos affemblages à queue d'hironde : nous aurons plus de force , plus de folidité ; & il nous en coûtera près de moitié moins. que dans nos conftructions ordinaires.

Le moyen eft poffible : la difficulté peut être vaincue ; n'en doutons pas. C'eft ce qu'il s'agit de prouver par l'exécution : prenons pour exemple le plancher d'un fallon de 25 pieds de largeur dans œuvre. A l'égard de la longueur, elle eft indifférente, la poutre des longues pieces de bois ne devant être que dans le fens le plus étroit.

Faifons le plan (*figure* 2) : admettons trois croifées *A* pour éclairer ce fallon. Elles occafionneront pour la conftruction de maçonnerie deux trumeaux *B* , & deux moitié de trumeaux ou écoinçons *C*. Les trumeaux *B* feront égaux en largeurs aux bayes des croifées *A* qui feront de fix pieds.

D'après cette convention , il faudra , pour former ce plancher , quatre folives d'enchevêture *D* , chacune de 27 pieds de long , compris 12 pouces de portée par chaque bout , & elles auront 11 à 12 pouces de gros ; trois linçoirs *E* de chaque côté, à trois pouces de diftance des murs , lefdits linçoirs de 6 à 12 pouces de gros ; 6 liernes *F* de 8 à 12 pouces, affemblés comme il fera dit à queue d'hironde , dans les pieces d'enchevêture , à diftance de chaque côté d'un quart du vuide de la piece ; quatre coyers *G* de 6 à 12 pouces , abou-

tiſſant d'une part proche les linçoirs, & de l'autre portant ſur la tête des trumeaux; le tout, comme nous
avons dit, aſſemblé à queue d'hironde : ſçavoir, la
queue d'hironde de 3 pouces de hauteur & de 2 pouces de longueur, d'autant que par deſſous il y aura,
comme renfort un quarré de 7 pouces de hauteur, qui
portera d'un pouce & demi dans la piece d'enchevêture, entaillée en conſéquence à deux pouces près de
ſon deſſous, pour recevoir & porter ce renfort d'un
pouce & demi de longueur ſur 7 à 8 de largeurs. Par
ce moyen les entailles ne ſont pas préjudiciables à la
piece; c'eſt le cran de ſcie remplacé par un morceau
ou coin de bois. *Voyez pag.* 225 *& ſuiv.* D'ailleurs tout
l'aſſemblage s'entretient par lui-même; le fardeau eſt
diviſé, & il y a différents points d'appui.

Les ſolives de rempliſſage *H*, de 3 à 12 pouces de
gros, ſeront auſſi aſſemblée à queue d'hironde, avec
entaille au-deſſous, pour que la ſolive puiſſe deſcendre
auſſi bas que les autres pieces, & s'aligner.

Si l'on tend à l'économie, on pourra ſupprimer dans
la ſolive de rempliſſage ces deux pouces en contre-bas,
& l'on y ſuppléera par des fourures. La ſolidité de
l'ouvrage ſera à peu-près la même; mais la propreté
ſera bien différente.

Tel eſt le plancher que nous propoſons, & ſur lequel nous penſons qu'on ne peut rien conteſter. Les
regles de la conſtruction la plus ſevere ſont ſuivies; la

solidité s'y trouve jointe à l'économie. Que peut-on desirer de plus ? Nous en devons la découverte aux Savans les plus célébres. Il seroit difficile de s'écarter en suivant de si bons guides.

Observons encore que, par cet assemblage, nous évitons les fers des étriers, ce qui est une grande épargne, sur-tout dans le temps présent où cette marchandise augmente de jour en jour. On sent qu'on pourroit faire de la même maniere des planchers beaucoup plus étendus, & aller même jusqu'à 42 pieds, en refendant les poutres, s'en servant comme de pieces d'enchevêtrure ; & donnant même hauteur alors aux linçoirs. Dans ce cas, les solives de remplissage n'auront que la hauteur & la largeur de base convenables à leur longueur, ce qui diminuera la dépense, & suppléra à celle qu'on sera obligé de faire pour le faux plancher, qui deviendra alors nécessaire.

On comprend avec quelle facilité on peut opérer par le moyen de ces découvertes. Ce sont des especes de prodiges à mettre en œuvre. L'Artiste habile s'en fera un jeu ; & l'Entrepreneur, quoique n'aimant pas les innovations, ne pourra s'empêcher de l'adopter. Le seul regret qu'il aura, ce sera de n'avoir plus à fournir de gros bois : mais les prix qu'on donnera pour façon, doivent être proportionnels, & le dédommager. Alors que ne gagnera-t-on pas pour l'économie & l'épargne des bois, des fers, &c. ?

Il est aisé de concevoir qu'il faudra plus de soins pour l'exécution, plus d'attention sur la propreté de l'ouvrage, plus de vigilance & de précision sur les assemblages. Mais quels avantanges n'en résultera-t-il pas ? Nous trouverons plus de solidité, plus d'économie ; la charpente deviendra un art, où l'adresse & le goût prendront la place de la grossiereté & de la négligence qu'on y apperçoit aujourd'hui, sur-tout dans cette Capitale où l'on place les bois des planchers tels qu'ils sont sortis des mains des bucherons.

Une pareille réforme entraînera celle des combles, qui, par la pesanteur des trop gros bois qu'on y entasse, écrasent nos édifices. Cet abus est sensible ; on en convient, & l'on ne cherche pas à le supprimer. De temps à autre on voit des essais ; mais ils sont rares. Il ne faut qu'un pas, & vouloir, pour donner l'essor à l'Art de la Charpente, qui déja éleve sa tête du bourbier dans lequel il est plongé.

En effet nous avons le comble de la Comédie Françoise, près le Luxembourg, exécuté sur les desseins & sous la conduite de MM. Wailly & Peyre, dont on ne peut faire trop l'éloge, & qui fait honneur à nos jours. On trouve dans ce morceau de charpente la plus grande intelligence, la précision la plus complette, rien de négligé, rien d'inutile. Tout y est prévu pour l'équilibre, les points d'appui, les résistances. Les bois bien choisis, dressés avec soin, sont assemblés avec exac-

titude ; les groffeurs & les longueurs font calculées &
combinées avec féverité. On y voit regner cette économie fage & entendue qui fait plaifir, faifit l'ame
& ravit. Je devois cette juftice à ces Artiftes, & je
ne puis m'empêcher de former des vœux pour qu'on
fuive d'auffi beaux exemples. Le Propriétaire, l'Ar-
tifte & le Charpentier même y trouveront leur
compte ; on en tirera le grand avantage de ménager
l'efpece des bois qui de plus en plus nous devient pré-
cieufe pour la marine, pour la charpente des bâtiments & pour le chauffage.

Au furplus, ce que nous demandons eft d'autant
plus aifé, que nous ne manquons pas d'ouvriers habiles. Qu'on faffe attention à l'art & à l'adreffe qui font
employés pour l'exécution des efcaliers que nous avons
vu faire depuis une vingtaine d'années. On diroit,
en confidérant leur légéreté, en examinant l'élégance
du trait qui forme leurs courbes, qu'ils font d'une
matiere particuliere. On a peine à concevoir comment
le bois peut fi bien fe travailler en grand.

De tels ouvrages annoncent que, lorfqu'on voudra apporter des foins pour former des planchers
auffi avantageux que ceux dont nous venons de dé-
monftrer la conftruction, on ne pourra manquer de
réuffir. Mais s'il fe trouve des ouvriers intelligents
& remplis de la meilleure volonté, fouvent auffi font-
ils arrêtés par la crainte de la jaloufie de Confreres,

dont la cupidité est le seul mobile. Que faire donc pour éviter cet écueil aussi perfide que celui de Caribde & de Sylla, dont parlent les Poëtes ? La sagesse seule du Ministere peut y obvier, & donner carriere au zele patriotique, en imposant silence aux brigues & aux cabales, vrais fléaux de la société. Alors on verra renaître l'émulation. L'habile Artiste ne craindra plus de mettre en exécution les moyens que lui auront suggérés les études, les expériences, les calculs, & qui, jusqu'à ce moment avoient été suspendus, arrêtés par de vains prétextes colorés du nom fastueux de sûreté publique. Une telle révolution, dont il résulte de si grands avantages, est digne du siecle éclairé dans lequel nous vivons.

F I N.

TABLE

ALPHABÉTIQUE

Des Matieres contenues dans cet Ouvrage.

A

*A*BBATAGE des Bois, *page* 135; la faison où il doit fe
faire,   136

Abeilles, préjudiciables aux arbres,   91

Abreuvoirs, efpece de maladie des arbres,   92

Académie des Sciences, Le Magiftrat invoque fes lumieres, 12. Extrait des Regiftres de cette Compagnie, 15,
16, 17, 18. ——d'*Architecture*, nomme des Commiffai-
res, 12. Extrait de cette Compagnie,   23, 24

Accélération de viteffes acquifes par les corps tombans, 289,
   & 290

Accroiffement des Taillis, par qui calculé ? 126 ; Plus fort en
Champagne, *Ibidem*.—— Des Baliveaux par chaque année,
   130

Actes de Leipfic cités,   232

Agaric, efpece de champignon qui croît fur le chêne, 92.
Ses vertus, 93. Son ufage,   *Ibid.*

Air, néceffaire à la formation du Bois, 61. Sa quantité
évaluée, *Ibid.* Son influence fur la qualité du bois, 82.
Ses intempéries, 88, 90. Sa réfiftance calculée,   294

Amadoue, avec quoi fe fait-elle ?   93

Arbre, fa définition & fa ftructure, 46. Sa croiffance & fa
végétation, *Ibid. & fuiv.* Situation des arbres, 86, 87,
88. Leurs maladies,   91

Architecture, progrès de cet Art en France,   26, 27

Arpent de taillis : ce qu'il peut produire fuivant fes différens
âges, 128, 129. Sa valeur en argent,   129, 143.

Aubier, ce que c'eft; comment il fe forme, 53, 54, 93.
Double Aubier,   94

Avidité des Charpentiers,   12, 30

BABUTI

B.

Bigot Desgodetz, né à Paris en 1714, & mort en 1764, neveu du côté de sa mere, du savant Antoine Desgodetz, à qui nous sommes redevables des *Mesures exactes des Edifices antiques de Rome*, des *Loix des Bâtimens, suivant la Coutume de Paris*, &c. En 1762, j'eus l'honneur d'être chargé par la Compagnie des Architectes experts des Bâtimens, de rédiger avec lui la Dissertation sur les Bois de Charpente, en réponse au Mémoire de M. Pâris du Verney, imprimée en 1763. Ce fut dans ce temps aussi, que nous conçûmes ensemble les premiers rudimens du *Traité* que j'offre aujourd'hui au Public. Je dois cette justice à mon Ami,   7, 8, 9

Baliveaux, ce que c'est, 125; sont les germes des futaies, 128. Leur accroissement annuel,   130, 131

Banqueroutes, moyen de les éviter dans la Bâtisse,   12

Bâtisse, mauvaise & dangereuse,   30

Bélidor [*Bernard Forest de*], Mathématicien célébre, Inspecteur de l'Artillerie, des Académies des Sciences de Paris & de Berlin, mort en 1765, âgé de 69 ans environ. Il a composé des cours sur l'*Architecture militaire*, la *civile* & l'*hydraulique*; il a fait un *Traité des Fortifications*, un *Dictionnaire portatif de l'Ingénieur*. Cet Auteur a beaucoup de clarté, de méthode & de précision, 144. Ses Expériences sur la Force des Bois,   164

Bernouilli [Jacques], célébre Géometre, né à Bâle en Suisse, l'an 1654, apprit la Géométrie presque sans le secours des Maîtres. A dix-huit ans, il résolut le fameux Problême de la Période Julienne; & peu de temps après il ouvrit à Bâle un College d'Expériences mêlées de Physique & de Méchanique. On a de lui deux Ouvrages estimés, l'un *sur la Comete* de 1680, & le second *sur la pesanteur de l'air*, 144. Son hypothese sur la résistance des solides,   234

Blanc de chapon, maladie du Bois,   98

Blondel [François], Professeur royal de Mathématiques & d'Architecture, de l'Académie des Sciences, & Directeur de l'Académie d'Architecture, mort à Paris, en 1686, âgé de 68 ans. On a de lui un *Cours d'Architecture & de*

Mathématiques. Il a donné aussi l'*Art de jetter les Bombes*, 254

Boerhave [*Herman*], grand Médecin & Mathématicien célèbre, né à Voorhuot près de Leyde, en 1668. La mort de son pere, Pasteur du lieu, le laissa sans secours & sans biens. Il étudia la Théologie, & donna des leçons de Mathématiques, pour subsister. Son mérite transcendant le fit nommer presqu'en même temps à trois places considérables ; 1°. de Professeur en Médecine, 2°. de Professeur en Chymie, 3°. de Professeur en Botanique. Il fut Associé à l'Académie des Sciences eu 1731 ; & mourut en 1738. Ses principaux Ouvrages sont les *Institutions de Médecine*, qui ont été traduites en Arabe à Constantinople, les *Aphorismes*, la *Matiere médicale*, &c. Ce que l'on dit des chênes de son jardin, 44

Bois de Charpente : leur rareté, 37. *Bois* de chauffage : sa diminution, *Ibid*. Précaution dont il faut user à ce sujet, 38, 252. *Bois* en piles ou épars : espece de phénomene qu'ils occasionnent, 42, 43. *Bois* de chêne : ses especes ses qualités, 44, 45. Sa nature, 46. Sa structure & ses fibres, 47, 48. Indices pour reconnoître s'il est bon ou mauvais, 49. *Bois* de Hollande : ce que c'est, 49, 50. Pesanteur spécifique du Bois, 51. Il participe des bonnes & mauvaises qualités des terreins, 78, 79 ; de celles des climats, 82 ; de celles des vents, 85. *Bois* de bonne qualité, 73. *Bois* courbe, *ibid*. *Bois* gras, 94, 95. *Bois* gélif, *ibid*. *Bois* mort, 96. *Bois* noueux, *ibid*. *Bois* rebout, *ibid*. *Bois* rouge, *ibid*. 97. *Bois* pouilleux, 97. *Bois* roulé, *ibid*. *Bois* roux, *ibid*. *Bois* tendre, *ibid*. *Bois* tranché, 98. *Bois* verd, *ibid*. *Bois* plus ou moins pesant, 229. *Bois* méplats : leurs avantages & leur nécessité, 262, 263. *Bois* de sciage préférable au bois de brin, 264, 265

Bomare [*Valmont de*], Auteur d'un Dictionnaire estimé d'Histoire naturelle, 113
Bombes appellées *Comminges*, 310
Bouquet de futaie, son évaluation, 133, 134
Bourlet ; ce que c'est, 98
Bossu [*le P. le*], Chanoine-Régulier, puis Bibliothécaire de sainte Genevieve, étoit né à Paris en 1631. Il mourut en 1680, connu par plusieurs Ouvrages de Littérature, nommément par un Parallele de la Philosophie de Descartes & d'Aristote, 29

Branches de l'arbre, leur direction, 66. Leur formation, 67, 68

Bucheron, son travail 137. Comment se paie, 142, 143

Buffon [*Georges - Louis Leclerc, Comte de*], Intendant du Jardin Royal des Plantes, de l'Académie Françoise & de celle des Sciences, dont il est Trésorier perpétuel, né à Montbart en Bourgogne, en 17 . C'est à cet Interprete de la Nature que nous devons le goût pour le progrès de la Physique. Il fait attacher l'esprit & ravir l'imagination. Tous les sujets, tous les genres prennent sous sa plume éloquente les traits qui leur sont propres. Les différentes Nations s'empressent de recueillir les Ouvrages de ce Pline moderne. Quelle gloire pour le siecle, de voir passer chez l'étranger, la Langue Françoise, avec les richesses du savoir ! Ses Expériences citées dans l'extrait de l'Académie des Sciences, 19, 20, 21. Ses travaux pour connoître la résistance des Bois de Charpente, 34, 35, 36. Comment il définit les especes de chêne, 44. Ses Expériences sur l'écorcement, 113, 114, 119. Ses Expériences faites sur différentes grosseurs de Bois, au nombre de XII, 173, 174, 175, &c. Autres, faites sur les longueurs, 182, 184, 187, &c. Autres en grand sur la résistance des Bois, 241, 245, 245

C.

Cadranure, maladie du Bois, 98

Calculs géométriques sur la résistance des fibres, 147, 148, 149. Autres, de la résistance des Bois de Charpente, 245, 246. Autres, des charges des planchers, 278, 279, 318, 319. *Calcul* de l'action relative du choc sur les planchers, 329, 330, 331

Camus, Examinateur des Ingénieurs, Professeur & Secrétaire-Perpétuel de l'Académie Royale d'Architecture, & de l'Académie des Sciences, fut du voyage de MM. Clairaut, Maupertuis, &c. pour prendre la hauteur du pole. Il opéra en Laponie. De retour il composa un *Cours de Mathématiques* qui lui a fait honneur, & dont on s'est servi dans la plupart des Ecoles du Génie ; il fut nommé par l'Académie d'Architecture, pour examiner une nouvelle construction économique, 12, 23, 24

Carcavi [*Pierre de*], natif de Lyon, Conseiller au Parlement de Toulouse, & Garde de la Bibliotheque du Roi, cultiva les Mathématiques. Il mourut à Paris en 1684.

Carie des arbres, 99

Caserne, la premiere qui fut faite à Paris, comment, & par qui construite, 9, 10, 16, 22, 23

Chaleurs excessives font nuisibles aux arbres, 89

Champignon, signe de vétusté, 99

Chancre, maladie des arbres, 99

Chantier : sensation particuliere qu'on éprouve en entrant dans ces sortes de lieux, 42

Charge des planchers soumise au calcul, 278, 280, 318, 319

Charpente : source de la destruction de nos Edifices, 27, 272. Ses vices, 28. *Charpentes* solides, quoique légeres, 238

Charpentiers s'ameutent contre l'Auteur, par quel motif? 11, 12, 13. Leur avidité, 12, 30, 251. Leur ignorance, 30. N'ont en vue que le bénéfice, au détriment du bien public, 254

Châtaignier, arbre : sa ressemblance avec le chêne, indiquée par M. de Buffon, 44, 45

Chauveau [*M.*], Doyen des Experts, en convoque l'Assemblée, 9

Chêne, arbre qui fournit la charpente : ses especes & variétés, 43, 44

Choc des corps, 284; des corps durs, 285; des corps élastiques, 286. *Choc* des corps sur un fluide, 295; des corps tombant sur un plancher, 310, 311; de percussion des danseurs, 319, 320

Chute des corps, par qui, & comment observée, 289, 292. *Chute* des feuilles, mauvais pronostic, 100

Cicatrice : sa cause, 100

Cirons, insectes, 100

Climat, ses influences sur la qualité du Bois, 98

Cœur du bois, 53

Comédie Françoise, nouvelle Salle, par qui construite? 349

Construction vicieuse, 29, 30, 33, 252, 271, 272. Moyen de la rectifier, *Ibid.*

Cordes de bois : combien en produit un arpent de taillis, 128, 129. Combien en donnent les baliveaux, 132, 133. Prix de la *corde* du taillis, 129, 142. Prix de la *corde* des hautes futaies, 145. Prix de la *corde* de bois sciés, *Ibid.*

Couleur du Bois indique sa bonne ou sa mauvaise qualité, 100, 110

Coupe du Bois, 135. Quand il faut la commencer, 136. Quand il faut l'interrompre, *ibid.* 137. *Coupe* réglée, suivant les Ordonnances, 141

Couplet [*Claude - Antoine*], né à Paris en 1642 ; d'abord Avocat, quitta sa profession pour les Mathématiques. Buhot, son maître, Cosmographe & Ingénieur du Roi, lui donna sa fille en mariage en 1665, & lui vendit en en 1670, sa charge de Professeur de Mathématiques de la grande Ecurie. Couplet étoit très-expert dans la découverte & le nivellement des eaux ; & fut beaucoup employé à l'un & à l'autre par Louis XIV : il mourut en 1721.

Couronne d'un arbre 101. Arbre *couronné*, *ibid.*

D.

Danseurs : choc de percussion qu'ils impriment sur le planchers, 319, 326

De Hales, voyez *Hales.*

De la Lande, voyez *la Lande.*

Desaguliers, savant Mathématicien. Ses Expériences sur la chute des corps, 293

Desmaisons [*Pierre*], Ecuyer, Chevalier des Ordres du Roi, de l'Académie d'Architecture, né à Paris en 1711, a été chargé de grandes & belles opérations par le Ministere, notamment aujourd'hui de la construction du Palais de Justice & du Pont de Chatou, &c. nommé par sa compagnie pour Commissaire avec M. Camus, 12. 23, 24

Destination des planchers, 261

Dimensions que doivent avoir en général les pieces de Charpente, 261

Disette des Bois pronostiquée, 37. On est rassuré à cet égard, *Ibid.*

Domaschnew, savant Russe, fait une expérience sur un Edifice construit en bois, & propre à résister au feu, 122

Duhamel Du Monceau [*Henri - Louis*], de l'Académie des Sciences, de la Société royale de Londres, des Académies de Palerme, &c. né à Paris, en 1709. Cet Auteur a consacré sa plume & ses travaux à des objets d'un inté-

rêt essentiel pour la société. Il écrit avec méthode, précision. Ses recherches sont profondes & suivies ; ses dis-
cussions savantes, justes & lumineuses. Ses observations
sur les Bois sont intéressantes. Il a écrit sur la marine,
sur diverses parties d'Agriculture, sur plusieurs branches
de commerce, sur les Arts méchaniques, &c. Qu'un bon
Citoyen est un être précieux. Ses essais & ses expériences doivent servir de guide, 33. Ses épreuves sur l'é-
corcement, 117 ; sur l'accroissement des taillis, 126 ;
sur l'accroissement annuel des baliveaux, 130 ; sur la
résistance des Bois, 221, 221 ; sur la pesanteur & la densité du Bois,   229
Duillius, surnommé *Nepos*, Consul Romain, fut le premier
de tous les Capitaines de la République, qui remporta
une victoire navale sur les Carthaginois, l'an de Rome
494, & 260 avant Jesus-Christ,   119

E.

*E*COLE Royale Militaire : on est obligé d'en changer les
poutres en 1762.   7
Economie considérable sur les Bois,   10, 14
Ecorce : sa définition, 61. Ses fonctions, 62. Sa contexture,
ibid., 63, 64. Usage qu'on en peut faire, 64. Ses qua-
lités, 65. Préparation & prix de l'*écorce*,   *ibid.* 66.
Ecorcement : son utilité, 112. Pratiqué en Angleterre & en
Allemagne, 113. Dans quelle saison on doit le faire, 114.
Expériences à ce sujet,   111 *& suiv.*
Edifice non inflammable, 122. Autre prétendu incombusti-
ble,   *Ibid.*
Emploi des Bois refendus,   268, 270
Enduit particulier pour garantir les Edifices du feu,   123
Epiderme, partie extérieure de l'écorce,   63, 64
Equarrissage d'un arbre : son évaluation,   127
Essai sur les Bois de Charpente,   2
Etoilé [arbre] ce que c'est,   101
Evaluation d'un arpent de taillis, 128 ; d'une corde de Bois,
ibid. ; d'un cent de fagots,   *Ibid.*
Excreffences,   101, 102
Exemple frappant d'ignorance,   32
Expériences de M. de Buffon, 19, 20, 21, 34, 35, 36.
Autres du même sur l'écorcement, 115, 116. ——De

M. du Hamel, 117. —— du Comte Gallowin, 118. *Expérience* de MM. Faggot & Salberg, pour rendre le Bois non-inflammable, 122. Autre de M. Domaschuew pour le rendre incombustible. *Expériences* de Parent sur le chêne, 159; sur le sapin, 160, [en tout XVI Expériences], 164. —— de Bélidor sur la force des bois, 164 [en tout VIII.]. —— de Buffon, concernant la force des bois, faites sur les grosseurs [en tout XII.], 173, 174, 178. Autres de Muschenbroeck sur le même objet, 219, 220. Autres de du Hamel, 221, 222. Autres du même pour connoître la pesanteur du bois, 229. Autres faites en grand sur la résistance par Buffon, 241, 246, 246. Autres sur l'accélération des vitesses par Galilée, 290. Autres sur le même objet, par le P. Sébastien, Mariotte, la Hire, Huygens, Newton, *ibid.* Autres par le Docteur Desaguliers, 293. *Expérience* curieuse de Newton sur la résistance des fluides, 295, 296. Autre de l'Auteur pour connoître les quantités de mouvement d'un corps tombant d'une hauteur donnée, 298, 300. Autres pour connoître le ressort des corps, 316, 317

Exposition différentes ou aspects des arbres, 82, 83

Extrait de l'Académie des Sciences, 15, 16, 17. ——de l'Académie d'Architecture, 23, 24

F.

Fagots, menu bois. Combien de cent en produit un arpent de taillis, 128, 129

Faggot, savant Suédois, essaye de rendre le bois non-inflammable, 122

Fardeaux énormes que les murs ont à supporter, 29, 30, 31. Ceux que peuvent supporter les planchers, 310, 311

Feuilles de l'arbre : leur utilité, 68 ; servent à connoître la qualité du bois, 69. Leur chute précipitée, 160

Fibres ligneuses du bois, longitudinales & transversales, 47, 48, 52. *Fibres* torses, 102. Tension ou résistance des *Fibres* ligneuses, 146, 147 ; soumises au calcul géométrique, *ibid.* 148, 149

Flottage, invention utile pour la perfection du bois, 58, 59. Sa durée, 102

Flotte de 200 Navires, construite en 45 jours, 119. Autre construite en 40 jours, *ibid.*

Forces mortes & forces vives des corps : leur théorie , 303.
   Leurs effets ,   305 , 306
Forêt en général ; idées , émotions qu'elle fait naître ,   41
Fourmies préjudiciables aux arbres ,   91
Fournier [Guillaume] , habile Critique au XVI. siecle , étoit
   de Paris. On a de lui divers ouvrages. Observation de ce
   Savant sur une méthode de Vitruve ,   118
Frezier , Ingénieur en chef à Landaw , nous a donné un
   excellent Traité de la Théorie & de la Pratique de la
   coupe des pierres & des bois , en 3 vol. *in -* 4°. avec
   120 planches. Sa Stéréotomie citée ,   32
Futaies , ce qui les constitue , 129. Leurs dénominations en
   demi futaies & hautes futaies ,   130

G.

GALILÉE , Galilei , noble Florentin , né à Florence en
   1564 , & l'un des plus célébres Mathématiciens de son
   temps. On dit qu'étant à Venise , il y vit une de ces lu-
   nettes , que Jacques Metius avoit inventées en Hollande
   en 1608 , & qu'il rêva avec tant d'application sur la disposition de ce nouvel Instrument , qu'il en fit un semblable la nuit suivante. Galilee fut Mathématicien du Duc
   de Toscane. Ayant embrassé le systême de Copernic , qui
   fixe le Soleil , & fait mouvoir la Terre , il l'enseigna de
   bouche & par écrit , ce qui révolta l'ignorance du temps ;
   & le fit mettre à l'Inquisition , où il fut tenu en prison
   à 6 ans. Ce grand homme mourut en 1642 , âgé de 78
   ans. Ses principaux Ouvrages sont : *Nuncius sydereus ;*
   l'*Uso del compasso geometrico e militare ; Discorso intorno*
   le cose sù l'acque ; Dimostratione delle Machie solari , &c.
   38. Son systême sur la résistance des solides ,   231
Galle [Noix de] ,   107
Galle-insecte , voyez *Kermès.*
Gallowin [le Comte de] , Seigneur Russe , fait des tenta-
   tives sur l'écorcement des arbres ,   118
Gelées : celles du Printems surtout sont pernicieuses aux ar-
   bres ,   88 , 89 , 102
Gelivure , ce que c'est ?   103
Gerces , voyez *Gerçure* ,   103
Glaise , ses différentes couleurs ,   80
Gland , le fruit du chéne : ses différentes especes , 43 , 44 ,

45 ; a servi de nourriture à l'homme, 72. Quel est le meilleur pour semence, *ibid.* 73, 74. Maniere de la récolter, *ibid.* ; de l'ensemencer, 74, 75, 76. Précautions nécessaires à ce sujet, 76

Glu, voyez *Guy*.

Goutieres, maladie du bois, 104

Grêle fait du tort aux arbres, 104, 105

Grew [Néhémie], Médecin Anglois, fils d'Abdias Grew, ministre Presbytérien, mort en 1689. Néhémie Grew eut une place dans le College des Médecins, & une dans la Société royale de Londres dont il fut Secrétaire : c'étoit un excellent Botaniste. Entre ses Ouvrages on distingue l'*Anatomie des Plantes*, *in-folio*, avec figures, 16

Grume : ce que c'est, 105

Guy, plante parasite, 104 ; sert à faire la glue, *ibid.* Cérémonie du Guy sacré, *ibid.*

H.

Hales [Mathieu] savant Ecrivain Anglois, né en 1609 & mort en 1676. On a de lui des *Observations sur les Principes des Mouvemens naturel.*, & surtout de la *Raréfaction & de la condensation*, 46. Son sentiment sur le volume d'air que contient le bois, 61

Hamel [du] voyez du Hamel.

Haute-futaie, voyez *Futaie*.

Heurre, maladie du bois, 105

Hieron, Roi de Syracuse, fait construire une flotte en quarante-cinq jours, 119

Hire [Philippe de la], né à Paris en 1640, fut un des plus grands Géometres de son temps. Il établit sa réputation, en donnant au Public la seconde partie du *Traité de la Coupe des pierres* que M. Bosse fit imprimer en 1672. Il fut reçu de l'Académie des Sciences en 1678, & publia l'année suivante les *nouveaux Elémens des sections coniques*, les *Lieux géométriques*, la *Construction ou effection des Equations*. Son *Traité de Gnomonique* parut en 1682, & en 1689 sa Géométrie-Pratique sous le titre de l'*Ecole des Arpenteurs*. Il mourut en 1718. Ses principes méconnus, 33. Ses Expériences sur l'accélération des vitesses, 290

Huygens [Chrétien], grand Mathématicien & Astronome,

né à la Haye en 1629, de la Société royale de Londres en 1663, & de l'Académie Royale des Sciences en 1667, pendant son séjour à Paris, où l'avoit attiré M. Colbert. Ses principaux Ouvrages ont été imprimés sous le titre d'*Opera varia* in-4°. On a aussi de lui un *Traité de la pluralité des Mondes*. Il mourut dans sa Patrie en 1695, 231. Ses Expériences sur l'accélération du mouvement d'un corps tombant, *   290

Hypothese de Galilée sur la résistance des solides, 231. celle de Mariotte & de Leibnitz, 232, 233. Celle de Varignon, 234. Autre de Bernouilli. Autre sur les forces mortes & les forces vives, 303. Autre d'un plancher de 38 pieds 4 pouces dans œuvre,   325

I.

*I*DÉE générale du produit des bois,   128

Incombustible [bois], système ridicule, 121. Tantives infructueuses à ce sujet,   122

Indices d'une bonne ou d'une mauvaise qualité de bois, 49

Inégalité, défaut,   105

Influence des astres, pur préjugé,   156

Ingénieur sans principes,   32, 33

Insectes nuisibles aux arbres,   105, 106

Instruction sur les Bois de Marine,   37

Intempéries de l'air,   88, 89, 90

K.

*K*ERMÈS, insecte qu'on trouve sur le chêne,   106

L.

*L*A HIRE, voyez *Hire* [la]

La Lande [Jérôme de], Lecteur Royal en Mathématiques, Censeur Royal, de l'Académie Royale des Sciences de Paris, de celles de Londres, de Berlin, &c. né à Bourg en Bresse, le 11 Juillet 1734, éleve de M. de l'Isle. Il a donné un Traité d'Astronomie en 3 vol. *in-4°.*, qui fait honneur à ses connoissances, plusieurs excellens Mémoires insérés dans les volumes de l'Académie; les Tables astronomiques de M. Halley augmentées; ses Ephé-

mérides, &c. &c. Ce sont de vrais secours aux Astro-
mes. Il vient de remettre au jour en 4 vol. *in-4°*. son Astronomie remplie de recherches, de connoissances, de vues,
& de sagacité. Un tel homme & de tels Ouvrages sont
rares, &c, Mémoire de cet Académicien sur l'*Art du
Tanneur*, 113
Lambourdes, préférables aux mortoises dans la construction
des planchers, 332, 343
Lapin : tort que cet animal fait aux arbres, 106
Lardoire : ce que c'est, 106
Larme batavique ; ses effets, 316, 317
Leibnitz [Godefroi Guillaume de] né à Leipsick en 1646,
cultiva les Belles-Lettres, ensuite la Jurisprudence, &
enfin les Mathématiques dans lesquelles il fit tant de progrès, qu'il entrevit d'abord le calcul différentiel dont il
a été regardé depuis comme l'inventeur. Il fit plusieurs
voyages, & vint à Paris où il fut reçu en 1700 de l'A-
cadémie des Sciences. Il mourût à Hanovre en 1716,
âgé de 70 ans. On a de ce Savant un grand nombre
d'ouvrages dont nous ne citerons que le *Codex Juris gen-
tium diplomaticus*, in-fol., & les *Essais de Théodicée*, in-12,
2 vol., 144. Ses Réflexions sur la résistance des Solides, 232
Levre, cicatrice, 107
Liber, partie de l'écorce, 63
Lichen, plante parasite, 107
Lievre, animal nuisible aux arbres, 107
Loix du mouvement dans le choc des corps, 286, 287
Loupe, défectuosité du bois, 107
Lymphe, voyez *phlegme*.

M.

Magasin à poudre écroulé, 32
Mahon, [Milord] auteur d'un édifice non inflammable, 123
Maisons de sept étages, comment construites, 29
Maladies des arbres, 91, 92, 93
Malandre, nœud : 107
Malpighy, [Marcel] né près de Bologne en Italie, l'an
1628; s'attacha à la Médecine & à l'Anatomie, dans
lesquelles il fit de grands progrès ; ses principaux ouvrages
sont : *de Pulmonibus Epistola duæ ; de viscerum structurâ exer-*

citatio Anatomica ; *Anatomæ Plantarum* , *pars prima & pars seconda* , Londini , *in-fol.* Malpighy mourût en 1694 à l'âge de 67 ans , 46. Ce qu'il dit de la Seve , 62 , du Liber , 63

Mariotte , [Edme , Physicien célebre , étoit Bourguignon ; Il fut reçu de l'Académie des Sciences en 1666 , & mourût en 1684. Ses ouvrages , recueillis en 2 vol. *in-4°.* , comprennent plusieurs Traités , tels que le *Traité de la percussion des Corps* , *Essais de Physique* , &c. ; *Traité du mouvement des Eaux : Traité du nivellement ; Traité du mouvement des Pendules* , &c. 144. Ses réflexions sur la résistance des Solides , 232. Son Hypothese sur la même résistance *ibid.* Son Traité de la percussion , cité 286. Ses expériences sur l'accélération des vitesses , 290

Masses des Corps : moyen de les connoître , 313. Masse de Charpente & de Maçonnerie calculée , 318, 319

Mémoire concernant les bois de charpente : par qui dressé , & par qui répondu , 8 , 9

Mesange , [N. de] a donné un *Traité des bois de Charpente* , avec un tarif du toisé des Bois , & un *Dictionnaire* fort ample , 2 vol. 255

Midi ; exposition favorable des Arbres , 84 , 85

Moëlle de l'Arbre , 52

Mortoises à rejetter dans la construction des planchers , 332 , 343

Mouliné , [Bois] piqué de vers , 107

Mousse , indice de maladie , 107

Murs mitoyens : leurs foibles épaisseurs , 29 , 30

Muschenbroeck , Professeur de Mathématiques à Utrecht , 144. Ses expériences sur la résistance des Bois , 219 , 220

N.

Newton , [Isaac] le plus grand Philosophe de son siecle , né en Angleterre , dans la province de Lincoln en 1642 , Académicien associé de l'Académie des Sciences de Paris , de la Société royale de Londres . &c. ; n'étant encore qu'enfant , il entendit en peu de tems Euclide , & à l'âge de vingt-quatre ans ; il avoit déja posé les fondemens des deux ouvrages qui l'ont rendu si célebre : *les principes mathématiques de la Philosophie naturelle & l'Optique.* C'est dans le premier de ces ouvrages qu'il développe les principes de *l'Attraction*. Il mourut à Londres en 1727, & fut enterré dans l'Abbaye de Westminster. Outre ses principes & son optique, il publia une *Arithmétique universelle*. Nous ne parlerons pas de sa Chronologie, qui n'est point son chef-d'œuvre; résultat de ses expériences sur l'accélération des vitesses, 290, 292. Expérience curieuse de ce Savant sur la résistance des fluides, 295, 296

Noix de Galle, excressence du chêne, 107. Son usage, *ibid.*
Nord : les Arbres frappés de cet aspect sont durs & bien filés, 84

O.

Objection importante, 120. Autres contre la méthode de la refente des Bois, 263. Elles sont réfutées, 264, 265, 266. Autre sur la force accélératrice des corps tombans, 291, 292
Observations sur les Baliveaux, 130. Autres appliquées aux Bois de refente, 218
Occident : Arbres frappés de cet aspect, sujets aux grêles & aux ouragans, 83
Oiseaux, préjudiciables aux Arbres, 107, 108
Ordonnance de 1669, sur les Taillis, 124. Autre de 1719, concernant les Taillis des gens de main-morte, 125.
Orient exposition favorable pour les Arbres, 82, 83
Origine du Traité de la force des Bois, 7
Orne : ce que c'est, 136

P.

Parcieux, [N... de] de l'Académie des Sciences, si connu par les Mémoires de l'excellent projet de faire passer par Paris la petite riviere d'Yvette; qu'il seroit à souhaiter qu'une telle opération fut exécutée; il n'y a pas d'avantages que notre Capitale n'en eût retitée, de l'eau en abondance, & point d'entretien; que désirer de plus? cette Riviere eût débouchée par la Porte S. Jacques. Nommé pour examiner les principes de l'Auteur au sujet de la refente des Bois, 12, 15, 16, 23
Parement de sciage, supérieur au parement de bois de Brin, 265
Parent, [Antoine] né à Paris en 1666; fut destiné par son

pere à l'étude du Droit ; mais il avoit pris goût aux Mathématiques, & il alloit les étudier au College Royal sous M. de la Hire ; quand il se sentit assez fort, il prit des écoliers. M. des Bellettes étant entré à l'Académie des Sciences en 1679 avec le titre de Méchanicien, nomma M. Parent pour son Eleve en 1716 ; il fut nommé Adjoint pour la Géométrie, mais il mourut cette année de la petite vérole à l'âge de 50 ans. On a de ce Savant des *Elémens de Méchanique & de Physique* ; & parmi beaucoup de Mémoires insérés dans les volumes de l'Académie des Sciences, un troisieme entr'autres *des Résistances des poutres, par rapport à leur longueur ou portée*, &c. Son sentiment sur la formation des couches ligneuses, 62. Ses Expériences sur la force des Bois, 159, 160, 164. Ses Tables calculées des Résistances, 250, 256. Remarque du même sur la cupidité des Charpentiers,   251

Pâris du Verney, Conseiller d'Etat, Intendant de l'Ecole Royale-Militaire. C'est un des quatre MM. Pâris, si connus par leurs richesses & par leur intelligence. Ils eurent long-tnmps l'entreprise des Vivres de l'Armée, & furent employés avec honneur dans nombre d'affaires, 8, 9

Pelagot [Claude de], Me. Charpentier. Justice que l'Auteur rend à ses talens,   13, 14

Perronet [N.], Chevalier de l'Ordre du Roi, premier Ingénieur des Ponts & Chaussées, de l'Académie royale des Sciences, de celle d'Agriculture, de celle de Stockolm, &c. C'est sur ses dessins, & sous sa conduite que le Pont de Neuilly a été exécuté. Ce morceau, digne des anciens Romains, honore le siecle dans lequel nous vivons ; nommé Commissaire par l'Académie des Sciences, avec M. de Parcieux,   12, 15, 23

Pesanteur & densité du bois reconnue par les Expériences, 229

Peyre [M.], Inspecteur des Bâtimens, reçu de l'Académie Royale d'Architecture en 1767.

Phénomene singulier, 41 & *suiv.* Autres,   316

Phlegme ou lymphe, liqueur du bois différente de la seve, 60

Pivot, premiere & principale racine de l'Arbre,   70

Pivoter [faire], ce que c'est,   139

Planchers, leur destination, 261. Ceux qu'on doit rejetter,

& ceux qu'on doit admettre , 332 , 333. *Plancher* de
Walis , *ibid.* Autre de l'Auteur, 325. *Planchers* portant
sur lambourdes , préférables aux autres , 322
Plot [le Docteur] , son Histoire naturelle citée , 113
Pluies , leurs effets sur les arbres , 90
Poids relatif & absolu d'un corps : maniere de le connoître ,
289, 290

Poirin [Michel] , né en 1695 , Syndic des Architectes-
Experts en 1762 , 9
Pourriture , ses effets , 108
Pratique sans Théorie , sujette à erreurs , 31 , 33
Précautions importantes , 133 , 134 , 137
Prix d'un arpent de taillis , 129. 143 ; d'un arpent de haute-
futaie , *ibid.*
Procès suscité à l'Auteur , 11 , 12 , 39
Procès-verbal des Académiciens , nommés pour examiner la
méthode de l'Auteur, 12 , 15 , 16 , 22. ——des Archi-
tectes de l'Académie nommés pour le même sujet , 12 , 23
Prodiges de célérité , 118 , 119
Projet utile & économique, 10 , 11. Par qui traversé , 12.
——D'une Table complette sur la résistance des bois , 258
Putréfaction , comment occasionnée , 108

R.

Rabougri (Arbre] , 108
Racines premiers agens de la nutrition des arbres , 69 ; Leur
organisation , 70
Raffau le même que Rabougri.
Réaumur [René-Antoine Ferchault Sieur de] , célebre Na-
turaliste né à la Rochelle en 1683 , s'applique par goût aux
Mathématiques & à l'Histoire naturelle. Il fit dans cette
derniere un grand nombre de découvertes importantes ,
dont il enrichit les Arts & le Commerce. On a de ce
Sçavant quantité de Mémoires & d'Observations sur différens points d'histoire naturelle. Son principal Ouvrage est
l'*Histoire naturelle des Insectes* , 6 vol. in-4°. M. de Réaumur, de l'Académie des Sciences , de la Société Royale
de Londres , &c. mourut en 1757. Mémoire de ce Physicien sur les Bois de charpente , 37 ; ses observations , 46
Rebour , voyez Bois rebour.
Refente des bois ; quand & par qui mise en usage , 10. Donne

lieu à une économie considérable, *ibid.* Est l'origine d'un procès singulier, 11, 12, 39. On adopte cette méthode utile, 24. Son avantage & sa nécessité, 262, 663, 264, seul moyen pour extirper l'humidité des bois, 266. Maniere de procéder au sciage de refente, 268. Emploi qu'on doit faire des bois refendus, *ibid.*

Remarque importante sur la grosseur des bois qu'emploient les Charpentiers, 254

Résistance du bois : ce qui la constitue, 145. Soumise aux expériences par Parent 159, par Belidor, 164, par de Buffon, 172, 173, 187, par Muschenbroeck, 219, 220, par du Hamel, 221, 222. *Résistance* des solides, 231, examinée par Galilée, 232, par Mariotte & Leibnitz, 233, par Varignon, 234, par Bernouilli, *ibid. Résistance* à conserver aux bois refendus, 269. *Résistance* derniere des solives, 276, 276, —— de l'air soumise au calcul, 294, —— des fluides, 295, — des poutres, 325, 326

Ressort des corps & les loix de leur mouvement, 286, 287

Retour : ce que c'est qu'un arbre sur le retour, 109

Roberval [Gilles Personne de] Mathématicien célebre, né à Roberval, au Diocèse de Beauvais en 1602, fut Professeur de Mathématiques à Paris, au College de Maitre-Gervais, & succeda à Morin, Professeur de Mathématiques, au College Royal. Il mourut en 1675, Auteur d'un Traité de Méchanique très-estimé, 231

Roulure, ce que c'est, 110

S.

*S*ALBERG, sçavant Suédois, prétend que les bois impregnés d'alun ne sont pas inflammables, 122

Sangliers, dégâts de ces animaux, 110

Sartine [M. de], Lieutenant-Général de Police, a recours aux Académies des Sciences & d'Architecture, 12, 15, 23

Sciage [bois de] préférable au bois de brin, 263, 264. *Sciage* de refente des bois : maniere d'y procéder, 268

Scipion, Général Romain, fait construire une Flotte en quarante jours, 119

Sébastien [le Pere] : ses expériences sur l'accélération des vitesses, 290

Sécheresse, pernicieuse aux arbres, 90

Semis préférable au plan, 120, 121

Seve : sa nature & ses fonctions, 54, 55, 56. Avantage de son évaporation, 57. Danger de son abondance, *ibid.* Remede contre ce danger, 58. Son extravasion, 120

Situation des arbres, 86, 87, 88

Sol, terrein, une des premieres causes de la qualité du bois, 43

Stérétomie de M. Frezier citée, 32

Systéme de Galilée sur la résistance des solides, 231

T.

Table des résultats des expériences de M. de Buffon, 21, 22. *Table* du même pour calculer les résistances, 245, 246. *Table* de Parent indiquée, 250. Autre du même, 256. Autre de l'Auteur, 257. Autre projettée, 258

Tableau effrayant, 29, 30. Tableau des dimensions des poutres, 341

Taillis : à quelle sorte de bois on donne ce nom, 124. Les différentes dénominations que reçoivent les taillis suivant leur âge, *ibid.* A quel âge on doit les couper, 125, 141. Leur accroissement par chaque année, 126, 127. Leurs différens produits, 28, 129. Leur estimation, 129

Tan : ce que c'est, 64. Maniere de le faire, 65. Ses usages, *ibid.* Se fait aussi avec l'écorce des vieux chénes, 113

Tarif général des résistances des pieces de bois, 245, 246

Telès [Dominique-Antoine d'Acosta], Chevalier, Seigneur de l'Etang, Grand-Maître, Enquêteur & Général-Réformateur des Eaux & Forêts de France, au Departement de Champagne, a donné en 1781 une excellente *Instruction sur les Bois de Marine*, 37

Termes d'assurance pour les résistances, 308, 309

Terreins : tous ne sont pas propres au chêne, 43. Les bons étoient autrefois communs en France, 45. Leurs différences & leurs bonnes ou mauvaises qualités, 77, 78. Terrein marécageux, 79. *Terres* maigres, *terres* légeres, *ibid. Terres* glaises, 80. *Terres* franches, *ibid. Terrein* humide, 81

Théorie de la résistance des fibres longitudinales, 144, 145, 146, 147

Tissu cellulaire, 52. Sa définition, 63

Tolérance avantageuse, 139

Torricelli [Evangéliste], Mathématicien, né à Faenza en
Italie en 1608, fut difciple de Galilée, & lui fuccéda dans
la Chaire de Mathématiques à Florence. Il fit le premier
des Microfcopes & inventa les expériences du vif argent
avec le tuyau de verre dont on fe fert pour les faire, &
qui portent fon nom. On a de lui un *Traité du Mouvement*.
Il mourut à Florence en 1647. Il abjure l'horreur du vuide,   38

Touche [Coupart de la], né en 1719, Contrôleur de
l'Ecole Royale Militaire. Son ardeur pour les intérêts
de l'Ecole, & fon Mémoire en conféquence,   6

Tournefort [Jofeph Pitton de], fçavant Naturalifte, né à
Aix en Provence en 1656, fe fentit en quelque forte Botanifte dès qu'il apperçut des plantes : on lui fit étudier la
Théologie ; mais il laiffa là cette étude pour aller her-
borifer. S'étant perfectionné à Montpellier dans la Botanique & la Médecine, il vint à Paris & fut reçu en 1691
de l'Académie des Sciences. Son premier Ouvrage, in-
titulé : *Élémens de Botanique*, fut imprimé au Louvre en
3 vol. *in-8°*. En 1698 il publia fon *Hiftoire des Plantes qui
croiffent aux environs de Paris, avec leurs ufages dans la
Médecine*. Il mourut en 1708 après plufieurs voyages
qu'il fit en Grece & en Afie par ordre de Louis XIV
pour y faire des obfervations fur l'hiftoire naturelle, 43

Traité de la percuffion de Mariotte cité,   286

Tranché [bois],   110

V.

*V*AILLANT [Sebaftien], Botanifte célebre, né en 1669 à
Vigni, près de Pontoife, fit éclater fon inclination pour
les plantes dès l'âge de cinq ans. Après avoir exercé la
Chirurgie à Evreux & à la fuite des armées, il vint à
Paris pour affifter aux leçons que Tournefort donnoit fur
les plantes au Jardin du Roi. M. Fagon, premier Médecin
le nomma en 1708 Profeffeur & Sous-Démonftrateur des
plantes du Jardin Royal. Il mourut en 1722. Ses principaux Ouvrages font *Sebaftiani Vaillant Botanicon Pari-
fieufe, operis majoris perdituri prodromus*, & *Botanicon
Parifienfe*, ou dénombrement par ordre alphabétique des
plantes qui fe trouvent aux environs de Paris,   43

Vaiffeaux lymphatiques du bois, 47, 48, 60, 61. *Vaiffeaux*
propres du bois,   48, 62, 63

Valeur relative du choc des maffes fur les planchers , 329
333 , 336

Varignon [Pierre] , célebre Géometre , né à Caen en 1654 ;
étant enfant , des cadrans qu'il vit faire à des Maçons le
frapperent , & il apprit d'eux finon la théorie , du moins
la pratique la plus groffiere. On le mit au College des Jé-
fuites pour y faire fes études. Un jour il entra chez un
Libraire , & étant tombé fur un Euclide il fut enchanté de
l'ordre & de l'enchaînement des idées. Il l'emporta auffi-
tôt , & le goût qu'il y prit joint à l'obfcurité de la Philo-
fophie qu'on lui enfeignoit , le décida pour la Géométrie.
Amené à Paris par M. l'Abbé de Saint-Pierre , fon ami
intime , il s'y fit connoître avantageufement par fon *Projet
d'une nouvelle Méchanique* qu'il publia en 1667 , & qui lui
valut une place de Géometre dans l'Académie des Sciences & une de Profeffeur de Mathématiques au College
Mazarin. Il fut auffi Profeffeur de Mathématiques au
College Royal. M. Varignon mourut en 1722. Outre
l'Ouvrage ci-deffus , il donna de *Nouvelles conjectures fur
la pefanteur ; des éclairciffemens fur l'analyfe des infinimens
petits* , 144. Son hypothèfe fur la réfiftance des folides ,
234

Veinesrouffes , mauvais indice , 110
Vents : leurs différens effets fur les arbres , 110
Verglas , nuifible aux arbres , 110
Vermine , 111
Vers , voyez *Infectes*.
Vices des charpentes modernes , 27 , 28 , 272
Viteffes des corps : leur accélération , 289 , 290. Leur rap-
port entre elles , 293 , 297. Leur quotité , 298 , 300
Vitruve [M. Vitruvius Pollis] , célebre Architecte du regne
d'Augufte , naquit à Verone , il compofa en dix Livres
un excellent Ouvrage d'Architecture , qui a été réduit &
enrichi de notes par Claude Perrault. Sa méthode pour
durcir les bois , 118
Volume d'un corps différent de fa maffe , 267

W.

Wailly [M.] , ancien Contrôleur des Bâtimens du
Roi , reçu de l'Académie Royale d'Architecture en 1767.

Le goût & la beauté de ses desseins lui ont mérité une place à l'Académie de Peinture & de Sculpture.

Walis, entreprend le premier de calculer la résistance de l'air au mouvement des corps, 294. Son plancher, 333

Fin de la Table des Matieres.

trois mois de la date d'icelles ; que l'impression dudit Ouvrage sera faite dans notre Royaume & non ailleurs, en beau papier & beau caractère, conformément aux Réglemens de la Librairie, à peine de déchéance du présent Privilège : qu'avant de l'exposer en vente, le Manuscrit qui aura servi de copie à l'impression dudit Ouvrage sera remis dans le même état où l'Approbation y aura été donnée, ès mains de notre très-cher & féal Chevalier Garde des Sceaux de France le Sieur HUE DE MIROMENIL ; qu'il en sera ensuite remis deux Exemplaires dans notre Bibliotheque publique, un dans celle de notre Château du Louvre, un dans celle de notre très-cher & féal Chevalier Chancelier de France le sieur DE MAUPEOU, & un dans celle dudit Sieur HUE DE MIROMENIL : Le tout à peine de nullité des Présentes. Du contenu desquelles vous mandons & enjoignons de faire jouir ledit Exposant & ses hoirs pleinement & paisiblement, sans souffrir qu'il leur soit fait aucun trouble ou empêchement. VOULONS que la copie des Présentes, qui sera imprimée tout au long au commencement ou à la fin dudit Ouvrage, soit tenue pour duement signifiée, & qu'aux copies collationnées par l'un de nos amés & féaux Conseillers-Secrétaires, foi soit ajoutée comme à l'original. COMMANDONS au premier notre Huissier ou Sergent sur ce requis, de faire, pour l'exécution d'icelles, tous Actes requis & nécessaires, sans demander autre permission, & nonobstant clameur de Haro, Charte Normande, & Lettres à ce contraires. Car tel est notre plaisir. Donné à Paris le seizieme jour du mois de Janvier, l'an de grace mil sept cent quatre-vingt-deux, & de notre Regne le huitieme. Par le Roi en son Conseil.

LE BEGUE.

Regiſtré ſur le Regiſtre XXI de la Chambre Royale & Syndicale des Libraires & Imprimeurs de Paris, Nº. 2270, ſol. 624, conformément au Réglement. Paris, ce 18 Janvier 1782.

Signé, LECLERC, *Syndic.*

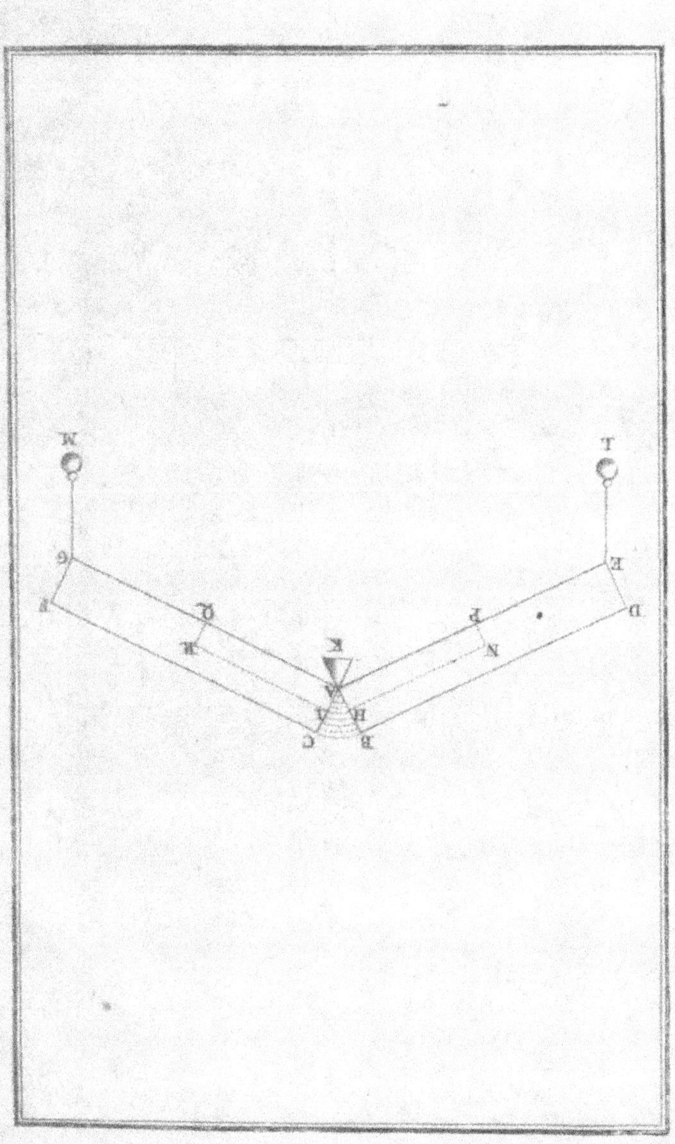

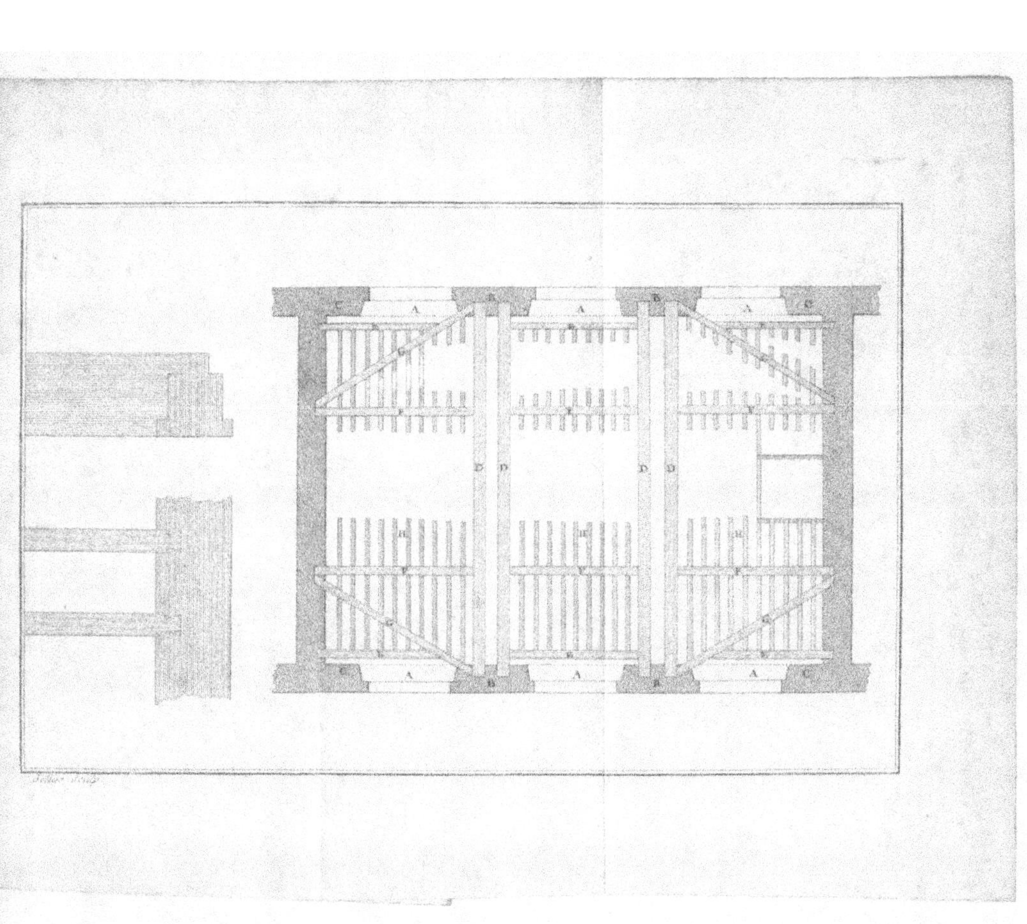